Immersive 3D Audio Lighting Visual
Performing Engineering Design and Cases

沉浸式 3D 音频、灯光、影视演艺工程
设计与实例

周锡韬　彭妙颜
梁静华　罗文轩　编著

中国电力出版社
CHINA ELECTRIC POWER PRESS

内 容 提 要

以高端先进声、光、影视技术及设备为代表的高科技不断在舞台演出、会展、艺术中心和文旅演艺等领域中大显身手，传统和新兴艺术借助高科技发生质变，显著增强现场感染力和艺术表现力，营造氛围令参与者和观众享受"沉浸式"体验。艺术表现需要技术支持，本书介绍当前主流的沉浸式 3D 音视频和灯光技术，力求将现实工程案例与理论结合，将该技术脉络一一呈现。

全书分为上、下两篇。上篇扼要讲述音视频（AV）系统的组成及发展、视频显示设备、视频显示介质与成像技术、音视频信号的传输介质和接口、数字音频信号的网络传输等基础知识；下篇重点讲述演艺照明光源、灯具和控制系统，声光电同步表演控制系统，影视沉浸式 3D 音视频系统技术，现场沉浸式 3D 音频系统技术，现场沉浸式虚拟 3D 视频系统技术，并列举在博物馆、科技馆、剧场、影院、主题公园和实景剧场等文旅演艺领域的沉浸式 3D 音频、灯光、影视演艺工程设计与实例。

本书适合从事音视频及艺术照明工程设计、施工、维护的技术人员、管理人员，以及大中专院校数字音视频技术、数字媒体技术、应用电子技术、演艺工程及声光影视舞台技术等专业的师生参考。

图书在版编目（CIP）数据

沉浸式 3D 音频、灯光、影视演艺工程设计与实例 / 周锡韬等编著 . 一北京：中国电力出版社，2022.10

ISBN 978-7-5198-6457-6

Ⅰ.①沉… Ⅱ.①周… Ⅲ.①音频技术②视频系统③灯光效果 Ⅳ.① TN912 ② TN94

中国版本图书馆 CIP 数据核字（2022）第 023150 号

出版发行：中国电力出版社
地 址：北京市东城区北京站西街 19 号（邮政编码 100005）
网 址：http://www.cepp.sgcc.com.cn
责任编辑：莫冰莹（010-63412382） 贾丹丹
责任校对：王小鹏
装帧设计：王红柳
责任印制：杨晓东

印 刷：三河市万龙印装有限公司
版 次：2022 年 10 月第一版
印 次：2022 年 10 月北京第一次印刷
开 本：787 毫米 ×1092 毫米 16 开本
印 张：19.5
字 数：355 千字
定 价：98.00 元

前 言
PREFACE

实践证明，一个演艺作品例如戏剧、音乐、影视或歌舞等能否取得成功，首先要有一个成功的艺术创作（创意、剧本、乐曲等）作基础，同时还必须有一套良好的演艺技术作支撑。演艺技术的含义很广，其中有两项关键技术：一是听觉效果呈现技术，包括音频（声频）、音效和自然声音等；二是视觉效果呈现技术，包括视频、灯光、表演、舞台机械特效及舞美等。

一个演艺作品从创作到演出的整个过程，对音频、视频、灯光、舞台机械特效等项目的设计、施工、调控和管理等专业领域通称为"演艺工程"。随着我国文化产业市场的兴旺，特别是在国家政策导向下文旅演艺产业的快速发展，促进了许多演艺团体和演艺工程企业对演艺工程人才的迫切需求。乘此东风，国内包括中国传媒大学在内的多所院校都依托电子信息或自动化类专业，开设了"演艺工程与舞台技术方向"，作为本校的特色专业，培养市场急需的演艺工程领域的设计、研发、调控和管理的复合型高级技术人才，并将音频、灯光、影视（电影和视频显示）技术等列为该专业的主干课程。

在演艺工程的听觉呈现和视觉呈现效果领域发展了许多新技术、新设备、新的系统和新的设计理念。以影视技术为例，听觉效果呈现从最早的单声道、双声道立体声，5.1、7.1 多声道环绕声发展到当今热门的"沉浸式 3D（3 维）全景声系统"。视觉（图像）效果呈现则从黑白、彩色、立体（戴光学眼镜）发展到"沉浸式虚拟 3D 视频系统"等，还在不断升级换代。

沉浸式 3D 音频和视频技术的范围很广，涉及心理声学、生理声学、视觉控制和复杂的算法理论等。本书因篇幅有限，仅讲述沉浸式听觉呈现（主要是 3D 音频技术）和沉浸式视觉呈现（主要是虚拟 3D 视频和演艺照明技术）领域当前比较成熟的主流技术，以及应用于我国蓬勃发展的演艺领域（相对侧重于文旅演艺）的工程设计、系统集成和典型案例。

全书共十一章，分为上篇（基础篇）和下篇（应用篇）。上篇讲述音视频（AV）系统的组成及发展、视频显示设备、视频显示介质成像技术、音视频信号的传输介质和接口以及数字音视频信号的网络传输等，此为掌握沉浸式 3D 音频、灯光、影视演艺工程设计需要具备的基础知识，对已具备基础的读者可略去。下篇讲述演艺照明光源、灯具和控制系统，声像光机（声光电）同步表演控制系统，影视沉浸式 3D 音视频系统技术，现场沉浸式 3D 音频系统技术和现场沉浸式虚拟 3D 视频系统技术等的基本原理、沉浸式表演系统工程案例。

本书基本定位为"工程设计"，可作为各类院校演艺工程、音视频工程、数字媒体技术、电子信息与多媒体技术，以及影视舞台听觉呈现与视觉呈现技术等相关专业课程的教材或参考教材，也可供从事相关专业设计、生产、研发的工程技术人员参考。另外，本书的编写风格深入浅出并配以大量彩色的工程实例图片，因而也非常适合文艺团体、娱乐场所、剧场影院、音乐厅、广播电视、博物馆、科技馆、主题公园、特色小镇、文旅实景演出、城市亮化以及光影节、声光电表演等项目从事总体设计、艺术创作、项目规划、投资决策以及维护管理的人士和音视频演艺技术的业余爱好者阅读参考。

本书编写过程中得到广州华汇音响顾问有限公司等国内外知名企业（名单见本书后记）的大力支持，并给本书提供宝贵资料及编写意见和建议。叶煜晖、杨宏臻、肖瑞思、韩泺、朱丽君、陈俊江、詹泽佳、徐贤威、童华炜、林浩佳、刘焕汉等同志为本书的出版做了大量工作，在此一并表示谢意。本书编写过程中还参阅了大量的著作、刊物和网站资料等，在此表示衷心的感谢。

本书四名作者分别从事音视频和艺术照明工程领域的教学、科研、设计、检测验收和工程实践等不同岗位。本书列举的工程实例中多数是作者曾有机会参与设计或调试、督导、顾问、测量验收或曾深入现场做调研、学习、交流的项目。加上广大演艺设备生产企业、工程企业和科研设计以及文艺演出等单位的朋友们的支持帮助，提供了大量最新的技术资料和工程案例，使本书能较好地反映出当今国内外沉浸式 3D 音频、灯光、影视演艺工程领域方面的新技术、新工艺、新设备、新的设计理念和工程案例。为便于与国际接轨，本书所述的主要专业名词首次出现时都尽量附上英文，这也是本书的特色之一。

作者期望以本书为桥梁，能与广大从事音视频和演艺工程的同行进行交流，也希望对新入门的音视频和演艺领域工作者和广大业余爱好者有所帮助。

由于本书内容较新，涉及面广，加之编者水平所限，书中难免存在疏漏或不当之处，敬请广大读者批评指正。

作者
2022 年 8 月

目 录
CONTENTS

下篇 应用篇

绪　论

INTRODUCTION

一、关于"演艺工程"

人的大脑通过五种感官接受外界信息的途径及效率分别为：视觉（visual）约占83%，听觉（aural）约占11%，两者合计约占94%，其余则通过嗅觉（olfactory）3.5%、触觉（kinesthetic）1.5%和味觉（gustatory）1%。可见视觉和听觉的结合，对人类接受外界信息有着十分重要的意义。

这一研究结果体现在家庭和个人娱乐领域：从早期的电唱机、收音机、录音机和随身听（walkman）等"纯听觉"的娱乐家电，逐步被视听结合的电视机、影碟机、家庭影院、iPad 和智能手机取代。

这一研究结果体现在教育领域：学校从早期的扩音教室和外语教学语音室等逐步发展为配置有投影机、交互白版、计算机等并接入互联网系统的多媒体智慧教室。

这一研究结果在表演艺术（演艺 performing arts）领域有着更为广泛的体现。实践证明，一个成功的演艺作品如戏剧、音乐、影视等，首先要有一个成功的艺术创作作基础，同时还需要有一套良好的演艺技术作支撑。演艺技术包含的内容很广，其中的重点如下：

（1）听觉（aural）效果呈现，主要包括以下内容：

1）音频技术（audio），如调音台、处理设备、功率放大器和音箱等。

2）音效（sound effect）和自然声（natural sound）。

（2）视觉（visual）效果呈现，主要包括以下内容：

1）视频技术（video），如投影机、LED 显示屏、摄像头和视频服务器等。

2）灯光技术（lighting），如灯控台、常规灯和电脑灯等。

3）舞台机械特效（mechine），如升降台、转台、吊杆、"威亚"、烟火、礼花炮和烟雾等。

以上各类技术应用于演艺作品的过程中会有多种多样的组合，最常见的是音频（也称为声频、音响）技术与视频技术的组合，通称为 AV 系统，中文称视听系统、影音系统、声像系统或音视频系统等。而上述多种技术的组合通称为 AVLM 系统、声像光机系统或声光电系统等。

随着专业音视频技术的发展，大型的指挥中心、会议中心、体育场馆、视频会议、远程教学、主题公园和旅游实景剧场等场所，需要采用网线、光纤或无线信道等把音频和视频信号传送到数百米甚至数十千米远处的终端，这就促成了音视频技术与互联网（internet，IT）或互联网协议（internet protocal，IP）技术的结合，通称为信息化音视频系统，简称 AoIP、AVoIP、AVoIT、AV/IT 或 AVLM/IT 等。

在演艺行业中，通常把上述各种系统及其组合的设计、施工、调控及管理维护等专业领域称为"演艺工程"（performing arts engineering）。近年国内包括中国传媒大学在内的多所院校开设了"演艺工程与舞台技术"的专业方向，培养该领域急需的人才。而音频技术、视频技术、演艺灯光、网络控制技术以及舞台听觉呈现和舞台视觉呈现技术等课程，都被列入该专业的主干课程。

二、关于"沉浸式演艺"

上述关于人类接受外界信息的途径及效率的研究结果，还体现在"沉浸式演艺"这个领域。

2019 年 8 月国务院印发文件《关于进一步激发文化和旅游消费潜力的意见》（国办发〔2019〕41 号），其中的关键词：发展新一代沉浸式、参与式、体验型的文旅演艺产品……"沉浸"成了当前演艺领域的一个热门话题。

沉浸（immerse）的原意是浸泡，浸入水中。"沉浸理论"于 1975 年由 Csikszentmihalyi 首次提出，早期主要应用于游戏领域，就是让人专注在当前的目标情境下感到愉悦和满足，而忘记真实世界的情境。

近年沉浸式的理念已被应用到更广泛的领域，如沉浸式展馆（博物馆、科技馆）、沉浸式餐厅、沉浸式婚礼等。

本书主要探讨沉浸式的表演艺术，即通过科技手段和演出元素，让观众通过视觉、听觉（加上嗅觉、味觉、触觉）来欣赏获得沉浸感的演艺活动。

目前对"沉浸式"这个概念尚未见有权威的统一标准或规范。据了解，当前在国内外声学界和演艺行业内比较认可的有以下两份文献：

（1）声频工程学会（AES）推荐的罗金斯卡（Agnieszka Roginska）和盖卢索（Paul Geluso）于 2018 年发表的专著《沉浸式声音：双耳和多声道音频的艺术和科学》（Immersive Sound：The Art and Science of Binaural and Multi‒Channel Audio），图书中对沉浸式的概念有如下表述："人们通过声音、视觉、触觉、嗅觉和味觉，多感官融入某个场景，可以产生沉浸式身临其境的体验"，"沉浸式音频与视频技术结合，可给观众提供多感官、多维感知的沉浸式体验"。可见罗金斯卡等关于沉浸式音频与视频技术结合的论述与以上关于视觉和听觉结合对人类接受外界信息的重要性的论述是相呼应的。

（2）2018 年 SMPTE（国际电影和电视工程师协会）发布的国际标准《数字电影沉浸式音频通道和声场组》（D – Cinema Immersive Audio Channels and Soundfield Groups），提出了沉浸式音频的概念，并规范了数字电影的沉浸式 3D 环绕声的左、中、右、环绕和顶置（包括 9.1、11.1、13.1 和 15.1）等各个音频通道的标准配置（见本书第十一章）。

沉浸式音频和视频技术的范围很广，涉及心理声学、生理声学、视觉控制和复杂的算法理论等。本书因篇幅有限，仅讲述沉浸式听觉呈现（主要是 3D 音频技术）和沉浸式视觉呈现（主要是虚拟 3D 视频和演艺照明技术）领域当前比较成熟的主流技术以及应用于我国蓬勃发展的演艺领域（相对侧重于文旅演艺）的工程设计、系统集成和典型案例。

三、沉浸式演艺重要的技术基础

听觉 3D 呈现（3D 音频技术）＋视觉 3D 呈现（3D 视频技术）＝3D 音视频技术，这是沉浸式演艺活动两个重要的技术基础，但不是全部（在各种"互动技术"中触觉很重要）。

按照制作方式和应用场所的不同，沉浸式 3D 音视频技术分为两类：

第一类为"影视沉浸式 3D 音视频技术"，主要应用于电影、电视（家庭影院）、DVD、游戏和 VR 等。

第二类为"现场沉浸式 3D 音视频技术"，主要应用于话剧、歌剧、舞剧、音乐以及文旅演艺的主题剧场和实景舞台等现场演出。

1. 影视沉浸式 3D 音视频系统技术

应用于电影、电视和家庭影院等的放音技术和图像技术。

（1）影视沉浸式 3D 音频——放音技术。从最早的单声道、双声道立体声、杜比 5.1、杜比 7.1 和 DTS 多声道环绕声等，都只具有左右和前后（远近）两个维度（2D），仅给人以平面的听觉感受。近年发展的 3D 环绕声系统的声像是拥有水平（X）、垂直（Z）和距离（Y）3 个维度，由于增加了"顶置声道"，从而使得观影者能够获得沉浸式三维空间立体感和包围感的听觉效果。其主流技术是 Dolby Atmos，其他还有 Auro – 3D、IOSONO、DTS：X 和 MPEG – H Audio 等系统。

（2）影视沉浸式 3D 视频——图像技术。从最早的黑白电影到彩色电影，呈现的画面都是只有上下、左右两个维度（2D），仅给人以平面的视觉感受。近年发展的影视沉浸式 3D 立体电影的视觉呈现，是在上下、左右维度的基础上增加了前后这一维度，即影像有了深度感，观众能够观赏到"漂浮"在空中的具有三维空间立体感的视觉效果。3D 立体影像电影是基于人的"双眼视差"原理，观看时必须戴上"立体眼镜"。真正能达到立体效果逼真、观看角度宽阔且无不适感的裸眼 3D 影视显示技术至今尚未完善。

从演艺产品制作的角度观察，电影、电视（家庭影院）和 DVD 等节目都是采取"预先录制，演出回放"的技术模式，其历史悠久、技术成熟，确能给观众带来沉浸和震撼的视觉和听觉感受。但与剧场、音乐厅等现场演出相比，电影中的人物和场景等都是呈现在银幕上的虚拟影像，观众缺乏真实感和临场感，更不可能获得演员与观众之间互动交流的亲切感和参与感。加上目前"裸眼 3D"技术尚不够成熟，观众戴上光学眼镜并不舒服，同时带来影院管理维护的复杂性。

据此，国内外都在探索把电影系统的沉浸式 3D 音频系统技术移植到剧院、音乐厅、主题剧场和一些文旅实景演出的现场，称为"现场演出沉浸式 3D 音频系统"（或称全息声系统），力求在演出现场营造出如同在电影院观看 3D 全景声电影那种沉浸式的听觉感受。

2. 现场沉浸式 3D 音频系统技术

现场沉浸式 3D 音频系统与电影环绕声"预先录制，演出回放"的模式最主要的区别包括：① "现场"（live）；② "实时"（real time）。其核心技术一是借鉴影视 3D 全景声增加"顶置声道"的技术，增强声音的包围感；二是声像实时同步跟踪技术，其宣传用语是"所听即所见（What you hear is what you see）"。当演员或乐手在舞台移动或进入观众席互动，甚至吊"威也"腾空飞越时，声像能实时同步跟踪移动。近年国外在现场沉浸式 3D 音频技术领域先后出现一批比较成功的品牌和案例。国内也有引进应用的成功案例，如美国的 D - Mitri 应用于武汉汉秀剧场、英国的 TiMax 应用于江苏大剧院演出《拉贝日记》、瑞士法国的 WFS 应用于北京演出《远去的恐龙》和西安演出《12.12.》，法国 L - ISA 和加拿大 Backtrack 应用于上海广播艺术中心以及最近的 2021 年 5 月德国 d&b soundscape 应用于北京天桥剧场演出"新华报童"等。

但上述项目普遍属于大型、豪华型配置，加上引进国外技术价格高昂，一时不易推广。本书探讨演出现场沉浸式 3D 音频系统所采用的具有前瞻性、可扩展性，并具备逐步升级换代能力的设计方案，见第十一章。

3. 现场沉浸式虚拟 3D 视频系统技术

现场 3D 视频技术比较特殊。首先"真人实景"的现场演出本身就是立体的、3D 的视觉感受。人们追求的所谓现场视觉 3D 是在"真人实景"的演出中通过视频技术更加丰富现场的视觉效果，增加沉浸感、神秘感和震撼力。目前比较成熟的如不戴眼镜的"虚拟视觉 3D"和"人机互动"等技术。2015 年央视晚会上的"四个李宇春"、2018 年印象西湖中的"一群小天鹅"，以及近期琵琶演奏家方锦龙的真人实景与虚拟的动漫美女影像同台表演等模式，都很受欢迎，还有建筑外墙投影（3D mapping）和互动投影等技术都可以极大地提高观众的沉浸感、临场感以及演员与观众互动带来的亲切感和参与感。但由于观看舒服自然的裸眼 3D 技术至今尚未过关，因此，目前种种所谓的现场 3D 全息视频技术都仅仅是能达到"近似"的立体视觉效果，本书采用"虚拟视觉 3D"一词。

随着我国文化产业、特别是文旅演艺产业在国家政策导向下的快速发展，必将为沉浸式 3D 音频、灯光、影视演艺工程提供更广阔的市场和发展空间。

上篇 基础篇

第一章 音视频（AV）系统的组成及发展

1876 年贝尔（Bell）发明了第一台能通过电信号双向传输声音的机器——电话机（telephone）。1877 年爱迪生（Edison）发明了第一台能记录和重放声音的机器——留声机（phonograph）。这两项发明开启了音频技术（audio，声频技术）的百年历史。

在音频技术发展了将近 50 年之后，1924 年贝尔德（Baird）发明了第一台电视机（television），由此开创了视频技术（vedio）的历史。由于人们观看电视时必须同时听到声音，所以视频技术从一开始就是与音频技术紧密结合，组成音视频（AV）系统或称为声像系统。

AV 系统在演艺领域还有一种更广义的阐述：A 代表听觉（aural），V 代表视觉（visual），合称为视听（AV）系统。其中听觉主要指音频（音响）技术，视觉则不仅指投影和显示屏等视频技术，还包含灯光（lighting）和机械特效（machine，如烟花、喷水）等视觉技术。近年在文旅演艺领域把上述几种技术组合作同步表演的项目称之为声光电、声光影视或声像光机（AVLM）表演系统。

本章将简要讲述音频设备和音频系统从模拟技术（analog technology，简写 A）、数字技术（digital technology，简写 D）到网络传输技术（internet technology，简写 IT）的发展。在此基础上简单介绍视频技术与音频技术结合、音视频技术与信息技术的结合以及 AVLM 系统的基本概念。

第一节 音频设备

音频系统（audio system）也称为音响系统（sound system）、声频系统或电声系统，通常是指剧场、音乐厅、电影院、会议厅、体育场馆、广播电视台以及家庭等场所用于扩声或录音的设备的组合，这些组成音频系统的设备通称为音频设备（audio equipment）、声频设备或音响设备。常见的音频设备有以下几种：

（1）音频放大器，如前置放大器、功率放大器等。

（2）信号源设备，如电唱机、CD 唱机、录音机、MD 机、硬盘机和电声乐器等。

（3）电声换能器，如扬声器、耳机和传声器（话筒）等，其中传声器同时也是一种信号源。

（4）音频信号处理设备，如均衡器、延时/混响器、压缩/限幅器和一体化数字音频信号处理器等。

（5）调音台，也可将其看成是音频放大器和音频信号处理设备的一种组合。

用上述音频设备组成各种音频系统，以适应不同的使用场合和不同的目的要求。

以下分别简述常用的音频设备的名称、功能及应用。

1. 音频放大器

音频放大器（audio amplifier）最基本的功能是把微弱的音频信号不失真地加以放大。音频放大器通常分为前置放大器（俗称"前级"）和功率放大器（简称"功放"，俗称"后级"）两个部分。

2. 信号源设备

音频系统中提供节目信号的设备称为信号源（signal source）设备或声源（sound source）设备，如电唱机、CD机、硬盘录音机以及传声器（话筒）、电声乐器和电子乐器（如电吉他、电子琴等）。

（1）激光唱机（CD）。激光唱机（compact disk players）是由半导体激光器产生一束长波长红光，照射到数字音频光盘上的有无信号坑处，产生强度不同的反射光。经光电转换器件和数字信号处理，输出模拟音频信号，也可直接以数字音频信号输出。

（2）数字硬盘录音机（HDR）。硬盘录音机（hard disk recorder, HDR, 简称硬盘机）是先将模拟音频信号进行A/D变换后，经数字信号处理DSP将数字音频信号记录在硬盘上。放音时，将硬盘上已记录的数据读出，经数字信号处理后进行D/A变换恢复模拟音频信号输出。

3. 电声器件

电声器件是指能够进行电能与声能相互变换的换能器。在音频系统中，传声器是把声能转换成电能，而扬声器和耳机则是把电能转换成声能。

（1）扬声器系统。扬声器系统（speaker system）是由扬声器（loudspeaker，俗称喇叭）单元、分频器和音箱组成。习惯上常把扬声器系统简称为"音箱"。

1）扬声器单元：使用最广泛的是电动式扬声器，它是利用通电导体（音圈）和磁场之间的相互作用力原理工作的。

按目前的技术水平，单靠一只扬声器来完美地重放整个声频频段声音是相当困难的。为了得到优良的音质，通常都由高音扬声器（tweeter）和低音扬声器（woofer）两个单元或高音、中音（squarker）和低音扬声器三个单元组合，称为组合扬声器系统。这就需要把输入的音频信号分成两个频段或三个频段，再分别送到不同频率特性的扬声器进行重放，这个功能称为分频，能实现这个功能任务的电路或装置称为分频器。

2）分频器。按照分频器设置的位置来分，可分为后级分频（功率分频或无源分频，passive crossover）和前级分频（电子分频或有源分频，active crossover）两种。功率分频是在功率放大器之后，把高音、中音和低音信号分开，分别传输到相应的扬声器中去。前级分频也称电子分频，是在功率放大器之前先行分频，故需要两套或两套以上独立的功率放大器来分别推动各自的扬声器。其效果优于后级分频，但成本增高。

3）音箱。把低音扬声器放在适当大小的音箱里，能有效地消除声短路，且能调节改善扬声器的低频响应，使之发出优美的声音。

扬声器系统有点声源（单台音箱）、线阵列（line array）和音柱（column）等多种类型，具有不同特性，适用于不同场合。

（2）传声器。传声器又称为话筒或麦克风（microphone，MIC），是一种将声信号转换成电信号的电声器件。它通常处于音频系统中最前面的一个环节，其性能好坏与使用是否恰当直接关系到音频系统的声音质量，因此是一个关键的电声器件。目前使用最广泛的是电动式传声器和电容式传声器。

1）电动式传声器（dynamic microphone）使用较方便，牢固可靠，性能较稳定，但瞬态响应和高频特性不及电容式。

2）电容式传声器（condenser microphone）灵敏度较高，频率响应平坦，瞬态特性优良，但工艺复杂、牢固性较差，使用时需要48V的直流工作电压［称为幻象（phantom）电压］供电。

4. 信号处理设备

音频系统中常用的信号处理设备，如滤波/均衡器、延时/混响器、压缩/限幅器……，其任务是对音频信号实现幅度调整、频率均衡、音质修饰和动态压缩/限制等处理功能。

（1）滤波器与均衡器。滤波器（fillter）和均衡器（equalizer，EQ）的功能是对不同频率的音频信号进行选通（如允许通过或切除——阻止通过）或者补偿（提升或衰减）。通常滤波器的功能侧重于"选通"，而均衡器的功能则是侧重于"补偿"，亦即是"均衡"。

如在调音台中常见的低切滤波器（low cut）是把某一频率以下的信号切除（衰减），这个频率以上的允许通过。而调音台常见的高、中、低三段均衡器（HI，MID，LOEQ）是分别对高、中、低三个不同的频率段分别进行均衡调节，它不单可对某一频率或某一频段进行衰减，还可以根据需要进行提升，起"补偿"作用，达到美化音色的目的。而被称为多频段图示均衡器（multi - band graphic equalizer）的设备则是把音频全频带（20Hz~20kHz）或其主要部分，分成若干个频率点或频段（如29、30或31段），分别进行提升和衰减，各频段之间互不影响，因而可对整个系统的频率特性进行细致的调整。

（2）延时/混响器。延时/混响器（delay/reverberator）又称效果处理器（effect processor）。延时/混响的基本概念如下：

以音乐厅钢琴演奏为例，从琴键按下发声到声音结束，其声学过程可分为直达声、早期反射声和混响声几个阶段。

1）直达声是指从声源直接传到听者耳朵的声音，它是最主要的声音信息。

2）早期反射声是指由舞台前斜顶和舞台两侧墙反射到听者（时间在50ms以内）的声音，这种反射声对原发声有加重和加厚的作用。

3）混响声则是由音乐厅内墙壁、顶棚等对声音信号的无规则多次反射所形成的。因为声音信号每入射、反射一次，墙面就吸收掉一部分声功率，因而混响声强度就逐渐衰减。混响声由最大值衰减到最大值的百万分之一（即衰减60dB）所需的时间，称为"混响时间"（reverberation time，RT）。

一个房间内如果混响时间太长，则声音会混浊不清；反之，若混响时间太短，则声音"发干"，不动听。如果混响适当，听起音乐来，就会觉得声音圆润、丰满，感染力强，而听语言就能有良好的清晰度、丰满度和宏亮感。不同场所和不同的听音内容有不同的最佳混响时间。

由此可见，要获得良好的扩声质量，不仅需要一套良好的音响设备，而且还必须有一个良好的室内声学环境，关键是一个合适的混响时间，这属于"建筑声学"（architectural acoustics）设计的范畴。

数字延时/混响器（数字效果处理器，digital effect processor）是用电子技术来模拟房间的混响过程，能对空间大小、现场感、早期反射声、混响时间等各种参数在一定范围内任意调整，并由厂家在机器内部预置（固化）了数十款到上百款不同的程序（program），包括不同大小、结构的房间、厅堂、教堂、隧道以及模拟钢板混响等各种现成的效果，供用户选用。

（3）压限器和扩展器。压缩器（compressor）、限幅器（limiter）、扩展器（expander）以及噪声门（noise gate）是几种常见的信号动态处理器，主要用于对信号的动态范围进行控制和调整，以适应系统的需要。

5. 调音台

调音控制台（mixing console）简称调音台（mixer），其主要功能如下。

（1）放大：将多路输入的不同信号源的信号进行放大。

（2）混合：对多路输入信号进行艺术处理，然后混合成一路（单声道）或多路输出。

（3）分配：音频信号经调音台处理后，依照不同的需求输出分配给各电路或设备。

（4）音量控制：称为衰减器（FADER）。

（5）均衡、滤波、压缩及限幅：调音台的每一路输入组件都设有均衡器及滤波器。部分调音台设有压缩器和限幅器。

（6）声像方位：两路或四路主输出的调音台都设有"声像方位电位器"（pan-pot），它用于录制立体声节目，特别是采用"多声道方式"时，因输入信号的声源并没有明确指定其所在位置，则需按照该声源习惯方位或依据乐曲艺术要求而分配"声像方位"（panorama）。

（7）监听：一般在调音台上设置耳机插孔，用耳机监听；或设置输出接口，用功放推动扬声器或用有源音箱监听。

（8）测试：调音台上设置音量（VU）表，以便协同听觉监听，并以视觉对随时随刻变化的声频信号电平进行监测。

（9）通信及对讲：在分设播音（演播）室及调音（控制）室进行录音或播音时，两室之间必须能用光信号联络通信和相互对讲联络，才方便工作。

6. 音频处理设备的数字化

随着数字技术的发展，在音频工程中应用的各种信号处理设备已逐步实现数字化，初期是单台设备数字化，近年已普及"一体化数字音频系统处理器"（digital system processor，DSP）。它的功能是可以全部代替所有信号处理设备，包括均衡、滤波、延时、压缩、分频以及扬声器系统控制器等，甚至包括调音台的部分功能，都可以由这个厚度仅为1~2个U的一台设备取代，这就是"一体化"（all in one）的含义。因为整个信号流程均以数字方式进行处理，避免了由多次 A/D、D/A 转换带来的弊端。一体化数字处理器通过鼠标操作即可方便地执行参数调节和设备的增减和替换功能。因此不论是在系统的设计过程或是在系统投入运行之后，如需要对已设定的某些参数进行修改调整，或对某些周边器材需要增、减或更换都十分简便。只是通过软件操作，无需添购设备。而各项功能和参数一旦锁定，就不必担心会被无关人员搞乱。

第二节　音频系统

一、音频系统的分类和功能

音频系统是由上一节讲述的各种音频设备组合而成。

音频系统有多种分类方法，如按其主要任务或最终目的不同可分为扩音系统和录音系统两大类。

1. 扩音系统

扩音系统（sound reinforcement system）的任务是把从传声器、CD 机或录音机等信号源送来的语言或音乐信号进行放大、控制及美化加工，最终送到扬声器或耳机，还原成声音信号以供聆听。根据使用场合不同，扩音系统又可分为厅堂扩音系统和公共广播系统。

（1）厅堂扩音系统。包括礼堂、剧场、电影院、音乐厅、会议厅、歌舞厅等装设的大功率扩音系统以及家庭用的小功率扩音系统。

（2）公共广播系统。常见于工矿企业、机关、学校和农村的公共广播系统（public address）。其中，装设于餐厅、商场、银行和酒店等公共场所，播放声音较轻的音乐，目的是营造适当的环境气氛的公共广播系统常称为背景音乐（background music）系统。

其他还有电子会议系统、电子音乐系统等，不一一列举。

图 1 - 1 是典型的家庭扩音系统（习惯称"组合音响"）方框图。图 1 - 2 显示一个简单的厅堂扩声专业音响（模拟）系统方框图。它以一台调音台为中心，包括多种信号源、放大器、音箱和音频处理设备，适用于剧场、礼堂、歌舞厅或音乐厅等场合。图 1 - 3 是以一台一体化数字处理器取代多台分开的处理设备组成简单的专业音响（数字）系统方框图。

2. 录音系统

录音系统（sound recording system）的任务是把从传声器、电子乐器或另一台录音机等信号源送来的音频信号进行放大、控制及加工美化，最终目的是把声音信号记录下来，待到需要时再通过其他重放设备还原成声音。

音频系统还有其他分类方法。例如：按其信号处理方式可分为模拟音频系统和数字音频系统；按声道的数目多少可划分为单声道音频系统、立体声音频系统和多声道音频系统；按其是否将音频设备与视频设备相结合可划分为"纯"音频（Hi - Fi 音响）系统和音视频（AV）系统；按其使用对象不同可划分为民用（家庭）音响

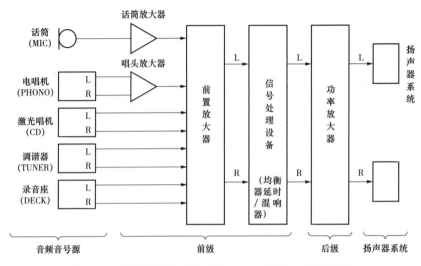

图1-1　典型的家庭扩音系统（组合音响）系统方框图

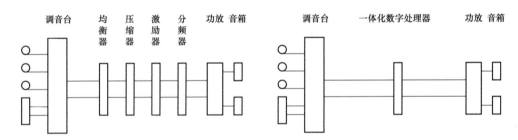

图1-2　简单的厅堂专业音响（模拟）系统方框图　　图1-3　简单的专业音响（数字）系统方框图

（home audio system）和专业音频（专业音响）系统（professional audio system）等。

本书主要是从工程应用的角度讲述专业音视频设备和系统。对家用音视频系统只作概略介绍。而在扩音系统和录音系统两者则只讲述扩音系统。需要较深入了解录音系统的读者可查阅相关参考文献［1］。

二、音频系统的数字化和网络传输

音频技术正由"模拟音频"全面向"数字音频"发展，下面以剧场为例，简单介绍其扩音系统在这个发展过程不同阶段的系统组成及其特点。

早期剧场采用模拟扩音系统，配置的音频设备包括模拟信号源（话筒和电声乐器）和数字信号源（硬盘录音机、CD机等）、模拟调音台、模拟处理设备（均衡器、压限器、分频器）、数字效果器、模拟功放和扬声器系统（音箱）等，音频信号的传输是采用多芯屏蔽电缆的模拟传输方式。

随后，音频系统逐步从模拟技术向数字技术过渡，音频设备除话筒和音箱外，已经全部数字化。但仍然采用多芯屏蔽电缆的模拟传输方式。

对于家庭以及中、小型的专业扩音系统，由于信号源（如传声器、CD 机）与调音台、功放和处理器等设备之间的距离较近，采用普通的音频线传输模拟信号产生的传输损耗和电磁干扰影响不大。但对于中型以上的扩音系统，如大型厅堂、会议中心、剧院、体育场馆特别是指挥中心、主题公园和旅游实景剧场等的扩音系统，模拟信号远距离传输所带来的缺陷就成为严重的问题。对这类线路的敷设安装工艺复杂，成本高昂，还要避开强电、灯光等干扰源，难以完全解决传输损耗以及电磁干扰带来的危害。

为了解决音频信号远距离传输所带来的缺陷，以 Cobranet 诞生为标志，开发出由数字音频传输网络组成的音频系统，称为数字网络音频系统（digital network audio system），简称网络音频（network audio）。实现了 Audio 技术与互联网（internet，IT）或互联网协议（internet protocal，IP）技术的结合，称为 AoverIT、AoIT 或 AoIP。它利用数字音频设备已有的数据通信接口构建传输网络，依靠计算机控制技术，将音频系统的信号以数字化的形式，以网络为平台，依靠 Cobranet、Ethersound、Dante、AVB 等网络传输协议，通过网络线（较近距离）或光纤（较远距离）等介质传输到所需要的负载终端，并在工作时对其实施监控和管理。这个阶段的剧场扩音系统，除话筒、扬声器外，已全部采用数字设备和数字网络传输技术。详情将在本书第五章讲述。

第三节 信息化 AV 及 AVLM 系统

一、信息化音视频（AV）技术的发展

1. AV 的融合

专家通过对人类汲取知识能力的研究发现，人类接受外界信息的途径及效率是：视觉（Visual）约占 83%，听觉（Aural）约占 11%，其余途径则通过嗅觉、触觉和味觉。教育心理学家进一步研究发现，人类对事物记忆的规律为：单靠听觉只能记住约 15%，单靠视觉则能记住约 25%，而同时通过听觉和视觉则记住的百分比就不是简单的 15% + 25% = 40%，而是大幅度上升到 65%！由此得出结论：视觉和听觉结合对人类认识事物和记忆事物有着十分重要的意义。

正因此，电影和电视从一诞生就把图像技术和伴音技术融合发展，而会议厅、歌舞厅到学校的多媒体教室（视听教室）和家庭的厅堂，都趋向于将音频设备（音响 Audio）与视频设备（Video）相互结合，组成音视频系统（AV system，声像系统，视

听系统)。

2. AV 与 IT 的融合

随着专业音视频领域的发展，大型的指挥中心、会议中心、体育场馆、会议电视、远程教学、主题公园和旅游实景剧场等场所，都需要把音频信号和图像信号传送到百米至数十千米远处的终端。此时必须采用 IT 网络传输技术进行音视频信息的控制和传送，这就促成了音视频技术和 IT 技术的融合，称为信息化音视频技术（information audio & video），通称为 AVoverIT 或 AV/IT。

二、信息化音视频（AV）技术的应用

（1）以家庭娱乐为例，从早年的收音机、电唱机、录音机等"纯听觉"的娱乐家电，发展到电视机、家庭影院等家用 AV 系统，如图 1-4 所示。

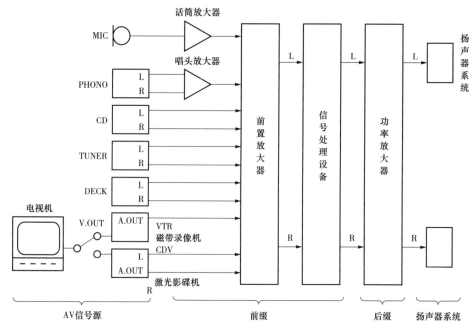

图 1-4　家用 AV 系统

（2）各类院校普遍设立的多媒体教室，早期仅是扩声机加光学投影幻灯机，后来发展到多媒体大屏幕投影、信息网络、智能集中控制和远程教育等。

（3）剧场、会议中心、体育场馆，以及大型综艺晚会、演唱会等，除音响、灯光外，普遍设置有大屏幕投影或发光二极管（LED）显示屏。

（4）军事、公安、交通、水利、电力、电信等部门的指挥中心或监控中心，装设特大屏幕的 DLP 或 LCD 或 LED 显示屏已成了标配的基本设施。

（5）大厦电梯口、机场候机大厅等公共场所，每天 24h 滚动播放航班信息、广告和娱乐节目的"数字告示系统"。

（6）表演控制（show control）系统，是将声、光、影视、机械特效（喷水、烟花）等各个子系统进行集成，并按照预先编好的程序进行同步表演，应用于各类庆典活动、城市美化以及主题公园、科技展览和大型的文旅演艺项目，称为声光电（声光影视或 AVLM）表演。

三、信息化音视频（AV）系统的组成

信息化音视频系统是由音频、视频和信息系统设备组合而成。在本章第二节已介绍常用的音频设备，以下列出常用的视频设备和信息系统传输设备的名称以及 AV/IT 系统的基本组成示意图，如图 1 - 5 所示。

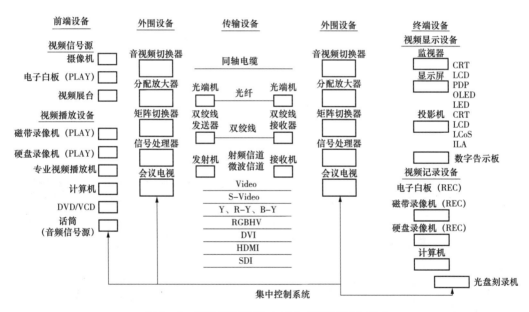

图 1 - 5　信息化音视频（AV）系统的基本组成

1. 前端设备

前端设备主要包括以下设备。

（1）视频信号源：摄像机和视频展台。

（2）视频录放设备（工作于重放 PLAY 模式）：硬盘录放机、专业视音频播放器、多媒体计算机、DVD 和互动电子白板等。

2. 终端设备

终端设备主要包括以下设备。

（1）视频显示设备：LCD、PDP、OLED 和 LED 显示屏。多种类型的投影机：CRT、LCD、LCOS、DLP 等。

（2）视频录放设备（工作于记录 REC 模式）：电子互动白板、硬盘录像机、光盘刻录机、可录 DVD 和计算机等。

3. 外围设备

外围设备主要包括切换器、矩阵切换器、分配放大器、信号处理器、各类接口和图像效果处理设备等，也可以把会议电视系统和集中控制系统列入配套设备的范畴。

4. 传输设备

传输设备包括传输介质（各种线缆）和配套设备。

四、声像光机（声光电，AVLM）表演系统的组成

图 1-6 所示为信息化音视频系统在文旅演艺领域的一个典型应用——四川省乐山市乐山大佛广场《沉浸式声像光机（声光电）同步表演》的壮观景象。组成该项目的主要设备包括：①音响系统，即线阵列扬声器、功率放大器、音频工作站等；②灯光系统，即探照灯、LED 灯、电脑灯、激光灯等；③视频系统，即水幕投影、球幕投影、LED 显示屏等；④机械特效系统，即水幕泵、冷雾泵、低烟机等；⑤控制和传输系统，即灯光控制台、调音台、视频服务器、无线发射接收机、光纤传输和 DMX512 传输等。

图 1-6　乐山大佛广场《声像光机（声光电）同步表演》现场

　　音响、灯光、视频和机械特效等各个子系统，在 HDL Show Control 表演系统的控制下，按照预先编制的程序同步运行，进行 10min 的声像光机（声光电）表演。

　　本书第七章第三节对本工程项目有详细讲述。

第二章 视频显示设备

第一节 视频显示设备的分类、特点和技术指标

视频显示设备（video display equipment）是用于显示视频信号的视频系统终端设备的统称。其任务是显示由摄像机、录像机、影碟机以及计算机等视频信号源输出的图像、数据等视频信号。

一、视频显示设备的分类

根据 GB/T 50525—2010《视频显示系统工程测量规范》，视频显示设备分为电视型视频显示设备、投影型视频显示设备和发光二极管（light emitting diode，LED）视频显示设备三类。

（一）电视型视频显示设备

电视型视频显示设备包括阴极射线管（CRT）电视机、液晶显示屏（LCD）、等离子体（PDP）显示屏。

（二）投影型视频显示设备

投影型视频显示设备包括阴极射线管（CRT）投影机、液晶投影机、硅基液晶（LCoS）投影机、数字光处理（DLP）投影机。

（三）发光二极管显示屏设备

发光二极管显示屏设备包括发光二极管显示屏、有机发光二极管（organic light e-mitting diode，OLED）显示屏。

其中，电视型视频显示设备和发光二极管显示屏设备二者有一共同特点，即都是在设备本身的屏幕上直接显示图像信息，因而可合并归类称为"直显型视频显示设备"，与"投影型视频显示设备"相对应。

二、视频显示设备的技术指标

（一）光输出

光输出（luminance output，有些场合标为亮度或光通量），是描述视频图像明亮程度的技术指标。

20 世纪 80 年代后期国际上各投影机生产厂商逐渐趋向统一采用美国国家标准学会（American National Standard Institute，ANSI）的 l77、215 标准，用 ANSI 流明（ANSI lm）来表示投影机的光输出。

我国也曾普遍采用 ANSI lm 作为投影机光输出的单位。直到 2006 年颁布 SJ/T 11324—2006《数字电视接收设备术语》，制定了我国自己的光输出标准，统一采用流明 lm 作为投影机光输出的单位。

以下扼要说明流明这个物理量单位本身在光学专业中的含义，再介绍 SJ/T 11346—2015《电子投影机测量方法》对投影机光输出作出的定义。

1. 光通量（luminance flux）

光通量是表示光源在单位时间内向周围空间辐射出的使人眼产生光感觉的能量，符号为 Φ，单位为流明（lumen，简写 lm）。1lm 相当于波长为 555nm 的单色辐射，功率为 1/680W 时的光通量。一支 40W 白炽灯泡的光通量约为 350lm，而一支 2kW 的溴钨灯的光通量可达 45000lm。

2. 光输出

SJ/T 11324—2006 对投影机的光输出定义为：用 1931CIE 明视觉函数加权的标准眼来评价的发光流量。在一给定时间周期内，空间中任一给定面积所通过的可见光能量的流量，也即是投影机在正常工作状态下能被人的视觉所感受到的最大光辐射功率，单位为流明（lm）。

（二）图像清晰度和图像分辨率

图像清晰度（picture definition）和图像分辨率（picture resolution，又称为解像度或分辨力）是 SJ/T 11324—2006 和 SJ/T 11346—2015 中提出的两个参数，都是用来描述视频显示设备对图像细节的重现能力，它决定了重放图像的清晰程度。

1. 图像清晰度

图像清晰度是指人眼能察觉到的电视图像细节的清晰程度，规定是用屏幕上能分辨清楚的最高线数来表示，单位是电视线（TV Line）。

2. 图像分辨率

图像分辨率是表征图像细节的能力，在 GB/T 28037—2011《信息技术　投影机通用规范》中被称为分辨率，而在 SJ/T 11324—2006、SJ/T 11340—2015《前投影机通用规范》和 SJ/T 11346—2015 中被称为图像分辨力，但未被普遍采用。对于图像信号，常称为信源分辨率，由图像格式决定，通常用水平和垂直方向的像素（pixels）数表示（列 × 行）。

对于成像器件而言，阴极射线管（CRT）通常用中心节距表示，面阵 CCD、LCD、PDP、DLP、LCoS、OLED 等固有分辨率成像器件，通常用水平和垂直方向的像素数表示。这种表示方法主要用于衡量计算机的数据和图形的解像能力。分辨率又分为固有分辨率和最大分辨率。输入固有分辨率信号时产品应清晰显示，输入最大分辨率信号时产品应正常显示。

根据 SJ/T 11324—2006 中的术语和定义可知，像素是组成一幅视频图像的全部可能亮度和色度的最小图像单元。在黑白电视中像素是一个黑点，在彩色电视中像素则由红、绿、蓝三色组成。构成一幅图像的像素数目越多，说明显示器或投影机的解像度越高。一部投影机所投影图像的像素数多少，与投影机的结构、行频、带宽等许多因素有关，详情请参阅参考文献。

下面摘录 SJ/T 11340—2015 中有关显示格式的条款内容，供读者参考。输入的图像格式与显示图像参数的关系见表 2 – 1。

表 2 – 1　　　　　　　　输入图像格式与显示图像参数的关系

输入图像格式	显示图像参数				
	隔行比	扫描行数	行频（kHz）	场频（Hz）	幅型比
720 × 576i	2:1	625	15.625	50	4:3
720 × 576p*	1:1	625	31.25	50	4:3
1280 × 720p*	1:1	750	45	60	16:9
1280 × 720p*	1:1	750	37.50	50	16:9
1920 × 1080i	2:1	1125	28.125	50	16:9
1920 × 1080i*	2:1	1125	33.75	60	16:9
1920 × 1080i*	2:1	1250	31.25	50	16:9

注　不带 * 的图像显示格式为首选项。

3. 计算机图像格式与电视及电影的分辨率对比

（1）计算机常用的图像格式标准见表 2 – 2。

表 2 - 2 计算机常用的图像格式标准

图像格式	图像格式全称	分辨率
VGA	Video Graphics Array，视频图形阵列	640×480
SVGA	Super VGA，超级视频图形阵列	800×600
XGA	Extended Graphics Array，扩展图形阵列	1024×768
WXGA	Wide XGA，宽屏扩展图形阵列	1280×800
SXGA	Super XGA，超级扩展图形阵列	1400×1024
UXGA	Ultra XGA，极速扩展图形阵列	1600×1200
WSXGA	Wide Super XGA，宽屏超级扩展图形阵列	1680×1050
WUXGA	Wide Ultra XGA，宽屏极速扩展图形阵列	1920×1200
QXGA	Quad XGA，四倍扩展图形阵列	2048×1536
WQXGA	Wide Quad XGA，宽屏四倍扩展图形阵列	2560×1600
QSXGA	Quad Super XGA，四倍超级扩展图形阵列	2560×2048
QUXGA	Quad Ultra XGA，四倍极速扩展图形阵列	3840×2160

（2）高清数字电视的图像分辨率见表 2 - 3。

表 2 - 3 高清数字电视的图像分辨率

数字电视类别	具体名称	分辨率
标清电视	Standard Definition TV，SDTV	720×576（0.8K）
高清电视	High Definition TV，HDTV	1280×720（1.3K）
全高清电视	Full High Definition TV，FHDTV	1920×1080（2K）
超高清电视	Ultra High Definition TV，UHDTV	3840×2160（4K）
全超高清电视	Full Ultra High Definition TV，FUHDTV	7680×4320（8K）
超高画质电视	Super Hi - Vision TV，SHV	7680×4320（8K）
四倍超高清电视	Quad Ultra High Definition TV，QUHDTV	15360×8640（16K）

（3）数字电影的图像分辨率（详见本书第八章）。

中国标准：0.8K——1024×768，农村放映机；1.3K——1208×1024，国内标准机。

国际标准（DCI 数字影院倡导联盟）：2K——2048×1080；4K——4096×2160；8K——7680×4320。

注：因为电影屏幕宽高比通常为 1.9:1，而电视屏幕为 16:9（1.78:1），所以电影标准 2K 为 2048×1080 而电视标准 2K 为 1920×1080。同理，电影标准 4K 为 4096×

2160 而电视标准 4K 为 3840×2160。

（三）照度均匀性

照度均匀性是指投影机在标准工作状态下输出在投影面上整屏照度的一致性程度。

（四）对比度

对比度（contrast ratio）是指投影机在正常工作状态下，同一屏幕上的最亮区域与最暗区域的平均照度之比。

（五）相关色温

相关色温（correlated colour temperature，CCT）是指测量投影机在标准工作状态下的相关色温，单位为 K（开尔文）。

色温（colour temperature）是照明光学中用来表示光源颜色的物理量，其定义为：当热辐射光源所发射光的颜色与黑体加热到某一温度时所发射光的颜色相同时，黑体被加热的这个温度称为该光源的颜色温度，简称色温，用符号 T_c 表示，其单位是用绝对温标 K（$T_c = t + 273.15$，t 为摄氏温度）来表示。

适用于热辐射光源，如白炽灯、卤钨灯。而各种非热辐射光源如荧光灯、金卤灯，是用于某一温度黑体辐射最接近的颜色来近似地确定这类光源的色温，称为相关色温，用符号 T_{cp} 来表示。

（六）输入／输出接口

投影机为了便于连接各种不同的视频和音频信号源（录像机、摄像机、影碟机、多媒体电脑）以及音频放大器、视频监视器、遥控器等外围设备，专门设置有多种不同的输入和输出接口（input/output terminal）。投影机的档次越高，其输入和输出的接口就越多，所能适应的外围设备也越广泛，使用越方便，当然价格也就比较昂贵。

投影机常见的输入输出接口的名称、功能和特点参见本书第四章。

第二节 直显型视频显示设备

直显型（又名直视型）视频显示设备的主要特征是在设备本身所配置的屏幕上直接显示视频图像，"直显型"由此得名。例如 CRT 显示器是在显像管的荧光屏上显示图像，而 LCD 显示屏则是在 LCD 液晶屏上显示图像，使用者是观看设备本身屏幕上直接显示的图像信息。

一、阴极射线管（CRT）显示器

阴极射线管显示器（cathode - ray tube displayer，CRT），简称 CRT 显示器，是由阴极射线管（cathode - ray tube，CRT）和相应的电子电路组成。它是最早出现并最为人们熟悉的视频显示设备，已被淘汰。

二、液晶显示屏（LCD）

液晶显示屏（liguid crystal display，LCD 或 LCD Panel）是由液晶显示元件和相应的电子电路组成的直显型视频显示设备，俗称液晶平板电视。

液晶显示屏使用的显示器件是液晶（liguid crystal），它是一种介于固态和液态之间具有规则性分子排列的有机化合物，加电或受热后会呈现透明的液体状态。液晶分为活性液晶和非活性液晶两大类，非活性液晶反射光线，制成反射型液晶显示器件，用于液晶平板电视、笔记本电脑等。活性液晶具有透光性，制成 LCD 液晶板，用于 LCD 投影机（详见本章第四节）。

和后面将要提及的发光二极管显示屏相比，液晶显示屏的主要优点是功耗低、体积小、质量轻、超薄、超精细等。其主要缺点是：液晶屏在大尺寸的制造工艺上难度较大，成品率较低，因而价格昂贵。另一缺点是视角窄，最佳观看角度仅是屏幕正面。当在侧面观看 LCD 时，图像可能会变暗（称为亮度滑坡），彩色可能漂移，有时甚至会看到反图像（补色图像）。

图 2-1 是液晶电视机显示屏部分的结构示意图，它采用彩色液晶板作显示器件。液晶显示板是由一排排整齐设置的液晶显示单元构成，一个液晶板有几百万个像素单元，每个像素单元是由 R、G、B 三个小的单元构成。

液晶体本身是不发光的，在图像信号电压的作用下，液晶板上不同部位的透光性会发生变化。每一瞬间（一帧）的图像相当一幅电影胶片，在光照的条件下才能看到图像。因此在液晶板的背部要设有一个矩形平面光源，称为背光光源（backlight source）。当控制液晶单元各电极的电压按照电视图像的规律变化，在背光光源的照射下，从前面观看就会有电视图像出现。

目前市场上主流的液晶背光光源包括冷阴极荧光灯（cold cathode fluorescent lamp，CCFL）和发光二极管两类。冷阴极荧光灯的寿命可达到 60000h，其特点是成本低廉，但是色彩表现不及 LED 背光。

采用 LED（发光二极管）作为背光光源，可以提供红、绿、蓝、青、橙、琥珀、白

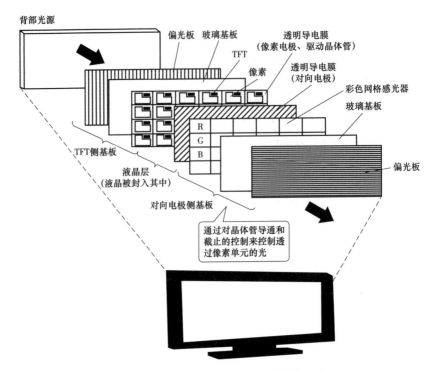

图 2-1 液晶电视机显示屏部分的结构示意图

等多种颜色，而且厚度更薄（大约为5cm），色域宽广，对比度高，寿命达到10万h。

三、等离子体（PDP）显示屏

等离子体显示屏（plasma display panel，PDP）是由等离子体显示元件和相应的电子电路组成的直显型视频显示设备，俗称等离子平板电视。

PDP具有超薄（约8cm）、质量轻、高解像度、高对比度、亮色均匀、视角宽（170°）、低环境光反射和无X线辐射等优点，但由于存在画面有颗粒感，不适合精细显示，特别是耗电偏大等缺点，历经与LCD十多年的竞争发展最终被淘汰。

四、有机发光二极管（OLED）显示屏

（一）有机发光二极管（OLED）显示屏的结构原理

有机发光二极管显示屏是由有机发光二极管和相应的电子电路组成的直显型视频显示设备，是近年在中、小型视频设备中一个发展迅速的新品种。

OLED的结构原理参见图2-2，是用铟锡氧化物（ITO）透明电极和金属电极分别作为器件的阳极和阴极，在一定电压驱动下，电子和空穴分别从阴极和阳极注入到电

子和空穴传输层，电子和空穴分别经过电子和空穴传输层迁移到发光层，并在发光层
中相遇，形成激子并使发光分子激发，后者经过辐射而发出可见光。辐射光可从 ITO
一侧观察到，金属电极膜同时也起到了反射层的作用。

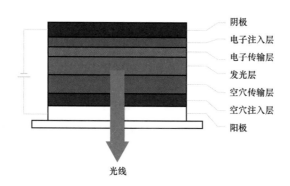

图 2 - 2　OLED 结构原理图

（二）OLED 显示屏的特点

1. OLED 显示屏的主要优点

（1）由于 OLED 显示屏本身就会发光，不需要背光灯以及外部的灯光资源，所以
厚度薄（为 1 ~ 2mm），质量也较轻，且拥有极佳的柔韧性，可以折叠弯曲。

（2）OLED 显示屏是自发光材料，亮度高因而拥有非常大的可视角度，行与列都
可以达到 160° 以上，且画质均匀。

（3）OLED 显示屏理论上是可以显示无穷种色彩，而且由于没有背光灯的影响，
所以当像素在显示黑色时，也可以达到全黑画面，在对比度上有很大优势。

（4）OLED 显示屏的显示器件单个像素的响应速度在 $10 \mu s$ 左右，而 LCD 显示器的
响应速度通常是几千至几万微秒，两者相差悬殊。

（5）OLED 显示屏只需要 2 ~ 10V 的电压，尤其是没有背光灯使其有着更低的功耗。

（6）OLED 显示屏的低温特性好，在 -40℃ 的条件下也能正常显示。由于是全固态
结构，且无真空、液体物质，所以抗震性能良好，可以适应巨大的加速度、振动等恶劣环
境，从而使 OLED 显示屏的应用范围可以更加广泛，包括航空航天和国防科技等领域。

2. OLED 显示屏的缺点

（1）寿命问题。OLED 显示屏寿命约 5000 个工作小时，而 LCD 在 10000 工作小时
以上。

（2）色度问题。大部分的发光材料都存在着彩色纯度不够的问题，不容易显示鲜
艳的色彩，尤其是红色的色度性能尤为不良。

（3）大尺寸问题。在器件尺寸变大后会出现较多的问题，如驱动形式问题、扫描

方式下材料的寿命问题、显示屏发光均一化问题等。随着技术的进步，OLED 显示屏上述缺点正逐步克服，成为极有发展前途的新技术。

五、发光二极管（LED）显示屏

（一）发光二极管（LED）显示屏的结构

发光二极管显示屏（LED panel）是由发光二极管器件阵列组成的显示屏幕。在计算机控制下，用于显示文字、文本、图形、图像、动画、行情等各种信息以及电视、录像等视频信号。LED 显示屏近年已广泛应用于车站、码头、电信、银行、金融、证券、广场、广告和体育场馆、会议展览及娱乐演出等场合。

LED 显示屏的发展是由早期的单基色（红色或黄绿色）显示屏发展到双基色（红色加黄绿色）显示屏；到 1993 年氮化镓（GaN）系列高亮度蓝色发光二极管的实用化，以及 1995 年高亮度纯绿色 LED 的实用化，进一步开发出现代高亮度全彩色的大屏幕 LED 显示屏。到目前为止，LED 显示屏是各类直显型视频显示设备中画面尺寸最大的系统。

通常把 LED 显示屏加上视频信号源和全套控制系统称之为 LED 视频显示系统，参见图 2 - 3，图中的 LED 屏体是由 6 块显示屏（见图 2 - 4）模块组装而成。从专业的角度上看，LED 视频显示系统就是由很多像素组成的显示屏，每个像素必须由至少三个 LED 组成，每个 LED 分别对应红、绿、蓝三基色，这三个主要的像素单元组合在一起，产生各种其他颜色，显示的视频内容是依靠视频信号源和控制系统的运行，经过逐行化、数字化和分辨率转换之后，达到适应 LED 显示屏的分辨率，从而形成一幅全彩色的视频图像。

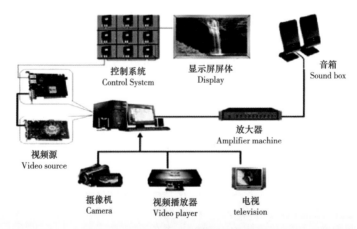

图 2 - 3　LED 视频显示系统

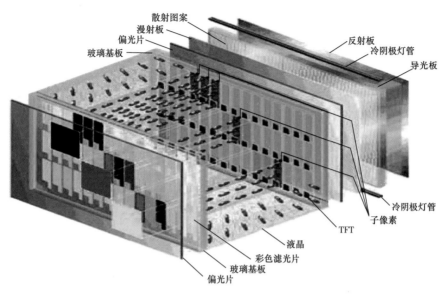

图 2 - 4 LED 显示屏模块

（二）LED 显示屏的分类和特点

1. LED 显示屏的分类

（1）根据显示屏的基色分类可分为单基色（红色或绿色）、双基色和三基色（全彩）三类。

（2）根据使用环境分类可分为室内 LED 显示屏和室外 LED 显示屏。

（3）根据灰度级分类可分为 16、32、64、128、256 级灰度 LED 显示屏等。

（4）根据屏幕的点间距（point，p）分类可分为 P1、P2…，单位是毫米（mm），例如 P2 表示 LED 显示屏的灯珠中心点之间的距离是 2mm，在同等的屏体面积和型号下，点间距小，显示的图像就会更细致、高清些，同时生产难度越大。点间距不一样，分辨率清晰度就不一样，P2 指 $1m^2$ 有 250000 个像素点，P3 指 $1m^2$ 有 111111 个像素点，P4 指 $1m^2$ 有 62500 个像素点，P5 指 $1m^2$ 有 40000 个像素点，P10 指 $1m^2$ 有 10000 个像素点；像素点越多代表分辨率和清晰度越高，价格也更贵。

2. LED 显示屏的优点

（1）自发光元件，亮度高，屏幕视角大，可在室外阳光下显现出清晰的图像，这是 LED 显示屏的最大优势。LED 室内显示屏视角大于 160°，室外显示屏视角达 110°。

（2）薄型、轻量、高像素密度、可显示弯曲面和安装成本低，而且可在建筑物墙面完工后再安装，适合安装的场所较多。

（3）结构牢固，耐冲击、长寿命（长达 100000h），维护成本低。用低电压驱动，安全性和可靠性高。LED 显示屏显示系统不需要日常维护，由于 LED 显示屏是模块化结构，个别 LED 显示屏坏了更换起来非常简便。

（4）发光效率高——对比度高、耗电少。

（5）色彩表现能力强，绿色、红色的色度好——色忠实度高、色再现范围广。色彩炫丽，特别适合各种热闹喜庆的场合，如综艺节目、宴会喜庆、室外广告等。

（6）肉眼基本看不到拼接缝。

3. LED 显示屏的缺点

（1）分辨率较低（用小间距提高分辨率，价格高昂），加上亮度高造成眩目，光刺眼，往往与剧场和会议厅的舞台灯光效果产生矛盾。至今对 LED 显示屏在剧场、音乐厅及会议厅的应用一直存在争议。

（2）由于元件亮度的分散性较大，整个屏幕观看可能出现不均匀的亮斑和色斑。

（3）色的忠实度仍稍偏低。

（4）价格昂贵。目前制约 LED 显示屏的大屏幕显示更广泛应用的主要因素是高昂的价格。随着技术和产量的提高，LED 显示屏价格将会逐步下降而促使其在体育、教学、会议、广告、交通和演艺等领域更广泛地被应用。

（5）LED 显示屏是模块化的，几乎可以做成任意大小。但是有一个问题，一旦某模块出故障后就要更换，新的模块亮度比较高（因为 LED 是新的），换上去之后很突出。

（三）LED 大屏幕显示系统

以一个体育场馆的 LED 大屏幕显示系统为例，介绍其功能、结构和方案设计。

1. LED 大屏幕显示系统的功能

体育场馆的大屏幕显示系统的功能主要包括：

（1）视频节目播放。

1）实时播放现场摄像彩色视频图像、比赛录像和精彩回放镜头。

2）转播有线电视和卫星电视节目。

3）播放录像、DVD 及自制节目等彩色视频图像，并可实现视频和音频信号的同步播出。

4）具有"开窗"功能和视频窗口无级缩放功能，可以在显示屏上任意开"窗口"，同时显示视频画面和文字，在视频画面上叠加文字信息，对视频窗口进行连续无级缩放。

（2）图文特技显示功能。

1）可以显示多种文字、字型和字体。

2）对图文进行编辑、缩放、滚动和动画处理，运用如左右拉、百叶窗、上下推等各种特技方式显示，具备三维动画效果。

（3）显示比赛信息及各种计算机图文信息。

1）支持各类体育比赛裁判操作系统。

2）显示各类体育比赛成绩、排名、计时、记分、参赛方及选手情况等动态信息。

3）显示各种计算机信息、图形、图像，支持 VGA、HDMI 等显示。

4）显示标准时间和比赛计时。

（4）全屏智能化。具有远程控制功能，显示模块具有独立自检功能及故障检测功能，可检测开关、控制器和像素驱动电路的好坏，并通过软件显示出常用故障的解决方法；可通过控制计算机调整显示屏的颜色、亮度、对比度、饱和度等。

2. 显示屏体尺寸的选择

显示屏体尺寸的确定，应根据场地的实际情况及观众的视距来决定。

（1）要保证观众可以清晰地观看图像和文字，观众的可视距离最大约为画面高度的 30 倍。

（2）对于图像，显示屏体的最佳宽高比为 4∶3 或 16∶9；对于文字，字高一般为可视距离的 1/300 ~ 1/500。

（3）字与字的间距约为文字尺寸的 5%，行与行的间距约为文字间距的 10%。

（4）在根据文字的高度和行数确定屏体高度后，屏体的宽度可根据所要显示的字数来确定，显示屏体的宽高比尽量保持 4∶3，若要显示的字数较多，可采用 16∶9 的比例或更宽。

3. 屏体安装注意事项

显示屏的接线和检修都是在屏后进行的，故屏后应留出 1 ~ 1.2m 的检修安装通道，若屏体较高还应每隔 2m 左右设置检修安装平台。LED 显示屏工作时发热量比较大，屏后检修空间应保证良好的通风，如果屏后是全封闭的，而通风散热又较难保证时，应设置空调。控制机房的位置应能直接观察到屏幕显示，机房内应预留网络、音频、视频、摄录像、电视、电话、裁判设备等接口。

图 2-5 是一个典型的体育场馆 LED 显示系统连接图。

（四）透明 LED 显示屏

2018 年 2 月平昌冬奥会闭幕式上演出的《北京八分钟》以其炫彩的光影特效和高

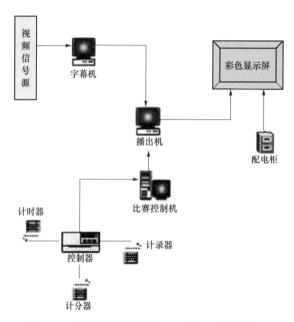

图 2 - 5 典型的体育场馆 LED 显示系统连接图

科技元素令世人惊艳，其中 24 台用透明 LED 屏构成的"冰屏"机器人，特别引人注目。《北京八分钟》中的"冰屏"如图 2 - 6 所示。

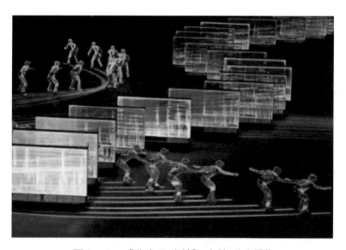

图 2 - 6 《北京八分钟》中的"冰屏"

透明 LED 显示屏的结构是将 LED 元件植入透光基板的容纳腔内，一个容纳腔内装设一个贴片三色 LED 元件，可以显示各种色彩。容纳腔间间距（点间距）有 3、3.9、5.2、7.8mm 或者 10mm 等多种规格。容纳腔前方为凸透镜结构，可以增加发光点视觉的大小。三色 LED 元件点亮后可播放图片及视频等动态信息。

透明 LED 显示屏具有以下特点：

（1）高通透性，50%～90%的通透率，保证它所贴附的物体（冰屏或玻璃幕墙）原有的采光透视功能。

（2）质量轻、占用空间小。主面板厚度为10mm，屏体质量为$12kg/m^2$。

（3）独特的显示效果，背景通透，播放的图片或视频画面给人以悬浮在冰屏或玻璃幕墙上的感觉。

（4）维护方便，室内维护，快捷又安全。

（5）节能环保，无需风扇及空调散热，比传统LED显示屏节能40%以上。

透明LED显示屏适用在城市地标建筑、城市景观、机场、酒店、银行、商店等场所的玻璃幕墙和橱窗。

图2-7显示太原晋阳湖大型水上实景演艺现场，安装80m×19m的大型透明LED显示屏，播放金龙飞天的震撼画面。

图2-7　太原晋阳湖大型水上实景演艺现场金龙飞天画面

第三节　投影型视频显示设备

投影型视频显示设备的主要特征是本身不直接显示图像，而是通过投影管等一类器件加上专门的光学系统，将图像投射到特定的介质（屏幕、水幕、建筑外墙等），供人们观看。按SJ/T 11346—2015称之为"电子投影机"（electronic projector），简称"投影机"（projector）。下面简介几种主流投影机的结构、原理、特点和适用场合。

一、阴极射线管（CRT）投影机

阴极射线管（cathode-ray tube，CRT）投影机其基本结构，是把能发出红、绿、蓝三色光的三个高亮度的小型"显像管"（投影管）管屏上的电视图像，经过投影光学系统放大后，投影到屏幕上，俗称"三管投影机"或"三枪投影机"。

CRT投影机由于体大笨重且调试复杂、亮度低、耗电多等缺点，已被淘汰。

二、液晶投影机

液晶投影机的原理是把光源发出的光束照射在小型液晶元件（光阀），再将此元件上形成的图像用投影光学系统放大投影到屏幕。

液晶投影机的基本结构是由光源、照明光学系统、液晶光阀和投影光学系统四部分组成。

（一）光源

一般采用超高压水银灯、金属卤化物灯、氙灯等高亮度放电灯（high intensity discharge，HID）和与之一体化的反射镜组成。

（二）照明光学系统

照明光学系统由光集成器、偏光变换光学系统、分色镜的色分离光学系统以及聚焦透镜等各种透镜系统组成。

（三）液晶光阀

液晶光阀是液晶投影机的关键部件，它是能够在二元平面内控制各空间位置的光学特性（透过、反射、相位、散射、衍射、折射吸收等）的元件。一般来说，光阀（light valve）意味着使光线通过或切断或调制的元件（光的阀门），也叫空间光调制器（spatial light modulator）。液晶光阀有两大类：一类称为透过型液晶光阀，用于液晶投影机；另一类称为反射型液晶光阀，用于 LCoS 投影机。

透过型液晶光阀的构造如图 2 - 8（a）所示，由形成有源元件 TFT 矩阵的石英基板与带有 ITO 透明电极的玻璃基板之间插入液晶的构造组成。在相对的玻璃基板上，为了遮断射向 TFT 的漏光，有黑底（BM）的涂层。因为像素部分元件的级差或因像素间的横向电场引起的偏差使对比度降低，而 BM 还可起到掩盖这一部分的作用。在透过型液晶光阀中加入微透镜矩阵［见图 2 - 8（b）］。其作用是将位于光阀各像素边界的被黑底遮光的光束集中，是有效提高开口率的技术。透镜矩阵是对每一个像素一对一的对抗配置，可制作成内藏光阀的对向基板内。

（四）光学系统

图 2 - 9 为液晶投影机的光学系统图。光学系统是由聚光与偏光变换组成的照明光学系统，其将光源发出的白色光束均质化并整理成偏光方向后，用分色镜（dichroic

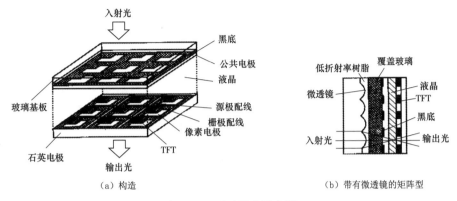

图 2-8 透过型液晶光阀

mirror，DM）分离成红、绿、蓝三原色的光束，并照射到与各颜色对应的 3 片液晶光
阀上。在各液晶光阀上形成与各色对应的图像，再用分色棱镜（dichroic prism，DP）
将各液晶光阀调制的光束合成，用一个投影透镜投影到屏幕上。

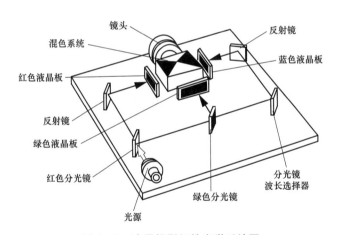

图 2-9 液晶投影机的光学系统图

（五）液晶投影机的特点

液晶投影机是使用最广泛的投影机品种，与下面介绍的 DLP 投影机相比，其优点
是体积小、发光效率高（同样瓦数光源灯，LCD 投影机有更高流明的光输出）、饱和度
好、调试简单、自适应性强。特别是三片液晶投影机可以分别调整每个彩色通道的亮
度和对比度，可以达到更高保真度的色彩。其缺点是画面层次感和对比度较弱、图像
的像素结构明显、灯泡寿命较短、维护费用大。

三、硅基液晶（LCoS）投影机

硅基液晶（liquid crystal on silicon，LCoS）投影机采用有源点阵反射式液晶显示技术，也称为反射型液晶投影机。与上一节的液晶投影机（称为透过型液晶投影机）相对应。它采用涂有液晶硅的 CMOS 集成电路芯片作为反射式 LCD 的基片，用先进工艺磨平后镀上铝当作反射镜，形成 CMOS 基板，然后将 CMOS 基板与含有透明电极之上的玻璃基板相贴合，再注入液晶封装而成。LCoS 将控制电路放置于显示装置的后面，可以提高透光率，从而达到更大的光输出和更高的分辨率。LCoS 也可视为 LCD 的一种，传统的 LCD 是做在玻璃基板上，LCoS 则是做在硅晶圆片上。前者通常用穿透式投射的方式，光利用效率低，解析度不易提高；LCoS 则采用反射式投射，光利用效率可达 40% 以上。LCoS 面板的上基板是 ITO 导电玻璃，下基板是涂有液晶硅的 MOS 基板，LCoS 面板最大的特色在于下基板的材质是单晶硅（见图 2 - 10），拥有良好的电子移动率，而且单晶硅可形成较细的线路，因此与 LCD 及 DLP 相比，容易达到较高的解析度。

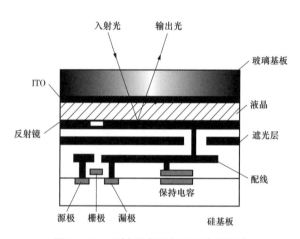

图 2 - 10　反射型液晶光阀元件的构造

LCoS 投影机分为单片式和三片式两类，单片式已逐渐退出市场，三片式已成为 LCoS 投影机的主流。

图 2 - 11 所示为三片式 LCoS 投影机的光学系统。首先将投影机灯泡发出的白色光线，通过分光棱镜分成红、绿、蓝三原色的光束，再分别将光束投射到三片反射式的 LCoS 芯片上，系统通过控制 LCoS 面板上液晶分子的状态来改变该块芯片每个像素点反射光线的强弱，最后经过 LCoS 反射的光线通过合色棱镜汇聚成一束光线，经投影机镜头投射到屏幕，形成彩色影像。

四、数字光学处理（DLP）投影机

数字光学处理（digtal light process，DLP）投影机也称为光开关式投影机，其核心技术是数字式微反射镜器件（digital micromirror device，DMD）简称数字微镜器件，也叫作光开关式显示器件。DMD 是采用半导体数字光学微镜阵列的显示器件，将微小镜

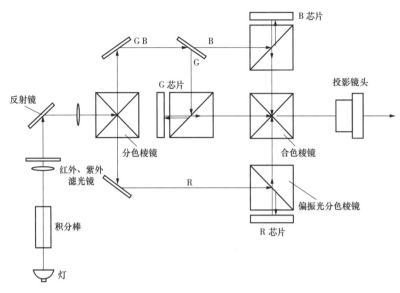

图 2 - 11 三片式 LCoS 投影机的光学系统（分色棱镜方式）

片配置成阵列形，通过数字图像信号高速控制微镜的偏转角，以微镜反射光能否投向光学显示系统而起光开关作用，并按开关状态所占比例，形成灰度图像。光线再经分色、合成过程，获得彩色图像，再用投影透镜将图像放大投影显示出大画面。微小镜片是在单晶硅基片上二维排列 SRAM（不需要记忆保持操作，可随时读写的存储器）阵列的各个存储单元上形成的，相应于输入到 SRAM 阵列的图像信号的静电力使镜片倾斜，从而显示图像。

（一）数字微镜器件

美国得克萨斯仪器公司（Taxas Instrument，TI）开发的数字微镜器件是在半导体地址电路芯片上单片集成化，高速动作的数字光开关的反射型矩阵，是把电、机械、光学功能集成在一个半导体芯片上的微光学机电系统（micro - optical electro mechanical system，MOEMS），如图 2 - 12（a）、（b）所示。

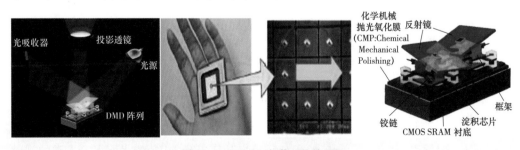

图 2 - 12 DMD 光学开关的原理

图2-12中的DMD阵列（DMD array）是在CMOS SRAM存储器上以通常的芯片加工为基础，使用微细机加工技术成形，由$10^6 \sim 10^7$个机构元件及晶体管构成。在半导体芯片上以$17\mu m$的间隔形成几十万个$16\mu m^2$的铝膜镜。在对角轴方向形成的薄扭转铰链上悬吊着微镜，由于框架与存储单元之间的静电力的作用在落地位置之间旋转。微镜的旋转角受到像素几何学三维构造的精确控制，而且以对角轴为中心旋转，倾斜成$\pm 10°$，从而取得电机械的稳定状态，并在这两种状态间高速开关。微镜的旋转方向受到从标准5V MOS晶体管发出的地址电压控制。

（二）光学开关的原理（见图2-12）

将DMD与适当的光源及投影光学系统组合，各微镜将光对准投影透镜或离开透镜即可使之反射。通常入射光以20°角入射到DMD，微镜设置在开通状态时，光被反射到投影透镜；微镜设置在关断状态时，入射光以-40°角被反射而偏离透镜，像素则显示黑色，即DMD是作为光的开关元件工作，而微镜则是作为表示投影在屏幕上的图像是黑还是白状态的像素。

（三）DLP的数字光学处理过程

使用以DMD为基础的投影装置，将数字化的输入数据直接转换成光的数据输出。通过脉冲宽度调制（pulse width modulation，PWM），即生成高速变化的光的脉冲序列（脉冲群），该脉冲群经D/A转换，最终成为图像被人眼识别。在这里，从图像源的形象到人的眼睛看到的图像是不经过任何A/D或D/A转换，全部以数字形式处理，因而被称为数字光学处理（DLP）。

（四）DLP光学系统的组成

DLP电子系统的图像源经压缩图像的解压缩、模数（A/D）转换、存储器芯片、图像处理器，再经数字信号处理器，在时间轴上的图像数据就转换为由纯数字位组成的面数据流，数据输入到DMD，再由各微镜表面反射形成图像。DLP光学系统在结构上分为单片DLP和三片DLP两类。

1. 单片DLP光学系统

单片DLP投影机使用一个数字微镜光学处理引擎（DMD）成像，如图2-13所示。由灯泡产生的白光经由透镜聚焦后投射在色轮（color wheel）上，色轮的截面将白光分为某一时段需要的颜色（红、绿、蓝光），顺序打到DMD的表面上。人类的视觉系统将连续投射的色彩混在一起，即看到全色图像。色轮基本上分为RGBW和RG-

BRGB 六段式两种类型，RGBW 类型的色轮在红色、绿色和蓝色之后增加了一道白色区域，以 120r/s 进行高速旋转，因为无须依靠 RGB 混色产生白光，有利于提升光的利用率。

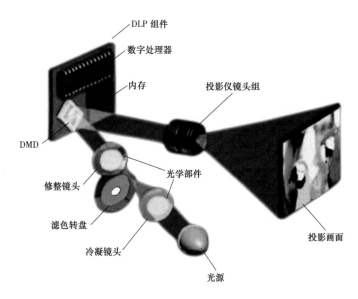

图 2-13　单片 DLP 光学系统

　　RGB 色轮只有红、绿、蓝三种颜色区域，全白光依靠 RGB 三基色混合组成，光的利用率比较低，主要应用在家庭影院的投影机领域。

　　2. 三片 DLP 光学系统

　　三片 DLP 光学系统结构如图 2-14 所示，图中红、绿、蓝的各个 DMD 同时工作，入射的可见光被棱镜全反射，再入射到色分离及色合成棱镜。由于色分离及色合成棱镜内的全反射面 DMD3、DMD2 和 DMD1 的作用，将入射可见光分离出 3 色。分离的顺序是蓝光、红光，最后剩下绿光。最后，三束经过 DMD 调制的光线是用同样的棱镜再重新合并成一路光线，并通过镜头投射到屏幕上。单片 DLP 能够显示 1670 万种颜色，而三片 DLP 能显示 35 万亿种颜色，但三片 DLP 价格昂贵。

　　（五）DLP 投影技术的优缺点

　　DLP 投影技术的优缺点如下：

　　（1）由于是应用全数字的技术，成像的灰度可以获得更加平滑细腻的图像效果，消除阶梯过渡现象。

　　（2）应用反射式 DMD 器件，使成像器件的总光效率达 60% 以上，高于透射式的 LCD 投影方式，其亮度均匀性、色彩均匀性、灰度等级和对比度等技术指标和实际显

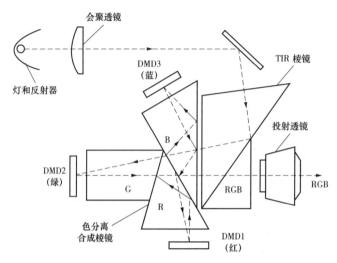

图 2-14 三片 DLP 光学系统

示效果均比传统 LCD 投影机高一筹，图像噪声消失，画面质量稳定。

（3）切换速度快，没有图像拖影和停滞。

（4）方形像素结构，像素充满度达到 88%，清晰度高。高端的 DLP 数字电影放映机其图像质量接近 35mm 胶片拷贝版的水平，特别适用于数字电影放映机。

（5）采用接近自然光谱的氙灯，可实现理想的彩色还原。

（6）DMD 芯片的寿命长，不存在 LCD 投影机灯泡寿命短以及由于高温工作环境而出现液晶板老化等问题。

（7）DLP 投影机的光学系统复杂，DMD 的镜面结构精密，制作难度较大，由于技术被 TI 公司垄断，导致价格昂贵，另外采用白色光源配合色轮的 DLP 机会有"彩虹效应"，会被视觉特别灵敏的观看者感觉到。目前的技术水平，DLP 机显示的色彩（特别是红色）不如 LCD 机鲜艳。

五、投影机的光源

（一）投影机传统光源包括热发光光源和放电发光光源

早期作为投影机的光源有卤素灯及超高压水银灯、氙灯、金属卤化物灯四种。其中卤素灯是利用热发光的光源，后三种是利用放电发光的光源。

超高压水银灯是小型及通用投影机光源的主流，氙灯是高输出的大型投影机，特别是数字电影放映机必需的光源。卤素灯及金属卤化物灯（金卤灯、常用镝灯）则主要用作廉价的液晶投影机光源。

（二）投影机新型光源——LED 光源、激光光源和混合光源

所谓新光源，主要是指 LED 光源、激光光源（laser light source）和混合光源（LED + 激光）三种，可统称为固态光源。新光源与传统高压汞灯等光源相比主要优点如下：

（1）低能耗，如 LED 光源的能耗只有传统高压汞灯30%；

（2）低发热，冷光源对散热风扇要求较低，投影机较安静；

（3）体积小，固态光源发光体的体积不及传统灯泡的 1/10；

（4）寿命长，2 万 h 的寿命；

（5）色彩纯净，RBG 三基色直接混合，图像更加绚丽；

（6）随时开关，无需任何等待，更不会有炸灯的风险。

（三）新型光源应用于 DLP 和 LCD 投影机

LED 光源、激光光源和混合光源三种光源各有特点，分别用于 LCD 和 DLP 投影机，主要有以下四种不同的搭配组合。

1. LED 光源用于 DLP 投影机

图 2 - 15 显示采用红、绿、蓝三基色的 LED 发光管作为光源与单片 DLP 光机相结合，取消了色轮，色彩通过电路对 LED 发光管进行控制，通过三基色混合，投射到 DMD 芯片后反射到幕布。

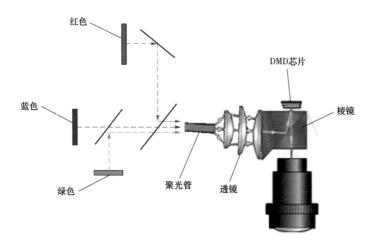

图 2 - 15　三基色 LED 光源用于单片 DLP 投影机

LED 光源的特点是体积小、寿命长、能耗低。LED 光源投影机可以做得很小巧，主要是 LED 光源对散热需求低，并且采用 RGB 三原色独立发光，抛弃了 DLP 投影的色

轮结构，减小了投影机的尺寸。除了小之外，2 万 h 的起步寿命也成为了 LED 光源投影机的一大特色。此外，LED 光源与传统灯泡最大不同是它的色彩是发自光源本身的颜色，光谱稳定，色彩纯净，远胜于通过色轮过滤而发出的色彩。

2. 激光光源用于 DLP 投影机

激光光源用于 DLP 投影机的特点如下：

（1）亮度高。

（2）使用寿命长，应用在投影机中，不需要因为经常更换灯泡而增加成本且不方便。UHP 灯的使用寿命为 8000h 左右，UHE 灯寿命为 5000h 左右，金属卤素灯寿命更低，激光光源使用寿命为 10000h 以上，而且不会因为亮度的提高而降低使用寿命。

（3）在显示效果方面，由于激光颜色光谱为线谱，单色性非常好，能更好地还原自然色彩，颜色和层次也更为丰富。而且激光光源相比于传统光源，不会产生紫外线，使得眼睛观看画面时候更为舒适、放松，并且激光形成的色域更大，理论上可以覆盖人眼识别色域范围的 90%，这是其他光源所不及的。

（4）激光光源属于绿色环保光源，在生产过程中不会像 UHP 灯或 UHE 灯产生汞污染。

目前，激光投影显示主要有三色纯激光、单色激光和 LED + 激光三种技术。后者归为混合光源。

3. 三色纯激光用于三片 DLP 投影机

图 2 - 16 显示三色激光光源用于三片式 DLP 投影机的搭配方式。红、绿、蓝三色激光器发出的激光经过整形、匀场透镜组进入 TIR 棱镜（全内反射棱镜），在 TIR 棱镜反射面发生全反射，入射到 DMD 表面，光束被微镜调制后再次进入 TIR 棱镜，并通过合束棱镜完成合束，最后经由投影物镜成像在屏幕上。

纯激光工程投影机具有高输出亮度、高分辨率、长使用寿命和高色彩饱和度等特性。目前单机光通量输出可达到 25000lm，分辨率可达 4096 × 2160，20000h 光源衰减不超过 20%，支持 7 × 24h 连续工作，可选镜头配置，具有稳定、可靠、安全、节能等优势。主要应用于展览展示、指挥监控、视频会议、舞台布景、虚拟仿真、户外幕墙和数字影院等高端专业领域。

4. 单色激光（蓝光）+色轮用于单片 DLP 投影机

仅使用一组蓝色激光器，利用多色荧光粉色轮的旋转实现在不同时间产生红、绿、蓝等不同颜色的光输出。其结构示意如图 2 - 17 所示。

该光源显示终端具备如下特点：

（1）价格便宜；

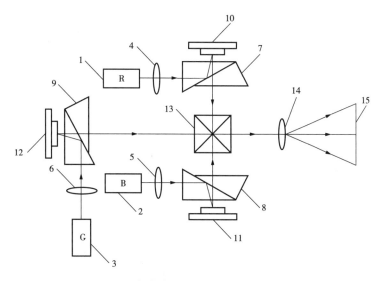

图 2 - 16　三色激光用于三片 DLP 投影机示意图
1、2、3—红、绿、蓝三色激光器；4、5、6—整形、匀场的照明透镜组；
7、8、9—TIR 棱镜；10、11、12—DMD 芯片；13—合束棱镜；
14—投影物镜组；15—投影屏

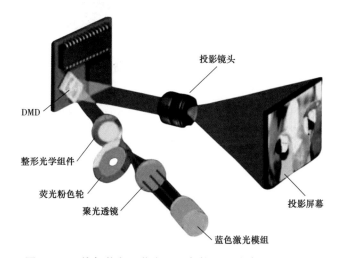

图 2 - 17　单色激光（蓝光）＋色轮用于单片 DLP 投影机

（2）颜色纯正，更接近国际标准色域值；

（3）长寿命：≥60000h，比 UHP 灯（高压气弧放电灯）寿命提高 10 倍；

（4）高安全可靠性：无需消相干，对人眼安全，无爆碎危害。

荧光粉激光投影机由于其光源性质，只能用单片 DLP 来实现，和三色激光投影机相比其亮度较低，亮度衰减速度较快，色域效果一般，主要应用于中低端领域。

5. 混合光源（蓝激光＋LED 光源）用于 DLP 投影机

在 LED 光源向激光光源技术过渡阶段，开发了一项两者相混合的技术，具体又分为两种结构。

图 2－18 显示的混合光源结构是来自蓝色激光、红色 LED 发光体加上部分蓝色激光发射到磷光体色轮上产生出绿色光线，从而构成 RGB 三原色光线，照射到 DLP 芯片，经过芯片的调制形成图像并投射出去。混合光源亮度比 LED 高，成本比纯激光产品要低，适用于教育、商务等中档应用领域的投影机产品，并具有长寿命的优势。

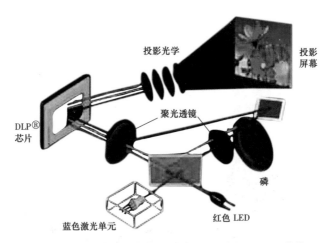

图 2－18　混合光源（蓝色激光＋色轮＋红色 LED 光源）用于单片 DLP 投影机

6. 混合光源 （蓝激光＋红蓝 LED 光源） 用于 DLP 投影机

图 2－19 显示另一种混合光源结构，蓝色和红色两个 LED 发光体，绿色激光则由蓝色激光通过荧光体色轮产生，形成 RGB 三色通过 DLP 芯片投影。

7. 激光光源用于 LCD 投影机

前述三个例子都是激光光源用于 DLP 投影机的组合。

近年 SONY 公司依据在 LCD 投影技术的优势，开发了激光光源搭配 3LCD 的投影机，与 DLP 展开竞争，两者各具备 LCD 和 DLP 固有的优点和缺点。图 2－20 显示激光光源用于 3LCD 投影机的结构示意图。

小结：从各自技术特点以及对应的终端投影产品来看，三基色纯激光是高端激光投影机的标配，而荧光粉色轮对应的是中低端投影机，LED 与激光混合光源面向的是低端市场。

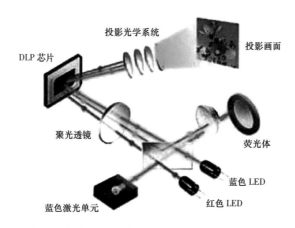

图 2 - 19 混合光源（蓝激光 + 色轮 + 红蓝 LED 光源）用于单片 DLP 投影机

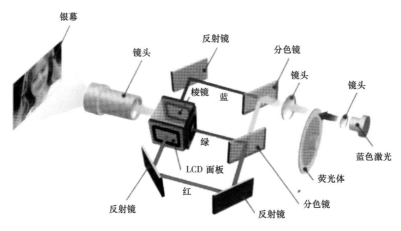

图 2 - 20 蓝激光 + 色轮用于 3LCD 投影机

六、投影机的功能扩展

本节以 NEC 的 PX1004UL - BK + 型激光工程投影机为例，介绍近年高端激光投影机的技术指标提高和功能扩展的动向。

（1）采用激光二极管作为光源能实现高达 20000h 的超长寿命，支持 7 × 24h 连续工作，亮度衰减小，并且支持以 1% 为增量从 20% 到 100% 的亮度调节。激光光源采用多模组结构，如果有一个激光二极管出现故障，对整体亮度影响很小，无黑屏风险，更加稳定、可靠。

（2）采用全密闭光引擎设计，包含全密闭色轮防尘设计，全密闭荧光轮防尘设计，全密闭激光光源模组防尘设计，不留任何死角，全面隔绝灰尘。

（3）采用 LCS 激光光源液冷系统，节省散热空间，提高散热效率，降低噪声，有效提高投影机稳定性。

（4）4K×2K 超高清处理能力。

（5）全新的 EDGE BLENDING 色彩模式，通过提高色彩的灰阶过渡，融合带区域过渡更加平滑，色彩一致性更好，使多台使用的融合项目更加容易调整，非常适合融合项目的应用。

（6）六轴色彩饱和度和色相（红、绿、蓝、黄、品红、青）独立校正技术，每种色彩可以单独调整色彩饱和度和色相，通过调整后可以得到色彩更鲜明的画面。

（7）多种主动 3D 放映技术、支持蓝光 3D，包括 RF 射频主动 3D 技术、DLP Link 3D 技术和 HDMI1.4a 蓝光 3D 播放。有关 3D 放映技术的内容见本书第八章。

（8）具备 DICOM 模拟模式，能够表现出接近在 DICOM 国际医疗行业标准下的图像投射效果，可用于医学教育环境。

（9）内置边缘融合 Edge Blending。用户可通过投影机菜单中"边缘融合"选项调整设置投影机之间的图像融合，图像的上下左右四边均能进行融合。该融合功能无台数限制，详见本书第三章。

（10）通过专门配置的几何校正（Geometric Correction Tool）软件，可以对投射到例如弧面幕等特殊屏幕上的图像进行调整。梯形校正除了垂直和水平外，增加了八点校正、墙角校正、弧形校正等功能，更方便地快速调整不同方向投射的影像。

（11）画中画、双画面多通道显示：支持同时投射两种不同的信号。支持数字信号和模拟信号组合。

（12）内置多屏幕自拼接功能，最大支持 4 台 2×2 模式，实现 4K 超高清信号的点对点显示。通过把 3840×2160 通过自拼接功能分割成 4 个 1920×1080 给 4 台投影机显示不同部分，可以实现真正的 4K 超高清显示，画面无损。

（13）最大支持 4 台投影机在同一平面内实现拼接融合。配合 NEC 提供的专用软件 Multi Screen Tool，用户可在连接外用摄像头的情况下实现对投影机的自动融合及调整。

（14）HDBaseT 长距离网络传输。支持最高 20Gbit/s 传输速率，能更好地支持 3D 和 4K 视频格式，传输采用普通的六类网线，连接器也采用普通的 RJ45 接头，传输距离长达 100m，详见本书第五章。

（15）支持 HDMI、DisplayPort（DP）、HDBaseT、VGA、BNC 输入以及 HDMI 输出，可以将 HDBaseT、HDMI、DisplayPort 多种数字输入信号转换为 HDMI 数字信号输出，具有 RS-232 控制串口、有线遥控接口和 3D 信号同步接口，如图 2-21 所示，详见本书第四章和第五章。

（16）电动镜头位移，无需移动投影机就能轻松调整投影画面在水平和垂直方向上

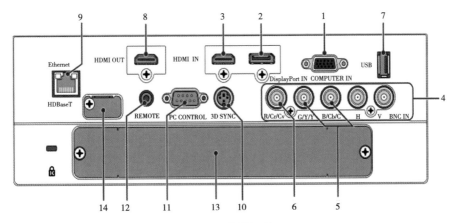

图 2 – 21　投影机接口

1—COMPUTER IN（微型 D – Sub 15 针）；2—DisplayPort IN 终端（DisplayPort 20 针）；3—HDMI IN 终端（A 型）；4—BNC IN［R/Cr/CV、G/Y/Y、B/Cb/C、H、V］；5—BNC（Y/C）输入终端（BNC×2）；6—BNC（CV）输入终端（BNC×1）；7—USB 端口槽（A 型）；8—HDMI OUT 终端（A 型）；9—Ethernet/HDBaseT 端口槽（RJ – 45）；10—3D SYNC 终端（微型 DIN 3 针）；11—PC CONTROL 端口槽（D – Sub 9 针）；12—REMOTE 终端（立体声微型）；13—SLOT；14—维修服务终端

的位置。同时，镜头中置设计便于图像梯形校正。梯形校正可以由遥控器进行控制，投影机无需安装到人手可触及的位置。

（17）360°自由旋转安装，支持垂直和水平 360°投影，提供更多投影应用方案，并满足竖屏投影应用，可以纵向安装投影机。

（18）0.37 反射式超短焦镜头：0.37 超短投射比，100～350in 大范围，适合走廊通道、橱窗、车站等地点的背投大屏幕，解决狭小空间投影机问题，如图 2–22 所示。

（19）PX1004UL – BK + 投影机主要特性参数如下。

1）投影方式：1DLP 芯片（0.67in，显示宽高比 16∶10）。

2）分辨率：1920×1200 像素（WUXGA）。

3）光亮度：10000lm。

4）对比度（全白∶全黑）：10000∶1。

5）影像尺寸：40～500in（对角线）。

6）投射距离：0.6～54.8m（最小值～最大值）。

7）兼容的信号。

模拟：VGA/SVGA/XGA/XGA + /WXGA/WXGA + /SXGA/SXGA + /UXGA/Full HD/WUXGA/2K 480i/480p/576i/576p/720p/1080i/1080p。

数字：VGA/SVGA/XGA/WXGA/SXGA/WUXGA/2K/WQXGA/4K/480p/720p/1080i/1080p。

数字 3D：帧封装格式、上下格式或并排格式的 720P/1080P，并排格式的 1080i。

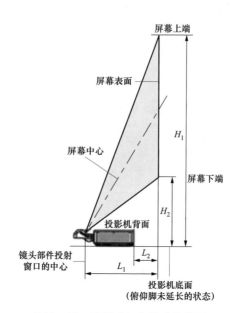

图 2-22　反射式短焦镜头的使用

8）水平分辨率：540 电视线：NTSC/PAL/PAL60；300 电视线：SECAM。

9）扫描率。

水平：15~100kHz（RGB：24kHz 或以上）。

垂直：50~120Hz（HDMI：24~120Hz）。

第三章　视频显示介质与成像技术

第一节　视频显示介质

一、视频显示介质的功能和标准

投影机是要把视频图像投射到特定的显示介质上，供人们观看。早期投影机投影图像的显示介质主要是布质或塑料质的平面幕布或硬质（金属或塑料）的平面幕或弧形幕，通称为放映银幕（projection screen），定义为"供放映用的具有规定光学特性的光反射和透射幕面"。在视频工程领域，习惯称为"投影屏幕"或"放映屏幕"，简称屏幕。

我国已颁布的有关各类电影、幻灯、投影、录像和视频放映所应用的各类银幕的标准主要有 GB/T 13982—2011《反射和透射放映银幕》、JB/T 6839—2011《放映银幕分类》、JB/T 6162—2013《反射和透射放映银幕通用技术条件》、JB/T 7809—2005《放映银幕特性参数和测定方法》。

二、视频显示介质——屏幕的重要性

各类电影、幻灯、投影、录像和视频放映，其画面能否完美展现的关键包括放映/投影设备（电影放映机、投影机等）和终端显示介质（放映屏幕等）。在此基础上加上优质的信号源（电影、视频等），方能获得完美的视觉效果。由于观众观看的画面是直接通过显示介质（屏幕）表现出来的，因此屏幕的正确选择和性质优劣对放映/投影的效果有极大影响。

三、视频显示介质的种类

随着投影技术的发展和艺术上的需求，近年已开发出不同材质、不同形状结构和不同光学特性的多种多样的显示介质——"幕"。如按制作的材质划分，可分为布幕、纱幕、玻璃幕、塑料幕、金属幕、水幕、水雾幕等；如按形状划分，可分为平面幕、

弧形幕、球形幕、半球幕、环形幕；如按投影机投射位置划分，可分为正投幕、背投幕；如按控制方式，可分为手动屏幕和电动屏幕等。

第二节　屏幕的分类和特性

放映屏幕有多种不同的分类方法。

一、按投影机与投影屏幕的相对位置划分

按投影机与投影屏幕的相对位置划分，可分为正投幕（反射式）和背投幕（透射式）两大类。

（1）正投幕不受尺寸的限制（可定制），但会受环境光线的影响造成画面对比度的严重下降。背投幕画面整体感较强，不受环境光的影响，能正确反映信息质量。

（2）正投幕方式具备节省空间、节省投资、对投影机镜头焦距无要求（任意投射距离）等优点，但当演员或主持人站在屏幕与投影机之间时，容易遮盖投影画面的内容，也容易被投影机的强光干扰。同时，投影机的噪声较大也是不可忽视的问题。

（3）背投幕由于投影机安装在屏幕背后的暗房，对装修不会造成失调，也屏蔽了投影机运行产生的噪声，同时不容易受环境光的干扰。

（4）如果需要建设高档的会议室，有条件的用户尽可能采用背投方式，能做到不受环境光的影响，无论是会议笔记还是会议摄像，都能够获得良好的效果。但是在实际应用中，由于受到场地的局限，绝大多数的会议室会选用正投方式。

二、按放映设备和屏幕大小尺寸划分

按照我国已颁布的有关标准，放映银幕分为普通电影放映、变形和遮幅宽银幕放映、幻灯和录像放映以及投影电视等视频放映四大类，其尺寸规格分别见表3-1~表3-4。

普通电影放映画面常用银幕规格见表3-1。

表 3-1　　　　　　　　　　普通电影放映画面常用银幕规格　　　　　　　　　　（m）

序号	尺寸标记	幕面宽	幕面高	主要用途
1	3×2.25	3	2.25	16、35mm 影片移动放映
2	3.5×2.56	3.5	2.56	
3	4×2.92	4	2.92	
4	4.5×3.29	4.5	3.29	35mm 影片固定放映（1.375:1）
5	5×3.65	5	3.65	
6	5.5×4.02	5.5	4.02	
7	6×4.38	6	4.38	
8	6.5×4.75	6.5	4.75	
9	7×5.11	7	5.11	
10	7.5×5.48	7.5	5.48	
11	8×5.84	8	5.84	

变形和遮幅宽银幕电影放映画面常用银幕规格见表 3-2。

表 3-2　　　　　　　变形和遮幅宽银幕电影放映画面常用银幕规格　　　　　　　（m）

序号	尺寸标记	幕面宽	幕面高	主要用途
1	6×2.25	6	2.25	16mm 变形放映
2	7×3.00	7	3.00	35mm 影片（2.35:1）以下变形和遮幅放映序号 11~14 可作 70mm 影片（2.2:1）放映
3	8×3.40	8	3.40	
4	9×3.83	9	3.83	
5	10×4.29	10	4.29	
6	11×4.69	11	4.69	
7	12×5.11	12	5.11	
8	13×5.54	13	5.54	
9	14×5.96	14	5.96	
10	15×6.39	15	6.39	
11	16×6.80	16	6.80	
12	17×7.23	17	7.23	
13	18×7.66	18	7.66	
14	19×8.08	19	8.08	
15	20×8.51	20	8.51	

幻灯和录像放映画面常用银幕规格见表 3-3。

表 3-3　　　　　　　幻灯和录像放映画面常用银幕规格　　　　　　　（m）

序号	尺寸标记	幕面宽	幕面高	最大观看距离
1	1×1	1	1	6
2	1.25×1.25	1.25	1.25	7.5
3	1.5×1.5	1.5	1.5	9
4	1.75×1.75	1.75	1.75	10.5
5	2×2	2	2	12
6	2.5×2.5	2.5	2.5	15
7	3×3	3	3	18

投影电视等视频放映画面常用银幕规格见表 3-4。

表 3-4　　　　　　投影电视等视频放映画面常用银幕规格　　　　　　（m）

序号	尺寸标记		幕面宽	幕面高
	米制	寸制（in）		
1	1.22×0.92	60	1.22	0.92
2	1.45×1.10	72	1.45	1.10
3	1.60×1.20	78	1.60	1.20
4	1.70×1.27	84	1.70	1.27
5	1.83×1.37	90	1.83	1.37
6	2.06×1.50	100	2.06	1.50
7	2.40×1.80	120	2.40	1.80
8	3.00×2.20	150	3.00	2.20
9	3.70×2.70	180	3.70	2.70
10	4.00×3.00	200	4.00	3.00
11	5.00×3.80	250	5.00	3.80
12	6.00×4.50	300	6.00	4.50
13	7.00×5.25	350	7.00	5.25
14	8.00×6.00	400	8.00	6.00

注　数字投影单机放映时，放映画面常用银幕规格尺寸不受限制，银幕成像画面宽度与高度之比值通常为 4:3、16:9、1.85:1、16:10、2.35:1；多通道融合放映或特效放映则无规格及尺寸限制。

透射放映银幕根据其制造方法，尺寸不受限制。

三、按控制方式划分

（一）手动式屏幕

手动式屏幕价格较低廉，是尺寸较小的屏幕。

（二）电动式屏幕

电动式屏幕价格比手动式贵两三倍，但使用方便。

（三）下卷式电动银幕

大型工程电动投影银幕安装在超大型场所内，常规电动银幕采用上卷式，即卷轴位于幕布上方，且卷幕轴与主驱动轴共用，因轴两支点间跨度大、挠度大而导致的幕面"V"字形等不良现象。

大型工程电动投影银幕可采用下卷式结构，卷幕轴与主驱动轴采用分体式，卷幕轴位于幕体下方（这时轴的直线度不再影响幕布的平整度）。幕布的上端采用活动式定位，从而有效地保证了幕布的平整度，而主驱动轴因不再与幕布相连，其中间部位可增加支撑点，直线度可得到相应的保障，电机的使用寿命也可得到相应的保障。安装挂件贯穿罩体，有力保障巨幕的安全性。

（四）二次升降电动银幕

二次升降电动银幕主要是为了解决房顶层面较高的建筑投影银幕的应用，如酒店、高级宴会厅、大型会场、教堂等。二次升降电动银幕由一体式壳体、可伸缩式电源、升降器和保险作用的差速自控器组成。

（1）应用可伸缩式电源，是为了保证屏幕在整体升降过程中，电源线也同步收放，不会因过长的电源线导致整体的美观度。

（2）升降器是由卷扬电机、卷扬器及卷扬钢带组成，为了使升降器上下运行平稳且体形轻巧，本机构采用特制的钢带，解决了普通升降器因绕线跳线时出现的银幕左右两端走线不一致造成高低不一，严重影响使用效果和使用寿命。

（3）加设了差速自控器以提升产品使用安全性能，确保产品在意外情况下得到多重保护。

四、按屏幕材料的材质划分

（一）软质屏幕技术

软质屏幕是在各种不同软质材料（例如PVC）的表面上进行喷涂而成，表面材料中采用了不同的光学因子，决定了屏幕的视角和表面增益以及其他重要参数。表面喷涂化学物质的稳定性和均匀性，影响着屏幕画面的质量。

（二）硬质屏幕技术

硬质屏幕是采用亚力克、玻璃等材料制成，又分为强光正投硬幕、光学背投硬幕、高清背投硬幕等多种。

五、按屏幕的外形结构划分

在实践中，大多数场所都是采用平面屏幕。但对一些特殊场所（如主题公园、科技馆、博物馆、天文馆、规划馆和球幕影院等）常会设置非平面的"异形幕"。

（一）弧形幕（arc screen）

采用柔性高清幕布、弧形结构，保证了投影机镜头到幕布各点位置距离近似相等，有效解决焦点模糊现象，同时具备优秀的声音穿透性，适合家庭影院、小型影院等领域。弧形幕如图3-1所示。

图3-1　弧形幕

（二）环形幕（annular screen）

环幕投影系统使用多台投影机组成360°环形投影屏幕，由于其屏幕半径大且完全闭合，观众身处环幕中间，视觉完全被包围，再配合环绕立体声系统，使观众充分体验一种身临其境具有高度沉浸感的三维立体视听感觉，主要适用于科技馆、规划馆、行业展馆、会议中心等。环形幕如图 3 – 2 所示。

图 3 – 2 环形幕

（三）小型球形幕（sphere screen）

小型球形幕常用于互动球幕系统，是由无缝光学树脂球幕和高流明投影机的配合组成，投影机通常置于球幕底部，信号经过反射投射到球面屏幕显像，使整个球体看起来就像一个科幻的水晶球，可以很好地吸引参观者的眼球。球幕可显示文档、图片、视频等，并且可以在球幕上进行互动触摸控制，对图片、视频等进行开关、缩放、移动。安装方式多种多样，可坐地、吊顶、墙挂方式安装。小型球形幕如图 3 – 3 所示。

图 3 – 3 小型球形幕

系统构成包括硬质无缝球幕、投影机、鱼眼镜头、底座支架、多媒体主控 PC 和系统软件。有关"互动"的内容参见本书第十五章。

（四）大型球形幕

大型球形幕可适用于内投影（投影机从球幕内部向外投映画面）或外投影（投影机置于球幕之外）。图 3 – 4 显示大型球形幕应用于 2008 年北京奥运开幕式的场景。

（五）球幕影院

球幕影院是将半球形屏幕（hemispherical screen）旋转 90° 竖立起来，观众置身于

图 3 - 4　大型球形幕

球体内进行观赏，屏幕图像遍及整个正前方视觉范围（参见图 3 - 5）。此模式最切合于人的正常视觉观赏习惯，视频画面一般采用全景鱼眼镜头拍摄。观众视野被波澜壮阔的画面充分包裹，仿佛置身半空，体验真实而强烈的悬空感、失重感和冲击感，感受在天空中自由飞翔的乐趣和刺激，是至今沉浸感最强的视听体验。

图 3 - 5　球幕影院

　　球幕采用一体浇铸成型，相比于多块拼接穹幕，该穹幕无缝隙、无色差、观感真实，且具有足够的刚性。

　　球幕影院成套系统具备的功能：①处理并输出多路图像信号，组成一个无缝、连续、亮度均匀、色度一致的完美大画面；②具有 DVI - I 端口，兼容 DVI - D 与 VGA 信号，支持各种图形工作站和投影机；③能快捷方便地对不同通道投影画面进行亮度色彩校正，保证亮度均匀、色彩一致；④可对多通道画面进行边缘融合处理，支持屏幕、环幕、球幕、二次曲幕等各种异形幕的边缘融合。

六、特殊投影成像介质——纱幕、水幕、雾幕和调光薄膜及调光玻璃幕

（一）纱幕（veil screen）

纱幕是以薄质带有网状孔眼的棉布或化纤材料制成的半透明幕布，也可以是极为纤细的铁丝网、钢丝网，或是不易被肉眼所见的细致纱布等。材质、颜色不同，在投影效果上有所区别。纱幕凭借其透光、轻薄和色彩还原度高等特性，在多媒体舞美影像的创意呈现中获得广泛应用。

（1）营造虚拟逼真场景。由于纱幕具有透光性，可以通过调节光源投射点，改变纱幕的通透感，形成二次成像，若隐若现的演员和影像，形成一种梦幻的虚拟景象。舞台上常用白纱幕、黑纱幕、纱画幕等分别表现不同的场景环境。从纱幕后面向景物投光可以显现隐藏在后面的人物和空间环境，从而易于表现梦幻的虚拟场面；从前面向纱幕投光可以表现渲染纱画幕上所画的形象；从纱幕背面向纱幕投光时，纱幕前面所画的形象看起来则不复存在。其他单色纱幕也具备以上特点，只是白色及浅色纱幕反光效果强，深色、黑色纱幕可以更好地吸收舞台上的散射光，更易于表现虚拟、朦胧的幻觉空间效果。

（2）专门设计适合虚拟成像（幻影成像）演示用的纱幕，具有较高的光学透过性，同时又具有很高的反射率，号称"全息纱幕"。用投影机在"全息纱幕"上投映虚拟的人像，而观众可以通过纱幕看到背面的演员和物体，从而产生影像悬浮于空中的幻觉。纱幕投影可使演员本人及其虚拟人像同时出现，并在纱幕前后穿梭，产生虚幻场景，并拉近观众与表演者之间的距离，增强表演者与观众之间的互动性。本书第十章对虚拟成像技术做深入讲述。

（二）水幕（water screen）包括喷水幕和水帘幕

1. 喷水幕（water spray screen）

喷水幕是采用高压水泵和特制的喷头将水自下而上高速喷出，使水雾化，形成空中的水膜"银幕"。用激光器或投影机采用背投方式使激光动画和投影画面在雾化后的喷水幕上成像。喷水幕投影的优点是场面大，由于屏幕是透明水膜，因此在影像播放时有特殊光学透视效果，呈现的画面具有立体感，观众的临场感较强（参见图3-6和图3-7）。缺点是资金投入较大，后期维护成本高，另外水幕成像清晰度不高。另一种称为水面型投影，是把影像直接投射在湖面、水池面或充满水的玻璃墙体一侧。优点是效果相对于喷水幕较好一些，缺点是场地过于特殊，受众群体比较少。

(a) 水泵和喷头 　　(b) 喷水背投幕 　　(c) 喷水幕与背投影及LED显示屏结合

图 3 - 6　小型喷水幕

图 3 - 7　大型喷水幕（投影与激光）

2. 水帘幕（water curtain screen）

水帘幕的结构如图 3 - 8 所示，上部水槽的水流沿着拉线流向下方的蓄水池，形成水帘，水流不会喷洒到四周，从水帘背面投影；另一方案是把引水流的拉线改用光纤，并控制其颜色图案变化，再加上投影的动态效果，更加绚丽。水帘幕比喷水幕的投入资金较小、易于维护，缺点是场面小、效果简单，适合小型演出、小型广告及室内装饰使用。

（三）雾幕（fog screen）

水雾幕成像系统也称为空中立体成像、雾屏成像或空气成像技术（air imaging technology）。它是利用海市蜃楼的成像原理借助空气中存在的微粒将光影图像呈现。雾幕成像设备是采用电子高频振荡，通过换能器的高频谐振，将水抛离水面而产生自然飘逸的雾帘，不需加热或化学剂即能产生细微的水颗粒漂浮于空中，形成平面雾气的雾帘屏（也称为水雾墙）。投影机向雾幕屏投射的影像资料虽然是二维平面图像，但由于空气墙分子的不均衡运动，可以形成层次感和立体感很强的图像，呈现类似3D图像的质感和水雾奇幻的空间。雾幕成像由于具备虚幻成像同时又可以真人穿越的双重特

图3-8　水帘幕

性，有一定的神秘感使其有着广阔的市场前景。例如舞台剧院、媒体展览机构、大型商场门口、迪厅、KTV、旅游景区、主题公园、娱乐场所、科技馆、博物馆、规划馆、新产品发布会、演艺场馆、主题教育馆、儿童科学乐园等均可作为一种新的展示媒体。

雾幕成像还可以结合投影互动技术（见本书第十章），使用完全虚拟的悬浮按钮和显示器，使用者可以在虚拟的触控屏幕上用手指、笔、指挥棒等任何器物，代替电脑的鼠标控制屏幕游标实现互动功能。

（四）调光薄膜及调光玻璃幕

1. 结构

聚合物分散型液晶调光膜（polymer dispersed liquid crystal film，PDLC）简称调光薄膜。是利用聚合物分散型液晶技术以柔性ITO为载体复合而成的功能性薄膜，调光膜可以通过电压来控制液晶分子的排列顺序从而控制产品的透明度，切换成透明或者半透明的磨砂的玻璃状态，同时调光薄膜还是非常好的背投影成像载体。

调光玻璃幕也称为电控玻璃幕（switchable glass）、智能调光玻璃幕（privacy glass）或液晶玻璃幕（PDLCGlass），其结构是在两层玻璃之间夹着一层调光薄膜，经高温高压胶合后成型的特种光电玻璃产品。使用者通过控制电流的通断来控制玻璃的透明与不透明状态。调光玻璃本身具有一切安全玻璃的特性，同时具备控制玻璃透明与否的隐私保护功能，还可以作为背投投影屏幕，在玻璃上呈现高清画面图像。

2. 工作原理

如图3-9所示，调光玻璃幕关闭电源时，里面的液晶分子会呈现不规则的散布状态，此时调光玻璃幕呈现透光而不透明的外观状态；当给调光玻璃幕通电后，里面的液晶分子呈现整齐排列，光线可以自由穿透，此时调光玻璃幕瞬间呈现透明状态。

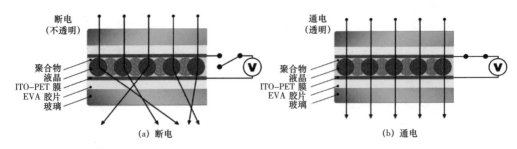

图 3 - 9　调光玻璃幕结构原理

3. 典型用途

（1）商务应用。商店玻璃橱窗或展览橱柜平时可调节为全光照透明状态，需要时，则可让整个区域从周围目光中彻底模糊掉，还可以代替投影幕布。

图 3 - 10 显示一个玻璃鱼缸贴上调光薄膜，在电源关闭（不透明）、电源开启（透明）以及加上背投画面所呈现的效果。

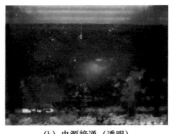

(a) 电源关闭（不透明）　　　　(b) 电源接通（透明）　　　　(c) 电源关闭，背投效果

图 3 - 10　玻璃鱼缸贴上调光薄膜

2010 年上海世博会中台湾馆的外观似一个方形的大天灯，内置一个 LED 球幕作为灯芯。外墙玻璃贴有电子调光薄膜。调光薄膜利用液晶的光学特性，通过电压的变换使得调光薄膜呈现穿透及雾状两种形态，可使外墙玻璃在透明与不透明之间转换。内置的 LED 球幕设计有多种不同色彩的画面和文字，配合外墙透明与不透明的多种排列组合，使整个天灯色彩变幻，极具观赏性，这种组合的创意对文旅演艺舞台和露天实景演出都有一定参考价值。世博台湾馆外观的 4 种效果如图 3 - 11 所示。

（2）住宅应用。调光玻璃可用作阳台飘窗，也可以利用调光玻璃分隔房间，改善空间布局，增加光亮调节自由度，又能保证不同区域的私密性；作为小型家庭影院的投影屏幕，将投影幕和间隔屏风有效结合；在选用安全电压的前提下，将调光玻璃作为浴室、卫生间的隔断，不仅使布局敞亮，又能很好地保护隐私。

(a) 日间断电，外墙不透明，
遮蔽内景　　(b) 日间通电，外墙透光
不透明　　(c) 夜间通电，外墙透明，
LED亮灯　　(d) 白天通电，外墙透明，
LED球幕显示图形

图 3 – 11　世博台湾馆外观的 4 种效果

（3）医疗机构应用。可取代窗帘，起到隔断与隐私保护的功能，同时能隔音降噪，为医护工作者和患者除去顾虑和心理压力。

（4）博物馆、展馆、商场、银行防盗应用。应用于商场、银行、珠宝店及博物馆、展览馆的展柜橱窗、柜台防弹玻璃，正常营业时保持透明状态，一旦遇到突发情况，则可利用远程遥控，瞬间达到模糊状态，使犯罪分子失去目标，可以最大程度保证人身及财产安全。

第三节　视频显示介质成像技术

一、拼接的功能和分类

随着娱乐、广告、监控、会议、展览等领域的发展，对大屏幕的图像显示设备的要求日益增加。除了对亮度、解像度、对比度等指标要求之外，其中一个突出问题就是要求显示的图像尺寸越来越大。

目前要想获得较大的视频画面主要有两种手段：一种手段是采用 LED 显示屏，其结构原理和优缺点见本书第二章；另一种手段是采用"拼接"的方法。而"拼接"目前又分为两种类型。

（1）将若干台视频显示设备（单元）堆叠起来，最早期是把多台 CRT 电视机堆叠，称为电视墙（video wall）。CRT 电视机被淘汰后发展了 DLP 背投拼接技术，称为"DLP 拼接墙"，简称为"拼墙"技术。近年更发展了 LCD 拼接技术，且有后来居上之势。

（2）用若干台投影机同时在一张大屏幕投射出一个大的图像，称为"投影拼接"或"多图像系统"技术，简称"拼图"技术，又称为"图像融合"技术。本节将分别介绍上述两种拼接类型的三种技术（DLP 拼接、LCD 拼接和投影拼接）的结构、原理和应用。

二、DLP 拼接墙系统

（一）DLP 拼接墙的组成

DLP 拼接墙全称为 DLP 背投拼接视频显示墙系统（DLP rear projection video wall displays），简称 DLP 拼接或拼墙。主要由 M 行和 N 列（$M \times N$）个一体化 DLP 显示单元、多屏处理器（又称图形处理器）和多屏控制系统三个部分组成。

1. 一体化 DLP 显示单元

一体化 DLP 显示单元（DLP display cube）是大屏幕背投拼接系统的核心显示部分，主要由投影机、背投箱和背投屏幕等组成（反射式背投还包含反射镜）。长期以来使用的投影机主要为 DLP 投影机，近年 LCD 液晶显示屏拼接技术发展迅速，有后来居上之势。

图 3-12 所示 DLP 一体化背投单元的外形，通称为"箱体"（cube），单元尺寸有 50、67、70in 和 80in 等多种规格。图 3-13 所示 3×2 DLP 拼接和系统示意图，图中显示其中一个单元（箱体）中的投影机、反射镜和屏幕的组合结构。

图 3-12 DLP 一体化背投单元

2. 多屏处理器

多屏处理器（multi-screen processor）是一种基于某一操作系统平台并且具有多屏显示功能的、可用不同方式对各种类型的外部输入信号进行远程显示处理及控制的专用图形处理设备，这些信号窗口可以在拼接系统中以任意大小、在任意位置相互叠加显示。

3. 大屏幕控制系统

大屏幕控制系统（large screen control system）是整个 DLP 拼接墙系统的控制核心。此外再加上安装支架、音视频矩阵、电脑接口、输入信号设备，包括摄像机、

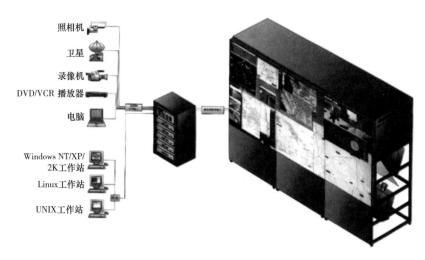

照相机
卫星
录像机
DVD/VCR 播放器
电脑

Windows NT/XP/
2K工作站
Linux工作站
UNIX工作站

图 3 - 13　3×2 DLP 拼接和系统示意图

DVD、录像机等视频信号，计算机显卡输出的信号和计算机网络信号和信号传输线缆等。

（二）DLP 拼接墙的特点

（1）显示面积大，积木式拼接，可达几十、几百平方米，甚至更大。

（2）分辨率、清晰度高。理论上可以随着拼接规模增大而不断累加；DLP 拼墙的物理分辨率等于多套一体化投影单元分辨率的总和，如投影单元的分辨率为 1024×768，则 3×2 拼墙的分辨率为 3072×1536。特别适用于大屏幕要求特高分辨率的场所，如交通指挥中心（看清地图细节）、电力监控中心（看清系统的细节）等场所。

（3）采用专业菲涅尔透镜（Fresnel）背投屏幕，保证色彩、亮度、对比度的均匀性，无明显暗角且全屏亮度能够统调。

（4）采用先进的无缝拼接技术，组合物理拼接缝隙不大于 0.3mm。

（5）具备长时间连续运行、灯泡寿命长等优点。

（6）造价高，这是制约 DLP 拼接墙未能更广泛应用的主要因素，另外还有耗电量大、占地面积多、散热风扇噪声大等缺点。

（三）工程实例

下面以某市委会议室的 DLP 拼接墙系统为例，介绍其组成、功能和系统连接。

1. 系统组成

整套大屏幕 DLP 拼接墙主要由 15 套 50in 的 DLP 单元组成。

5×3 = 15（套），横向三排，纵向五列 Visionpro® DLP 显示单元，箱体单元厚 640mm，整屏面积 5m×2.25m = 11.25㎡。

5×3DLP 拼接墙系统组成如图 3-14 所示。

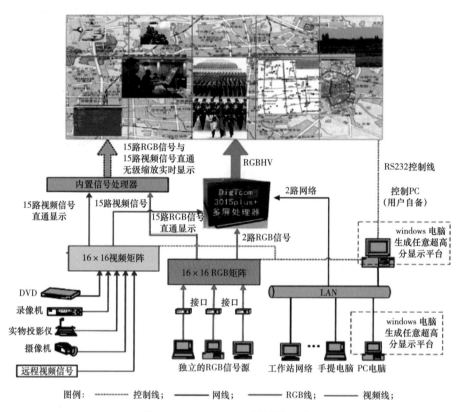

图 3-14　5×3 DLP 拼接墙系统

2. 系统实现的功能

（1）9 路显示单元，无级缩放、画中画显示。

（2）无缝拼接技术（SJT），拼缝不大于 0.3mm。

（3）数字三基色调整电路技术，可以确保各个拼接单元显示色彩的一致性，墙体无明显色差。

3. 设备清单

5×3DLP 拼接墙系统设备清单及显示墙应用管理软件控制平台，见表 3-5 和表 3-6。

表 3 - 5　　　　　5 ×3 DLP 拼接墙投影显示系统设备清单

序号	名称	型号/规格	厂家	数量	单位
1	Visionpro 50in 显示单元	C - DGS50 ×2	VTRON	15	套
2	Visionlink 信号处理板（可同时显示一路处理器满屏信号，和来自矩阵或直接信号源的视频信号和计算机信号各一路，后 2 路信号可将画中画的显示拉大缩小）	visionlink - BAS（显示单元内置板卡）	VTRON	15	套
3	多屏处理器	Digicom 3015plus	VTRON	1	套
4	AV 矩阵切换器	SVAK1616	VTRON	1	台
5	RGB 矩阵切换器	SRAK1616	VTRON	1	台
6	计算机接口	I - RGB222A	VTRON	8	个
7	50in 显示单元底座	BC05035 - 1000	VTRON	5	套
8	专用视频电缆/RGB 电缆/控制线缆		VTRON	15	套

表 3 - 6　　　　　显示墙应用管理软件控制平台

序号	名称	型号/规格	厂家	数量	单位
1	显示墙应用管理系统软件	VWAS	VTRON	1	套
2	控制 PC（普通 PC，需配备多串口卡）		用户自备	1	套

三、小间距 LED 和 LCD 拼接墙

以上的 DLP 拼接墙曾独占演播室、控制中心等大屏幕领域近二十年。但其占地面积大、耗电多、散热风扇噪声大等缺点难以克服。

近年小间距 LED 拼接墙以其色彩绚丽、高亮度、整屏无缝显示、屏体薄节省空间等优点开始应用于演播室、控制中心等领域。但因其价格昂贵（要提高分辨率需缩小间距）、功耗大、画面不均匀、观看舒适度较差以及故障率、坏点率较高等缺点，目前在演播室、控制中心等领域占有率尚不高。

本书第二章讲述的 LCD 显示屏具有功耗低、质量轻、超薄、噪声小、寿命长、高分辨率和观看舒适度好等突出优点，十多年前有 LCD 拼接屏的推出，但其近 20mm 的大拼缝成了其进入演播室指挥中心等高端领域的巨大障碍。经多年努力，LCD 拼缝已经日益缩小，且具备安装调试便捷的优点，其价格与同规格的国产 DLP 拼接墙相接近，

从而开始进入多家电视台和部分控制室领域，逐步出现 DLP 拼接、小间距 LED 和 LCD 拼接墙三者竞争的局面。

图 3 – 15 所示为 LCD 拼接墙的外观和内部结构。

图 3 – 15　LCD 拼接墙的外观和内部结构

四、投影拼接系统与边缘融合系统

（一）投影拼接系统的特点

投影拼接系统也称为图像拼接系统，简称"拼图"技术，是用多台投影机的投影图像合成在一张大屏幕上，可以同时投射出一个大的图像，也可以"开窗"成多个可大可小的图像。投影拼接系统除了能获得大画面以外，还有以下优点：

（1）提高分辨率。每台投影机投射整幅图像的一部分，这样可提高展现出的图像分辨率。比如，一台投影机的物理分辨率是 800 × 600，三台投影机如果融合 25% 的像素，可以通过减去多余的交叠像素，图像的分辨率就变成了 2000 × 600。

（2）可在特殊形状的屏幕（如弧形幕/球形幕）上投影成像。在圆柱或球形的屏幕上投射画面，单台投影机必需要较远的投影距离才可以覆盖整个屏幕。而多台投影机的组合因每台投影机投射的画面较小，所以距离也就缩短了很多。

此外，如果只用一台投影机来投射整张弧形幕，则很难聚焦，因为弧弦距太大很难选出一个合适的基准焦点。多台投影机就可使弧弦距缩短到尽量小，这样就比较容易找出画面的合适焦点。对于弧形或球形屏幕应用，使用边缘融合技术后对图像分辨率、明亮度和聚焦效果会有大幅度的提高。

（3）没有拼墙带来的接缝问题，但存在以下问题：

1）投影机的位置调整及色调整需要时间。

2）光源会老化，而且投影机单体的老化特性不同。

（二）边缘融合系统

1. 边缘融合的功能

两台或多台投影机组合投射一幅画面时，会有一部分影像灯光重叠。边缘融合（edge Blending，也称为图像融合或画面融合）的功能就是把两台投影机重叠部分的灯光亮度逐渐调低，使整幅画面的亮度一致。图 3 – 16 所示为 ABC 边缘融合的效果。

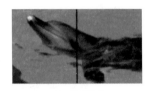  

(a) 简单拼接　　　　　　　(b) 简单重叠　　　　　　　(c) 边缘融合

图 3 – 16　ABC 边缘融合的效果

图 3 – 16（a）是两台投影机的图像简单拼接，即两台投影机投射影像的边沿对齐，无重叠部分。显示效果表现为整幅画面被一道黑色缝分割开。

图 3 – 16（b）是投射图像简单重叠，即两台投影机的画面有部分重叠，因此重叠部分的亮度为整幅其余部分的 2 倍，重叠部分显示为一亮条。

图 3 – 16（c）是采用边缘融合，左投影机的右边重叠部分的亮度线性衰减，右投影机的左边重叠部分的亮度线性衰减。在显示效果上表现为整幅画面亮度一致。

2. 边缘融合的方式

边缘融合通常有以下 3 种方式：

（1）宽视角的排列。多台投影机水平排列组合可以打出更宽幅的画面，这种宽视角排列方式更多地应用于大型的会议中心、演艺中心、展览馆和军事项目等。

（2）垂直堆叠。多台投影机垂直堆叠产生纵向的显示画面，通常应用于广告行业或一些特殊要求的现场演示会。

（3）宽视角加垂直堆叠（融合堆叠）。多台投影机宽视角加垂直堆叠可获得更高、更宽幅的超大画面，通常应用在监控中心和指挥中心。

3. 边缘融合系统的组成

边缘融合系统通常由信号源、图像边缘融合处理器、控制端、投影机、屏幕等部分组成，如图 3 – 17 所示。其中的图像边缘融合处理器（edge blending processor）的功能包括边缘融合、多路输入源选择、无缝切换、图像处理和操作人员控制等。可满足支持多窗口显示，并且以无缝融合宽屏信号为背景的多画面显示应用。

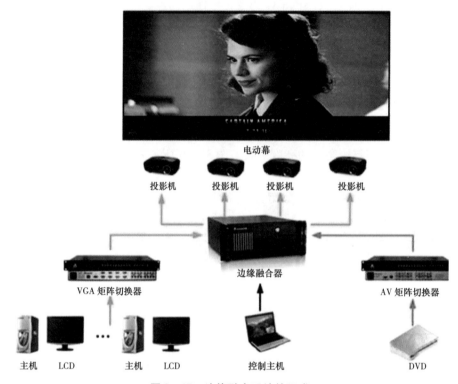

图 3-17   边缘融合系统的组成

处理器视频处理包括数据复制，用以生成重叠投影区域，以及重叠图像的边缘羽化。数据重叠和边缘羽化的交叉数据幅度可由用户自主编程。

第四章　音视频信号的传输介质和接口

第一节　音视频信号的传输链路

音视频系统中各台设备之间的联络和沟通，需要在各台设备之间有一条点对点的物理通路（链路），通过接口和传输介质传输模拟信号和数字信号。

一、传输介质分类

传输介质（transmissinon median）是指音视频设备之间的物理通路（链路），其基本任务是进行音频信号、视频信号及各种控制和辅助信号的传输。传输介质的特性对信号传输的质量有直接关系，这包括传输的频率范围、信号性质（模拟或数字）、传输衰减、传输延时、特性阻抗、抗干扰性、互联特性、最大传输距离和价格等。目前技术比较成熟且常用的传输介质有金属（铜线）介质、光波介质和无线介质三类。

1. 金属（铜线）介质

金属（铜线介质）包括以下几种：

（1）音视频屏蔽线（audio video shielded line）。

（2）同轴电缆（coaxial cable）。

（3）双绞线（网线）（twisted pair）。

（4）专用线缆：S－Video、YP_bP_r、VGA、RGB、DVI、HDMI、MIDI 和音箱线等。

2. 光波介质——光纤（opitc fiber）、光缆（optic cable）

光波介质包括以下几种：

（1）单模（single－mode）光纤。

（2）多模（multi－mode）光纤。

3. 无线介质

无线介质包括以下几种：

（1）射频（radio freguency RF）。

（2）微波（micro wave）。

（3）红外线（infrared，IR）。

二、接口

音视频技术中所谓接口（interface）是指一种规格标准，包括两个系统之间相互沟通的通信协议，以及不同设备为实现与其他系统或设备的通信而具有的对接部分，以便进行资料和信息的交换。

主要分为以下四类：

（1）模拟音频信号接口。

（2）数字音频信号接口。

（3）模拟视频信号接口。

（4）数字视频及数字音视频复合信号接口。

又包括 RCA（莲花）、TRS（6.3）、BNC、卡农（XLR）、S/PDIF、ADAT、IEEE1934、S－Video、RGB、VGA、DVI、SDI、DP、HDMI、HDBaseT、RS232、MIDI、光纤口、网线口、MADI 等。

第二节　音视频信号的传输介质

传输介质包括铜线介质、光波介质及无线介质。

一、铜线介质

1. 音视频屏蔽线

屏蔽线（shielding line）是使用金属网状编织层把信号线包裹起来的传输线。采用屏蔽线是为了减少外电磁场和射频干扰对电源或通信线路的影响。屏蔽线的屏蔽层需要接地，外来的干扰信号可被该层导入大地，同时也有防止线路向外辐射电磁能导致干扰其他系统的作用。

电磁干扰（EMI）主要是低频干扰，电动机、荧光灯以及电源线是通常的电磁干扰源。射频干扰（RFI）是高频干扰，主要是无线频率信号的干扰，包括无线电台、电视台、雷达及其他无线通信造成的干扰。

对于抵抗电磁干扰，选择编织层（金属网）屏蔽最为有效，因其具有较低的临界电阻。而对于射频干扰，金属箔层屏蔽最有效，因为金属箔层没有缝隙，而金属网屏蔽本身结构的缝隙可使得高频信号自由地进出。对于高低频混合的干扰场，则要采用金属箔层加金属网的组合屏蔽方式，也就是多层屏蔽电缆效果最佳。

下面以"主流线"（CHEF）产品为例，介绍各种常用音视频屏蔽线缆的性能、特点和应用。

（1）传声器线。传声器线也称"话筒线" "咪线" "麦克风线"。应用于话筒电平（约 −60dBu）的模拟信号传输。编织屏蔽话筒线如图 4−1 所示。

图 4−1　编织屏蔽话筒线

T12 编织屏蔽话筒线 RCEVJP 2 芯，导体采用 OFC（Oxygen−free−copper）无氧铜丝，外护套采用弹性 PVC。导体规格有 16/0.15、37/0.10、56/0.10、64/0.10。前一项为铜丝根数，后一项为每根铜丝的直径。T12 的网状屏蔽覆盖率达 90%，屏蔽覆盖率是国际上通用的对屏蔽层的评价指标。注意不要单纯用铜丝根数来评价屏蔽层的好坏。

（2）音频安装线。音频安装线也称"音频线" "双芯屏蔽线"。应用于平衡连接线路电平（约 0 dBu）的模拟信号传输。

T21 缠绕屏蔽音频安装线 ACEVJP3 2 × 19/ 0.10，导体采用 OFC 铜丝，外护套为弹性 PVC。线缆柔软，适合作穿管的音频安装线。缠绕屏蔽音频安装线如图 4−2 所示。

图 4−2　缠绕屏蔽音频安装线

T24 铝箔屏蔽音频安装线 A3SVYJP4 2 芯，铜丝均为 OFC 镀锡，芯线规格有 7/0.20、7/0.26，PE 绝缘，铝箔屏蔽（铝箔屏蔽层有两个好处：

图 4−3　铝箔屏蔽音频安装线

一是全覆盖屏蔽 100%；二是避免多根网状屏蔽层捆扎一起时引起的干扰噪声），外形为绞形，PVC 外护套，线缆较硬，适合作机柜后的音频连接线。铝箔屏蔽音频安装线如图 4−3 所示。

在某些要求不高或距离较近以及电声乐器（电吉他、低音吉他）的音频信号传输会采用单芯屏蔽线，除减少一根芯线外，其他结构与双芯屏蔽线相同。单芯屏蔽线是利用屏蔽网兼作一根导线传输信号，可降低成本，称为非平衡式连接，其抗干扰性低于双芯屏蔽线。

（3）数字音频线。对数字音频信号的传输频率高，所以要求比模拟音频信号传输要求更严格，并有国际标准。数字音频线外形结构与音频安装线近似，也通称"音频线" "双芯屏蔽线"。实际上数字音频线对线材、屏蔽层和绝缘层的用料和工艺要求较一般音频线、话筒线严格，如 AES/EBU 标准对精密数字音频线要求带宽 4.096 ~

24.5MHz，速率为 3.072Mbit/s，特性阻抗 110Ω × (1 ± 20%)，传输距离达 100m 以上（见图 4 - 4）。如果用数字音频线传输模拟音频信号效果当然更理想，但成本提高。反之，不可以用音频安

图 4 - 4　编织屏蔽数字音频线

装线传输数字音频信号（除非距离很短）。数字音频传输对阻抗有严格要求，阻抗不匹配往往是出现误码的主要原因。

屏蔽线使用注意事项：屏蔽线的屏蔽层不允许多点接地，因为不同的接地点会存在电位差。如多点接地，在屏蔽层形成电流，会感应到信号线上形成干扰，此时，不但起不到屏蔽作用，反而引进干扰（交流嗡声）。

另外说明一点，"电线"和"电缆"并没有严格的界限。通常将芯数少、产品直径小、结构简单的产品称为电线，没有绝缘的称为裸电线，其他的称为电缆。

2. 同轴电缆

（1）同轴电缆的结构。同轴电缆（coaxial cable，CC）是由中心导线和金属屏蔽层组成，如图 4 - 5 所示。

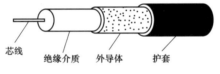

芯线　　绝缘介质　外导体　　护套

图 4 - 5　同轴电缆的结构

1）中心导线（芯线）。中心导线的结构分两种：单根导线和多根导线组合（注意和每根导线有单独屏蔽层的多芯电缆区别开）。单根导线的结构比较坚硬，欠缺柔性；多根导线由许多小线径的导线绞合成型，增加了电缆的柔性。但一般认为单根导线电缆的传输质量比多根导线电缆更稳定。

2）绝缘体。电缆的绝缘体（电介体）有两个功能：一是介于导线与屏蔽网之间形成保护；另一个更重要的是它确定了电缆的物理特性，比如电缆的阻抗和容抗。

3）屏蔽网。屏蔽网也有两个功能：一是作为信号的公共地线为信号提供电流回路；二是作为信号的屏蔽网，抑制电磁噪声对信号的干扰。

4）护套。护套即电缆最外一层保护层。它必须适应任何条件的安装环境。保护层的标准由美国的国家电气规程（national electric code，NEC）管理而且有 UL（美国保险商实验所）认证。

a. 阻燃认证：通过阻燃认证的电缆可以在户外空间使用，室内应用可以不需要管道防护。

b. 无卤素认证：无卤素的电缆保护层在高温时不会产生烟雾和有毒的气体，这是欧洲的安全标准。

（2）同轴电缆的型号和标准。同轴电缆按用途区分，可分为 50Ω 阻抗的基带同轴电缆（也称为网络同轴电缆）和 75Ω 阻抗的宽带同轴线缆（也称为视频同轴线缆）两大类。50Ω 同轴线适合作广播电视的天线或发射缆线，而 75Ω 的同轴电缆用于数字音频和视频的传输。

按照材料区分同轴电缆有实心绝缘层和发泡绝缘层两类；发泡电缆传输性能优于实心绝缘层电缆。

国内按照编号区分，同轴电缆可分为 SYV 50 - XX、SYV 75 - XX、SYV - 100 XX 等，XX 代表绝缘层外径。例如：SYV - 75 - 3、SYV - 75 - 5，其中 75 代表阻抗，后面的 3、5 等代表它的绝缘外径（3mm/5mm）。

通常使用的电缆型号为 SYV - 75 - 3，它对视频信号的无中继传输距离以 100m 衰减为判断标准，理想情况下为 150m。SYV - 75 - 5 的传输距离为 300 ~ 400m，当传输距离更长时，可相应选用 SYV - 75 - 7、SYV - 75 - 9 或 SYV 75 - 12 的粗同轴电缆。在实际工程中，粗缆的无中继传输距离以接收端的信号衰减为准，理想情况下不小于 800m。

典型产品：CHEF 数字视频线缆 T35 DSC1VFCH7 75 - 5 - 1，外径为 6.9mm，铝箔屏蔽 + 95% 铜丝，特性阻抗为 75Ω，支持：3GSDI，HDSDI，SDI。

3. 双绞线 （网线）

双绞线（twisted pair，TP）俗称网络线或网线（network cable），是由按规则螺旋结构排列的 8 根绝缘铜线组成，每根线加绝缘层并用色标来标记，每对线可以用作一条通信线路，如图 4 - 6 所示。各对线采用螺旋排列，可以将线对间的电磁干扰减到最小。传输阻抗一般为 100Ω。

(a) 普通网线　　　　　　　　　　(b) 柔软屏蔽网线

图 4 - 6　双绞网线

双绞线按结构分为以下两大类。

（1）屏蔽双绞线（shielded twisted pair，STP）：由外部保护层、屏蔽层与多对双绞线组成。

（2）非屏蔽双绞线（unshielded twisted pair，UTP）：由外部保护层与多对双绞线组成。

EIA/TIA（国际电子工业协会/电信工业协会）按照双绞线的电气特性将其分级：

第一类双绞线（Category，CAT1），主要用于模拟话音。

第二类双绞线（CAT2），可用于综合业务资料网、4Mbit/s 数字话音。

第三类双绞线（CAT3），10Mbit/s 数据传输。

第四类双绞线（CAT4），16Mbit/s。

第五类双绞线（CAT5），适用于 100～155Mbit/s，100BaseTX 快速以太网。

超五类、六类、七类（1000BaseTX 千兆以太网）。

典型产品：CHEF T47 CAT-6 FTP，柔软 6 类屏蔽网线，带宽超过 250MHz，传输速率 1000Mbit/s 以上，可满足 HDBaseT 的要求（见第五章七节）。表 4-1 所示为各类网线的具体参数。

表 4-1　　　　　　　　　　　　　各类网线的具体参数

详细数据	CAT5	CAT5E	CAT6A	CAT7
AWG	24	23	23	23
绞距（mm）	9、12	11、11、13、15	—	—
回波损耗	20dB	20dB	20dB	23dB
衰减：1MHz	2.4dB/100m	2.0dB/100m	2.0dB/100m	3.46dB/100m
100MHz	26.4dB/100m			
250MHz		32.8dB/100m		
500MHz			47.9dB/100m	
600MHz				46.3dB/100m

早期曾用五类或六类双绞线直接传输视频信号，但由于系统复杂且性能不理想，近年已全部改用于数字网络传输系统，详情在本书第五章讲述。

4. 专用线缆

在音视频系统中各台设备之间的连接，除以上讲述的 5 种常用的介质和线缆外，还会根据设备不同的接口，专门配接不同的特殊线缆。

例如音箱线（扬声器线），俗称喇叭线，是扩声系统的功率放大器输出端与扬声器的系统（音箱）之间的连接线。因为从功率放大器输出的音频信号为大功率、高电平的信号，比外界干扰信号强得多，所以不需要对线加以屏蔽。一般采用橡胶绝缘的大截面的多股铜线，做成平衡线或双芯护套线。

其他各类音视频接口的专用线缆，如 S-Video、VGA、RGB、DVI、HDMI、MIDI

等，为便于叙述，将在下一节音视频信号传输接口中与相对应的接口内容逐一介绍。

二、光波介质——光纤与光缆

1. 光纤传输的结构原理

光纤传输是一种基于光电转换取代电子传输的技术手段，是信号长距离传输的最好选择。光纤传输示意如图 4-7 所示：模拟电信号传给光发射机（光端机），经信号缓冲电路和驱动电路，将输入的电压信号转变成电流信号，驱动发光二级管（LED）或者激光器。输入的电信号转换为光信号，通过精确光对准和引导，耦合进入光纤。光信号经光纤传输后，在接收端光信号被一个波长相配的光电二极管转换成原来的电信号，经低噪声线性放大器放大后再输出。

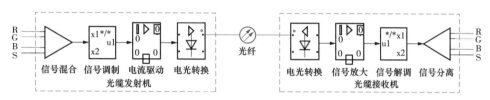

图 4-7　光纤传输示意图

光纤（optical fiber，OF）指的是能使光以最小的衰减从一端传到另一端的透明玻璃或塑料纤维，通俗地说它是一种光的"导管"。

光纤一般由芯线、包层和防护层组成。图 4-8 为光纤的结构，其芯线材料一般长距离传输的为玻璃光纤，当用作短距离跳线的为塑料光纤，其作用就是传导光信号；包层一般也由玻璃或塑料组成，其功能是将光信号封闭在芯线内，最大限度地保持光信号的能量；保护层也称作缓冲层，一般由塑料组成，其功能是保护芯线与包层。

根据光的传播路径不同，光纤一般可分为单模（single mode，SM）光纤和（multi-mode，MM）多模光纤两种，图 4-9 为单模和多模两种光纤的示意图。

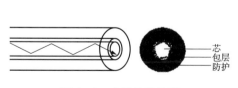

图 4-8　光纤的结构图

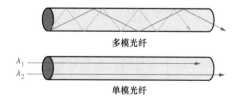

图 4-9　单模光纤和多模光纤的示意图

单模是指光线在光纤中基本上按同一角度全反射，传输时只有单一模式，其优点在于损耗小，接收稳定，传输容量较大，适合远距离传输。缺点在于光发/收模块价格较高，安装时要求精度高，但光纤比多模便宜（相差20%~30%）。

多模是指光线在光纤中有多种角度反射，包括漫反射等，因此传输时有多种传输模式。其优点是光发/收模块便宜，安装时精度要求低一些，但多模光纤传输由于散射等现象，功率损失严重，传输距离要近得多，按通信行业标准为500m，传输容量较小，且光纤较单模贵一点。

因为光纤的材料与制造工艺的不同，使光在光纤中传输时会有一定的衰减，其衰减量用dB/km表示。

光纤裸纤是很脆弱的，不适于长距离室外工程项目。在实际应用中，光纤都是包在高抗拉强度的外套内以光缆（optical cable，OC）形式出现的。

当光缆与光发射机及光接收机相连接时，必须使用连接器。图4－10为光缆连接器的外形。图4－11为多模连接器的外形。

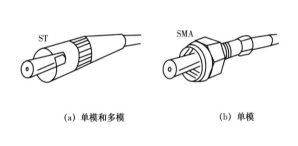

(a) 单模和多模　　　　(b) 单模

图4－10　光缆连接器的外形

图4－11　多模连接器的外形

2. 光纤传输的特点

光纤传输的优点如下：

（1）宽频带。光纤传输的信号带宽可达1.0GHz以上，而普通视频信号带宽只有6MHz，因此，经过对多路视频信号进行预处理，可以利用一芯光纤来传输2路、4路、8路甚至更多路数的视频信号。若是将多路视音频信号经调制、混合形成宽带射频信号并经由射频光端机来传输，则一芯光纤就可以传输几十路甚至几百路视音频信号。

除了以上宽带的视频信号以外，利用光纤的宽频带特性还可以同时传送音频信号、控制信号和开关量信号，并可以在一芯光纤上实现各种信号的双向传输。

（2）低衰减，传输距离远。光纤对信号的衰减非常小，一般LED光源的光可传输15~20km，最新的产品甚至可传输100km。

（3）不受电磁波干扰，并可防雷击。光纤传输不受电磁波干扰，因而特别适合于诸如大型工厂、电厂/站、通信机房等强电磁波干扰环境中的应用。而玻璃材质可以防雷击。

（4）不会产生火花。光纤不会像一般电线那样因短路或接触不良而产生火花。因此，光纤传输还特别适合于诸如油库、弹药库、瓦斯储存槽、化学工厂等易燃易爆场合的安全应用。

（5）其他特点。质量极轻，光信号无电磁辐射，不容易被窃听，保密性好。

光纤传输的缺点如下：

（1）较高的价格，发射器、接收器价格昂贵（光纤本身价格不算贵）。

（2）较高的人工，在光缆的布管布线过程，需要众多的人力资源和特殊工具。

（3）虽然光信号在光纤中传输损耗很低，但是在发射端和接收端进行的电光、光电转换对信号的衰减却很厉害。所以要保证无插损传输，就必须在传输中加入高增益多级放大器，还要保证电路能稳定工作。

三、无线介质

在 AV、广播和通信领域接触的信号通常包括音频、视频、射频，其频率范围分别为 15Hz ~ 20kHz、0Hz ~ 10MHz、300kHz ~ 30GHz。

无线介质是通过空间传输的方式，包括红外线、射频和微波等多种传输技术，这些传输技术对于通信距离很远或敷设电缆有困难的地方（高山或岛屿）特别有用。在 AV 领域广泛应用于无线话筒、蓝牙音箱、蓝牙耳机和无线会议系统等。

红外传输方向性很强，保密性较好，但传输距离较短，只能在视线范围内，且易受障碍物和雨、雾等影响，在 AV 领域常用于会议系统。以下仅对射频传输和微波传输分别作一简介。

1. 射频传输

射频（radio frequency，RF）泛指信号经调制后的高频，一般为数十至数百兆赫，以波长来区分，通常称其为米波及分米波。

射频传输具有闭路和开路两种传输方式，其中闭路传输是借鉴有线电视的一种传输方式，即是先将视、音频信号调制到高频（射频），然后再通过电缆进行传输，在接收端经解调后才可恢复原始视音频信号。而射频开路传输是将调制后的视音频信号经无线发射机发送出去，再在接收端用天线及接收机解调出来。

2. 微波传输

微波（microwave）频率在数千兆赫兹以上，波长为毫米级、亚毫米级。微波传输属于开路传输，其最大特点就是由视频信号源前端到中心控制室视频显示设备之间不需要任何电缆，且传输距离可长达百公里以上。因为频率高，所用的发射天线通常都选配为高增益的螺旋定向天线或抛物面天线。

典型的国产 MTVT - 91 系列微波开路电视传输系统的发射频率为 600 ~ 1500MHz，其图像与伴音的调制方式均采用了调频方式，发射机的发射功率为 0.1 ~ 5.0W，接收机的灵敏度为 10μV，在无遮挡的环境下，最远传输距离可达 100km。当传输路径受到严重遮挡而无法接收正常信号时，可以通过在第三点的中继器进行三角传输而绕过遮挡物。另外，当传输距离超过 100km 时，也可以通过中继器而增加传输距离，进行接力传输。

电视监控系统中采用的微波传输方式大都是点对点方式，即前端摄像机信号进入到小型微波发射机后直接经定频微波传输到中心端的接收机处，因此，每一点的传输都需要占用一个微波频道，有多少个摄像机就需要多少对微波发/收装置及相应数量的微波频道，这就意味着当远程监控点的数量较多时，很可能会受到总频宽（各微波频道宽度的总和）的制约，而开路微波又不可能同频传输。为了充分利用有限的频道资源传输尽可能多的远端图像，其中一种方法是在前端使用了多路视频切换器，将多个摄像机的图像轮流切换传输（如每一路图像持续显示 1 ~ 2s），这对于实时性要求不高的普通监控系统来说不失为一种有效办法。另一种方法是在前端使用了 4 画面分割器，将 4 个摄像机的图像合成为一路视频，再经过单一的微波频道传输，此种方法保证了图像的实时性，但图像的空间分辨率受损（水平和垂直方向各低一半）。

由于微波发射是单方向的，因此，对于远程开路微波传输的全方位电视监控系统来说，还需要配置一套指令发射与接收系统，即在中心端配置控制指令发射机，并在各监控前端配置控制指令接收机，这种控制指令接收机将接收到的控制指令进行译码，输出对云台、电动镜头等前端设备的控制电压，每一个前端指令接收机都有设定的地址码。由于控制指令的发射是一对多（一个中心，多个前端），因此指令发射机和指令接收机一般都是采用鞭状全向发射和接收天线。

第三节　音视频信号的传输接口

音视频技术中所谓接口（interface）是指一种规格标准，包括两个系统之间相互沟通的通信协议，以及不同设备为实现与其他系统或设备的通信而具有的对接部分，以便进行资料和信息的交换。

模拟音频设备在进行连接时需要注意设备之间的电平匹配、阻抗匹配以及连接方式的一致性（指平衡与不平衡的一致性），但即使产生一些偏差也不会造成信号很大的失真，因此在模拟设备中不特意提及设备之间的接口。但在数字音频设备的互联系统中，接口模式和标准十分重要。其原因在于数字化设备在进行 A/D、D/A 变换以及数字信号处理时所使用的采样频率及量化比特数彼此存在差异，因此要求互联设备的采样频率及量化比特数应保持一致，否则对传输的信号将产生损伤乃至不能工作。为了实现不同格式的数字音频设备之间的相互连接，故而制定出大家共同遵守的、统一的数字信号输入输出格式对接，即数字音频接口标准。

随着音频与视频技术的紧密结合并从模拟系统逐步向数字系统发展，专业音视频设备（如 DVD、硬盘机、调音台、DSP 以及投影机、音视频矩阵等）的音频信号和视频信号接口的类型日益增多，通常按传输信号的类型不同分为模拟音频信号接口、数字音频信号接口、模拟视频信号接口、数字视频及数字音视频复合信号接口四类。

一、模拟音频信号接口

（1）非平衡式模拟音频接口（analog unbalance audio）。非平衡式模拟音频接口的信号由一根导线传送，而接地参考信号则由另一根导线（或屏蔽网线）传送，这种连接方式是各种器材间模拟线级（或称线路电平，LINE IN/OUT）音频信号的标准传输方式，常用于 CD、MD、DVD、电声乐器和其他民用音响设备。

传输介质：通常采用单芯屏蔽线。传输阻抗：高低阻。常用接口：①直型（TRS，6.3mm 大二芯）接口如图 4 – 12 所示；②莲花（RCA）接口如图 4 – 13 所示。接线标准：插针 = 同轴线信号，外壳公共地 = 屏蔽网线。

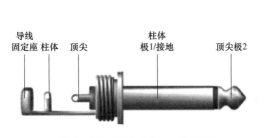
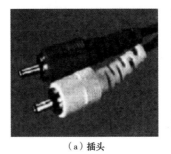

图 4 – 12　TRS 6.3mm 大二芯　　　　图 4 – 13　莲花（RCA）接口

（2）平衡式模拟音频接口（analog balance audio）：平衡连接材料由两条反相信号的分离导线和一条供接地的导线组成。传输介质通常采用双芯屏蔽线，广泛应用于音频设备之间平衡连接的线路电平（LINE 约 0dBu）或话筒电平（MIC 约 – 60dBu）信号传输。其抗干扰性优于单芯屏蔽线。

传输阻抗：600Ω 或高低阻。

常用接口：

1）TRS 6.3 大三芯接口如图 4 – 14 所示。

2）卡农（XLR）接口（见图 4 – 15）。接线标准为 TRS 直插：插针＝信号＋，中环＝信号－，外壳公共地＝屏蔽。卡农插头：2 脚信号＋，3 脚信号－，1 脚接公共地＝屏蔽网线。

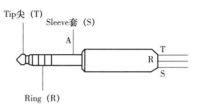

图 4 – 14　TRS 6.3 大三芯接口

（3）5.1 声道、6.1 声道、7.1 声道音频接口。

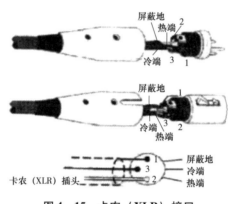

图 4 – 15　卡农（XLR）接口

5.1 声道输入通常采用莲花（RCA）接口，包括 6 个声道的信号：前左（L 或 FL）、前右（R 或 FR）、中置（C）、左环绕（LS）、右环绕（RS）和超重低音声道（"LFE"低频效果声道）。一套 6.1 声道输入端子较 5.1 声道增加了一个后环绕声（BS）插孔，一套 7.1 声道输入端子则增加了两个后环绕声（BSL、BSR）插孔。

（4）转盘唱机（PHONO）音频接口。播放黑胶唱片的转盘唱机产生的音频信号电平远低于 CD、磁带录音机和其他电声乐器，而且黑胶唱片在灌制的过程中还要应用一种特殊的均衡曲线将低频内容降低，将高频内容提升。这样可以防止对唱片声纹的过度刻录，将噪声降到最低。

部分民用音响和专业 DJ 混音台都设有一个特殊的唱机输入端子（PHONO IN），它只适用于转盘唱机。从这个端子输入信号被送到了一个专门的前级电路中，它应用相反的均衡，将信号提升到标准的线级电平。

转盘唱机信号传输介质采用双芯屏蔽线，特殊之点是输入端子除了一对 RCA（莲花）插孔外还有一个接地螺钉，用于连接转盘唱机接地线，如果不连接这条线往往导致音响系统出现明显的嗡嗡低频噪声。

（5）微型（3.5mm）音频接口。大多数袖珍式 CD 播放机、MD 录放机和计算机声卡等都使用 3.5mm 微型音频插孔用于音频输入/输出。连接方式与 TRS 6.3 接口相同。

（6）音频信号的平衡和不平衡传输：音频信号普遍采用平衡传输方式，它需要并列的三根导线（接地、冷端、热端），利用抵消原理将外界的干扰降至最低。而一些民用或要求不高的场合和电子乐器常采用单芯屏蔽线的不平衡传输方式（信号、接地）以降低成本。工程实践中常遇到平衡与不平衡的设备或系统之间的连接和转换，这种情况宜尽量避免，因为会带来较大的传输衰减。图 4 - 16 显示多种典型的平衡 - 不平衡变换的连线图，其关键点是应采用单端接地（只在接收端设备接地）的方式，使两台设备的外壳相互不能连通，以免信号地环路引起电位差产生交流噪声。

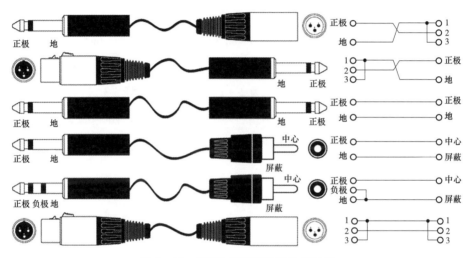

图 4 - 16　平衡与不平衡转换连接图例

二、数字音频信号接口

1. 同轴数字音频接口

常用于数字音频输入/输出，传输介质采用单根带屏蔽的同轴电缆（实质是非平衡方式）或光纤。传输阻抗：75Ω。以处理数字信号更宽的频宽。同轴电缆的外形与前述的模拟音频单芯屏蔽线相似，但在工艺上要求更严格，主要是要求芯线与屏蔽层保持准确的同轴关系。常用接口：①BNC 接口（见图 4 - 17）。②同轴数字（RCA）接口（见图 4 - 18）。接线标准：插针 = 同轴信号线，外壳数字地 = 屏蔽网线。常用于民用设备如 DVD、CD、电视机等。

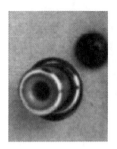

图4-17　BNC接口　　　　图4-18　同轴数字（RCA）接口

2. AES/EBU（AES 3）平衡式数字音频接口

音频工程协会/欧洲广播联盟（audio engineering society/european broadcast union，AES/EBU）制定的一个专业的、平衡式的数字传输标准。一条电缆传送左右两个通道的音频数据，单线单向传输，输出电压为 2~7V。该标准与 AES 3 接口及 IEC 958 接口（类型 I）等基本一致，广泛用于民用和专业的数字音频设备，如 CD 机、数字调音台、数字工作站等。专业的接口输送距离达 100~300m；传输阻抗为 110Ω（要求非常严格）。

常用接口和线缆：①平衡或差分连接使用 XLR 接口的数字音频线（屏蔽双绞电缆，见图 4-15）；②单端非平衡连接使用 RCA 插头的音频同轴电缆（见图 4-13）；③光学连接使用光纤连接器（见图 4-10）。

3. 标准型民用接口（IEC 958，类型 II）

该接口与上一种专业的 AES/EBU 接口非常相似，但采用 75Ω 的同轴电缆和莲花（RCA）接口进行不平衡的电气连接。

4. S/PDIF 接口

Sony 和 Philips 的 S/PDIF（sony/philips digital interface format）采用 75Ω 同轴电缆和 BNC 接口端子。电平为 TTL 兼容电平（0~5V）。与音频通道接口端子相匹配的还有单独一个用来传送字时钟信号的接口端子或光纤作为传输线，也有符合 RS422 标准的多通道电气接口，这种接口采用 D 型多通路接口端子，要用单独一个 BNC 接口端子来传送字时钟。

S/PDIF 接口主要应用于由 Sony 专业数字音频设备向外传送音频数据，同时也部分用于如 CD、DVD 和声卡等民用音响，如图 4-19 所示。

另有两个与之近似的接口标准：一个称为 SDIF-2（sony digital interface，索尼数字接口），协议用于某些专业数字设备的互联。它采用两个独立的非平衡式同轴电缆和 BNC 接口，双通道立体声，另外一条同轴电缆和 BNC 接口提供字时钟同步信号（对称

方波信号）。另一个称为 SDIF - 24 Sony 数字音频接口
（SDIF - 24 sony digital interface），该接口的传输特性为多
股绞合电缆，24 通道、立体声，D25 插头。

图 4 - 19　S/PDIF 接口

5. Y1Y2 Yamaha 数字音频接口

该接口采用八芯绞合电缆，8 针 DIN 封装。

6. TEAC DTRS 数字音频接口

该接口采用多股绞合线缆，8 通道、立体声，D25
插头。

7. TOSLink 光纤接口

该接口是东芝连接（toshiba link）的英文缩写，采用单根光纤，多通道、立体声，
光纤接口。其长度最多不能超过 7m。

8. MADI（AES10）多通道音频数字接口

多通道音频数字接口（multi - channel audio digital interface，MADI）是 AES 于
1991 年颁布的以双通道 AES/EBU 接口标准为基础的多通道数字音频设备间的互联标
准。MADI 协议通过 AES10—1991 和 AES - 10id 标准公布，我国于 2002 年也颁布了相
应的广电部行业标准，即 GY/T 187—2002《多通路音频数字串行接口》。该标准允许
通过一条 75Ω 的同轴电缆和 BNC 接口连接件（见图 4 - 20），或光纤来串行传输 64 个
通道的线性量化音频数据，采样速率从 32 ~ 48kHz 提高到 96kHz。最长的同轴电缆长度
为 100m。如选用数字音频精密同轴电缆（如前述的 T35 SDI 线）配接优质 BNC 接口，
使用距离可达 200m。如用光缆，则可以传送更远的距离。例如，光纤分布式数据接口
（fiber distributed data interface，FDDI）可以用于长达 2km 的连接。MADI 接口标准已被
世界各国的数字音频设备厂商广泛采用，设置于数字调音台、数字多轨录音机、数字
音频工作站和数字信号处理器等设备中。本书第五章对 MADI 还有进一步的讲述。

(a) 75Ω 同轴插孔　　　(b) 75Ω 同轴接口

图 4 - 20　75Ω 同轴电缆 BNC 接口

9. ADAT

ADAT 又称 Alesis 多通道光纤数字接口（ADAT light pipe）或 ADI 接口。它是美国

Alesis 公司开发的一种多声道数字音频信号格式，最早用于该公司的 ADAT 八轨数字录音机（alesis digital audio tape）。该格式使用一条光缆传送 8 个通道非压缩的数字音频信号，通道 24bit/48kHz，使用较广泛［见图 4 - 21（a）］。

10. TDIF

日本 Tascam 公司开发的一种多通道数字音频格式，使用类似于计算机的 25 针串行电缆线来传送 8 个通道的数字音频信号［见图 4 - 21（b）］。Tascam 的专业级磁带录音机、CD 机和 MD 机使用较广泛。

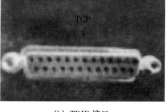

(a) ADAT 接口　　　　　(b) TDIF 接口

图 4 - 21　ADAT 及 TDIF 接口

11. R - BUS

日本 Roland 公司推出的一种 8 通道数字音频格式，也被称为 RMDB II。它的插口和线缆与上述 TDIF 相同，传送的也是 8 通道的数字音频信号，但它有两个新增的功能：一是 R - BUS 端口可以供电，这样当将一些小型器材连接在其上使用时，这些小型器材可以不用外接电源；二是除数字音频信号外，R - BUS 还可以同时传送运行控制和同步信号。

12. 方形光纤接口

用于 DVD 的数字信号音频输出，又称为"角形端子"，经一根光纤连接线可直接与数字功率放大器、数字处理器或数字调音台的光纤输入口相连。

13. 微型光纤接口

这类插孔通常用于便携音频设备，如 MD 的数字音频输入/输出。

14. I/O 接口

计算机主机与外围设备通常不能直接连接，必须通过相应的 I/O 接口电路来实现。在计算机中，接口是指外围设备与主机进行了解彼此的语言、数据传输速度、指令时序的规范。接口类型有 ATA、SCSI、USB 及 IEEE 1394 等。

（1）SCSI 接口是小型计算机系统接口（small computer system interface）的缩写，为并行接口（parallel interface）。由 8 位数据总线、1 位奇偶校验和 9 条控制信号线组成。在高端计算环境（指工作站、服务器、大型计算机及超级计算机）中使用，是通过一条 50 线扁平电缆（SCSI - 2 为 68 线）与 SCSI 接口的硬盘驱动器相连。

（2）ATA。ATA 接口又称 IDE，同样为并行接口，为低端计算环境中使用。采用 16 位数据并行传送方式，其数据传输率在 10Mbit/s 以上，通过一条 40 芯扁平电缆与 IDE 硬盘驱动器相连。

（3）USB。USB 是通用串行总线（universal serial bus）的缩写，这是一种计算机和周边设备之间（如音频播放机、数字摄像机、数码相机、操纵杆、键盘和打印机）的"即插即用"接口，有三种类型：①USBA 类插头插入到计算机上的 USB 接口；②USBB 类插头插入到一台外围设备中（如一台监视器或打印机）；③一些小设备，如摄像机和 USB 音频适配器采用了一种更小型的 B 类插孔，称作微型 USB B 类，采用这种插孔的设备一般都包括了一个 A 类到微型 USB B 类的电缆。USB 2.0 标准的传输速率达 480 Mbit/s。USB 传输距离不宜超过 5m。

（4）IEEE 1394：IEEE 1394 是美国苹果（Apple）公司开发的称为火线"Fire Wire"（也称为 I. LINK）的串行总线接口。它属于连接外围设备的高速数字接口的一种标准，规定传输速率为 100、200Mbit/s 和 400Mbit/s，已成为许多苹果电脑的标准配置，同时也广泛用于家用音视频器材中，如数字摄像机和数码相机等（见图 4 - 22）。其电缆内由 6 根线组成，内有电源线及 A 和 B 两对信号线，支持热插拔，电缆长度不宜超过 4.5m。

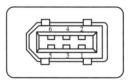

图 4 - 22　IEEE 1394 接口

三、模拟视频信号接口

1. 复合射频接口

复合射频（RF）接口将音频和视频的复合信号调制为复合 RF 信号采用同轴电缆传输。其优点是采用一条 75Ω 同轴电缆同时传输音频和视频信号，且传输距离较远；其缺点是由音视频信号的混合干扰而导致图像质量下降。另外，从图 4 - 23 所示模拟视频系统（电视机、DVD）多种类型的接口可见，由最左端的 RF 接口到最右端的显像管，中间经过高频头、中放、检波、预放、亮色分离、视频放大、矩阵电路和末级视放等多信号变换和处理，必然带来信号的劣化。除早期的录像机、VCD 机曾设置有复合 RF 接口外，目前这种传输方式已不再用于录像机、VCD、DVD 等视频设备，而是用于有线电视系统、直接广播卫星（DBS）系统和机顶盒的连接。RF 电缆插头（常称"F 型"插头）可旋入 75Ω 插孔。

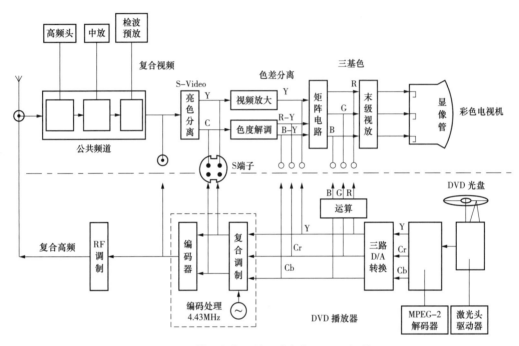

图 4 – 23 模拟视频系统（电视机、DVD）接口

2. 复合视频接口

复合视频（composite – video）接口通常简称为视频接口，符号 VIDEO 或 V。传输介质：单根带屏蔽的同轴电缆（俗称视频线），广泛应用于 DVD、电视机等设备。插头和导线采用黄色，配套的左右声道音频线为红色和白色。传输阻抗为 75Ω；常用接口为 BNC 接口（常用于专业机型）、RCA 接口（"莲花插"，用于民用机型）；接线标准：插针 = 同轴信号线，外壳公共地 = 屏蔽网线。

与复合 RF 接口对比，复合视频接口将音频和视频信号分离传送，避免了音视频信号的混合干扰，故信号质量要优于复合 RF 接口。传送的 V 信号包含了亮度信号 Y 和色度信号 C，而且 C 是调制在 Y 上，故被称为复合视频信号。

3. 分离视频接口

分离视频（separate – video，S – video）接口简称 S 端子，学名为"二分量视频接口"，也称为 super – video（超级视频）或 Y/C 接口。

（1）S – video 接口（见图 4 – 24）传送出一个模拟信号到两条 75Ω 的带屏蔽同轴电缆中。一条传送一个亮度信号，另一条传送一个色度信号，通常是一个复合的色彩信号，常用 1 × 4 针微型接口。

（2）3 脚接亮度（Y）信号线，4 脚接色度（C）信号线，1 脚、2 脚接公共地＝屏蔽网线。其传输距离较短，约为 15m。

（3）S－video 将视频信号的色度信号和亮度信号进行分离，分别以不同的通道进行传输，减少影像传输过程中的"分离""合成"过程，减少转化过程中的损失，同时降低信号之间的互扰，减轻视频节目输出时亮度和色度相互干扰的问题，以得到

图 4－24　S－video 接口

更佳的显示效果。S－video 接口并不能提高画面的分辨率，但可以大大提高色彩分辨率，使画面更精细、准确。

4. 色差分量视频接口

色差分量（colour difference component）视频接口简称分量视频接口，包含三个信号（Y、P_b、P_r），即亮度信号 Y，加上将 S－video 的色度信号 C 经过彩色解码后得到的蓝色差信号 P_b（B－Y）和红色差信号 P_r（R－Y）。目前国产高清电视对模拟分量视频信号接口有两种标识，即 YP_bP_r 表示逐行扫描色差输入，YC_bC_r 表示隔行扫描色差输入。

色差分量视频信号用三条 75Ω 的同轴电缆传送，采用 RCA 型接口（莲花）或 BNC，分别标以绿色（Y）、蓝色（P_b）和红色（P_r）。

5. RGB 分量视频接口

RGB 分量视频接口简称 RGB 接口，这是模拟视频传输接口中信号质量最佳的一种，传输距离达数十米。传输介质为 5 根带屏蔽的同轴电缆；传输阻抗为 75Ω；常用接口为 5×BNC 接口；接线标准为红色＝R 信号线，绿色＝G 信号线，蓝色＝B 信号线，黑色＝行（H）同步信号线，黄色＝场（V）同步信号线，公共地＝屏蔽网线（见图 4－25）。

6. VGA（video graphics array）D 型 15 芯接口

对于距离较近、要求指标不高的系统，常采用 VGA D 型 15 芯接口（见图 4－26）代替 RGB 接口，两者信号的特性相同。传输介质为使用两端附加磁环的 15 芯彼此绝缘的带屏蔽同轴电缆；传输阻抗为 75Ω；传输距离为 15～30m；常用接口为 15 针 HD 型接口（小 D15 针接口，D－Sub 15Pin Interface）；接线标准为 1 脚＝红基色，2 脚＝绿基色，3 脚＝蓝基色，6 脚＝红色地，7 脚＝绿色地，8 脚＝蓝色地，10 脚＝行同步，10 脚＝场同步，5 脚＝自测试，10 脚＝数字地，4、9、12、15 脚＝地址码。

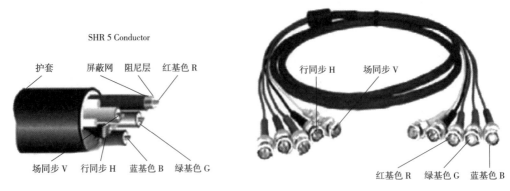

图 4 – 25   RGB 分量视频接口及电缆

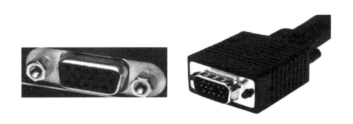

图 4 – 26   VGA D 型 15 芯接口

四、数字视频及数字音视频复合信号接口

随着显示技术的发展，尤其是数字 LCD、DLP 及 LED 等产品的广泛应用，传统的 VGA 模拟视频信号已不能完全满足发展的需要，在很多应用中会被数字视频信号所取代。以下简介常用的数字视频接口（digital visual interface，DVI）、SDI 和数字音视频复合信号接口 HDMI、DP 的特性和应用。

1. 数字视频接口 DVI

数字视频接口是 1998 年 9 月，由 Silicon Image、Intel（英特尔）、Compaq（康柏）、IBM、HP（惠普）、NEC、Fujitsu（富士通）等公司共同组成的数字显示工作组（digital display working group，DDWG）推出的一种国际开放的接口标准，在 PC、DVD、高清晰电视（HDTV）、视频服务器和数字电影放映机等设备上有广泛的应用。

DVI 包括两种接口：DVI – I（Digital Video Interactive—Integrated，互应式数字视频——集成）和 DVI – D（digital，DVI 数字）。外形如图 4 – 27 所示，从图中可以看出，DVI – I 实际上是在 DVI – D 的基础上增加了模拟接口，目的是兼容传统的 VGA 模拟信号。

因为 DVI 信号的码流（信号带宽）很高，所以传输过程中会遇到传输距离的限制。以正常的 1.65GHz 信号而言，目前的 DVI 传输线的有效传输距离是 5 ~ 8m，加中继或

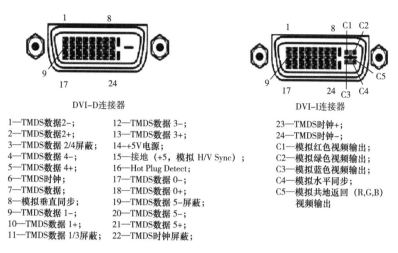

DVI-D连接器　　　　　　　　　　　　　DVI-I连接器

1—TMDS数据2−；　　　12—TMDS数据 3−；　　　　23—TMDS时钟+；
2—TMDS数据2+；　　　13—TMDS数据 3+；　　　　24—TMDS时钟−；
3—TMDS数据 2/4屏蔽；　14—+5V电源；　　　　　　C1—模拟红色视频输出；
4—TMDS数据 4−；　　　15—接地（+5，模拟 H/V Sync）；　C2—模拟绿色视频输出；
5—TMDS数据4+；　　　16—Hot Plug Detect；　　　C3—模拟蓝色视频输出；
6—TMDS时钟；　　　　17—TMDS数据 0−；　　　　C4—模拟水平同步；
7—TMDS数据；　　　　18—TMDS数据 0+；　　　　C5—模拟共地返回（R,G,B）
8—模拟垂直同步；　　　19—TMDS数据 5−屏蔽；　　　视频输出
9—TMDS数据 1−；　　　20—TMDS数据 5−；
10—TMDS数据 1+；　　　21—TMDS数据 5+；
11—TMDS数据 1/3屏蔽；　22—TMDS时钟屏蔽；

图 4 −27　DVI 接口定义

驱动可以达到30m，还有其他两种传输方式：一种是通过网线传输，通过专门的器件，把 DVI 信号进行转换和驱动后，在 6 类线上的传输距离可达到 50m 左右；另一种是利用光缆。

典型产品如 CHEF 的纯光 DVI 光纤数据线，支持 4k＠60Hz，4∶4∶4，分辨率 4096×2160，带宽达 10.2Gbit/s，可无损传输超高清图像达 300m，适用于高清视频会议系统、室外大屏显示、大型医疗影像系统、广播电视系统和高清监控系统等。需注意，DVI 光缆有方向性，display 显示端和 source 输入端不可接反。DVI 还是数字电影放映机视频传输的标配接口，详见本书第八章数字电影系统。

2. 串行数字视频接口 SDI

串行数字视频接口（serial digital interface，SDI）是国际电信联盟（ITU−R）制定的一种数字视频格式，用于广播级的视频传输。它常使用 75Ω 的 BNC 型端子、同轴电缆来进行连接，最大长度为 250m。一个 SDI 信号可能包括四组嵌入式的 AES/EBU 数字音频信号及辅助数据。它还有一种扩展规范，称作 SDTI，它可以通过 SDI 电缆传送压缩的视频信号，如 DV、MPEG 信号，这样就可以在一条电缆上以实时方式传送多个视频流。

按传输速率分为以下三级。

（1）标准清晰度 SD−SDI，750Mbit/s；

（2）高清（high definition）标准，HD−SDI 1.485Gbit/s；

（3）3G−SDI，2.97Gbit/s，可用于实时无压缩的高清广电级视频设备。

传输介质为单根带屏蔽的同轴电缆；传输阻抗为 75Ω；常用接口为 BNC 接口；接线标准为插针＝同轴信号线，外壳数字地＝屏蔽网线。SDI 线一般 100m 的衰减不超过 20dB。

3. 高清晰度多媒体接口 HDMI

高清晰度多媒体接口（high definition multimedia interface，HDMI）是由索尼、日立、汤姆逊、飞利浦、松下、东芝、硅谷图像（silicon image）等公司开发出来的数字音视频复合接口标准。HDMI 传输协议结合了高清晰度视频、多声道音频和器材之间的控制功能集成于一个数字接口中。高清晰度多媒体接口是一种数字视频、数字音频和 VGA（视频图形适配器）计算机信号三者并为一个接口、用一根多芯电缆实行统一传输的数据传输接口。

（1）HDMI 的技术特性。HDMI 1.4 版的特性如下：时钟频率为 340MHz，最高数据率为 10.2Gbit/s，最高分辨率为 3840×2160 24Hz/25Hz/30Hz、4096×2160 24Hz。传输距离约 15m。

HDMI1.4 比 HDMI1.3 增强的功能如下：

1）HDMI 以太网通道符号（HDMI Ethernet Channel，HEC）：增加一条数据通道，允许基于互联网的 HDMI 设备和其他 HDMI 设备共享互联网接入，支持高速双向通信，无需另接一条以太网线。新功能还将提供一个连接平台，允许 HDMI 设备之间共享内容。

2）音频回授通道（audio return channel，ARC）：在高清电视直接接收音频和视频的信号下，这个新通道能让高清电视通过 HDMI 线把音频直接传送到 AV 功率放大器接收机上，无需另外一条线缆。

3）3D Over HDMI：新规范将为 HDMI 设备定义通用 3D 格式和分辨率，实现家庭 3D 系统输入输出部分的标准化，最高支持两条 1080P 分辨率的视频流。

4）支持 4K×2K 分辨率，四倍于目前的 1080P，具体格式：3840×2160　24Hz/25Hz/30Hz；4096×2160 24Hz。

5）支持专为数码相机设计的色彩空间，包括 sYCC601、Adobe RGB、AdobeYCC601，可在连接数码相机的时候显示更精确的逼真色彩。

6）Micro HDMI 迷你接口：比现在的 19 针普通接口小 50% 左右，最高支持 1080P 的分辨率。

7）汽车连接系统（automotiv connection system，ACS）：一种专为车载高清内容传输设计的线缆规范，可避免发热、震动、噪声等汽车内部常见环境的影响，也为汽车制造商在车内传送高清内容提供一套切实可行的解决方案。

8）伴随 HDMI 1.4 规范推出了以下几种新型的数据线：

a. 标准 HDMI 线：数据传输率最高支持 1080i/60Hz。

b. 高速 HDMI 线：超越 1080P，包括 HDMI 1.4 规范里的深色和所有 3D 格式，目前可达 4K。

c. 标准以太网 HDMI 线：支持以太网连接。

d. 高速以太网 HDMI 线：支持以太网连接。

e. 汽车 HDMI 线：用于连接外置 HDMI 设备和车载 HDMI 设备。

（2）HDMI 的接口。HDMI 接口共有 type A、type B、type C 和 type D 四种类型，如图 4 – 28 所示。

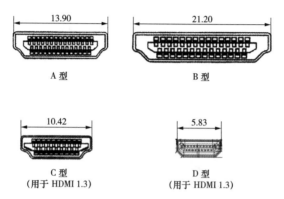

图 4 – 28 HDMI 四种类型插头座 type A、type B、type C、type D

1）HDMI 标准接口，又称为 HDMI typeA 接口，应用于 HDMI 1.0 版，19 针，接口尺寸为 4.45mm×13.9mm，主要用在高清电视、台式电脑、投影仪等设备；

2）HDMI typeB 接口，应用于 HDMI 1.0 版本，29 针，接口尺寸为 4.45mm×21.2mm，极少用，仅见于某些专业设备；

3）HDMI typeC 接口（mini HDMI），应用于 HDMI 1.3 版本，19 针，接口尺寸为 2.42mm×10.42mm，可看成是 type 的缩小版，主要用在 MP4、平板电脑、相机等设备；

4）HDMI typeD 接口（Micro HDMI），应用于 HDMI 1.3 版本，19 针，接口尺寸为 2.8mm×6.4mm（2.3mm×6mm），主要用在智能手机、平板电脑等设备。

（3）HDMI 的传输线缆。HDMI 1.0 版至 HDMI 1.3 版使用的传输线是由 4 个屏蔽同轴差分对、4 个单端控制信号、电源（＋5V）以及地线等组合成一条专用线。HDMI 1.4 版的传输增加了音频回传通道和以太网通道，所以信号的构架有所不同。HDMI 1.4 版使用的传输线是由 4 个同轴对、1 个非屏蔽差分对、3 个单端信号、电源（＋5V）以及地线等组合成一条专用线。

典型产品，如 CHEF HDMI 有源光缆：无需外接电源，无需外接驱动，无延时。

特别适用于高清会议系统、室外 LED 显示屏、广电控制、游戏竞技和家庭影院等领域。

主要特性指标，即带宽：18Gpbs。长度：30～300m。分辨率：4K@60Hz 4096×2160 4：4：4。结构：4 光纤 + 6 铜线。版本：HDMI2.0。线径：4.0mm。功耗：< 250MW。接口：HDMI 标准 A 型公头。支持：HDCP2.2 3D。

注意，HDMI 光缆因为是光电转换，所以有方向性，display 显示端和 source 输入端不可接反。

4. DP 数字音视频接口

显示端口（display port，DP）是一种高清数字显示接口标准，于 2006 年由视频电子标准协会（VESA）制定推出，目前是 DP1.2 版本，得到 AMD、Intel、NVIDIA、戴尔、惠普、联想、飞利浦、三星等业界巨头的支持，它是免费使用的。其插座与插头的外形如图 4 - 29 所示。

图 4 - 29　DP 接口的插座与插头

DP 允许音频与视频信号共用一条线缆传输。可覆盖 32 位音频通道、1536kHz 采样率以及目前所有已知的音频格式。另外在四条主传输通道之外，还提供一条辅助通道，传输带宽为 1Mbit/s，最高延迟仅为 500μs，可以直接作为语音、视频等低带宽数据的传输通道，另外也可用于无延迟的游戏控制。

DP 的外接型接头有两种：一种是标准型，类似 USB、HDMI 等接头；另一种是低矮型（mini DP），应用于超薄笔记型电脑等。外接距离都可达到 15m。

典型产品：CHEF DP 有源光缆。带宽：32.4Gpbs。长度：30～50m。分辨率：4K@60Hz 4096×2160 4：4：4。无需外接电源，无需外接驱动，无延时。接口：DP 标准公头。线径：4.0mm。

五、其他类型接口

1. RJ45 网线接口

最常见的 10/100 base - T 以太网卡现在已经是 PC 的标准配置，有 10Mbit/s 和 100Mbit/s 两种传输速率，并可以根据连接类型自适应。常用的网线接口是 RJ45，俗称水晶头，外形如图 4 – 30 所示。此外，数字网络音频接口（DANTE、cobranet、ethersound 等）和网络音视频接口（AVB、HDBaseT 等）也已广泛应用，将在第五章讲述。

图 4 – 30　RJ45 网线接口

2. MIDI/游戏接口

乐器数字接口（music instruments digital interface，MIDI）传输协议可以让 PC 和电子音乐器材（如数字键盘）共享表演的数据。原来是为电子音乐开发的，是一种电子乐器的控制协议，现在更被灯光控制借用，可用作多机联动或声光电同步等控制。在本书第七章有进一步讲述。目前这种接口的另一种常见用途就是为许多计算机游戏充当操纵杆接口。其外形如图 4 – 31所示。

图 4 – 31　MIDI/游戏接口

3. RJ – 11 和 RJ – 14 端子接口

PC 调制解调器、DBS 接收机、硬盘视频录像机和其他类型的音视频器材都使用 RJ – 11 和 RJ – 14 这种插孔通过一条电话线来发送和接收信息。通常情况下计算机调制解调器都有第二个插孔，可以连接一部电话机到上面。

RJ – 11 插孔和插头可以连接一条电话线，RJ – 14 可以同时连接两条电话线。

4. RS – 232C 串行接口

RS – 232C 串行接口又名 RS – 232C 串口。RS – 232C 标准（协议）的全称是 EIA – RS – 232C 标准，它是一种在计算机和连接设备（如数码相机、打印机等）之间进行通信的接口，如用以下载升级软件或连接第三方的控制面板或计算机进行通信。串口大多数有一个 9 芯型插头，而一些老式的串口则使用 25 芯型端子。传输距离为15～20m。

5. RS – 422 接口

RS – 422 接口是差模传输，抗干扰能力强，能传 1200m，最大传输速率为10Mbit/s。其平衡双绞线的长度与传输速率成反比，在 100kbit/s 速率以下，才可能达到最大传输距离。只有在很短的距离下才能获得最高速率传输。一般 100m 长的双绞线上所能获得的最大传输速率仅为 1Mbit/s。

6. RS – 485 接口

RS – 485 接口最大的通信距离约为 1219m，数据最高传输速率为 10Mbit/s。

RS – 485 接口是采用平衡驱动器和差分接收器的组合，抗共模干扰能力增强，即抗噪声干扰性好。

视频的不同格式决定了信号在亮度、色度、对比度、锐度、清晰度、最高分辨率等各个方面的表现。从上述对各种视频格式的分析可以知道，视频高清晰度质量的级别大致可以进行如图4-32所示排序（由高到低）。

| DVI | → | RGBHV VGA | → | HDTV | → | SDI | → | Y、Pb、Y、Y、R-Y、B-Y | → | Y/C S-Video | → | Video 复合视频 | → | RF 射频信号 |

图 4-32 视频格式的级别排序

六、应用实例

1. 音视频信号传输介质及常用接口对比

表4-2是音视频信号传输介质及常用接口对比表，供参考。

表4-2　　　　　　　　　音视频信号传输介质及常用接口对比表

分类	传输内容	传输接口	传输介质	备注
音频信号线缆直接传输	模拟音频信号	TRS6.3/3.5	单芯屏蔽线	—
		RCA 莲花		—
		XLR 卡农	双芯屏蔽线	—
		扬声器插头（Neutrik）	扬声器线（铜芯非屏蔽线）	—
		光纤（Optical Fiber OF）	光纤	—
		无线	微波、射频、红外	—
	数字音频信号	Digital RCA 莲花	数字单芯屏蔽线	—
		Digital BNC	数字单芯屏蔽线	150m
		Digital XLR 卡农	数字双芯屏蔽线	—
		AES-3（AES/EBU）XLR 卡农	数字双芯屏蔽线	一线传输双通道，100~300m
		AES-10（MADI）	同轴线	一线传输64通道，50~200m
			光纤 OPTCAL	一线传输64通道，2km
		SPDIF RCA 莲花	同轴线×3	—
		ADAT（Alesis 多通道光纤数字接口）	光纤	一线传输8通道
		TDIF（Tascam 多通道数字接口）25 针插	专用线	一线传输8通道
		MIDI 五针插	专用线	—

续表

分类	传输内容	传输接口	传输介质	备注
视频信号线缆直接传输	模拟视频信号	RF 复合射频（F 型插，同轴）	同轴线	—
		VIDEO 复合视频（BNC，莲花）	同轴线	300～500m
		S－VIDEO 分离视频（4 针插）	两条同轴线组成专用线	15m
		yPbPr 色差分量视频（3 个莲花）	三条同轴线	
		RGB RGB 分量视频（5 个 BNC）	五条同轴线组成专用线	数十米
		VGA VGA 分量视频（D 型 15 针插）	三条同轴线组成专用线	15～30m
视频信号线缆直接传输	数字视频信号	DVI 数字视频（24 针插）	专用线	5m
		SDI 串行数字视频（BNC）	同轴电缆	250m
音视频线缆直接信号传输	数字音频及视频信号	HDMI 高清多媒体接口（19 针，29 针插）	专用线	15m
		DP 显示接口（20 针插）	专用线	30～50m
音频信号网络传输	数字音频信号	CobraNet	网线、光纤	—
		EtherSound		—
		DANTE		—
音视频信号网络传输	数字音频及视频信号	AVB		—
		HDBaseT		—

2. 典型调音台和投影机背板接口

下面列举一台典型的数字调音台的背板（见图 4－33）和一台典型的工程投影机的后面板（见图 4－34）来总结本节所介绍过的主要音频和视频接口的名称、符号和外形。

（1）典型数字调音台背板接口。图 4－33 是一台典型的数字调音台的背板图，从图中可以看到多种模拟和数字音频接口：

1）MIDI IN/OUT 乐器数字音输入/输出接口——MIDI 电缆，对应图 4－33①；

2）WORD CLOCK（字时钟）接口——BNC，对应图 4－33②；

3）GPI 与外接设备进行信息通信接口——D－SUB15 针，对应图 4－33③；

4）AES/EBU STEREO/MONO 数字音频输出接口——卡农公 XLR，对应图

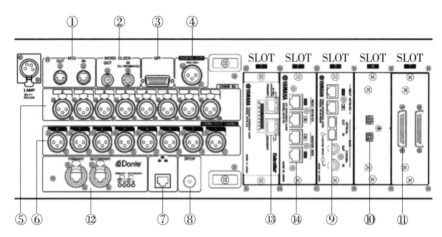

图4-33 典型数字调音台背板图

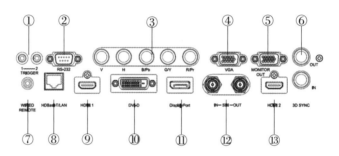

图4-34 丽讯（Vivitek）DU9800Z的后面板接口图

4-33④；

5）OMNI IN LINE IN/MIC IN 模拟信号输入接口——卡农母 XLR、-62dBu ~ +10dB，对应图4-33⑤；

6）OMNI OUT MIX，MATRIX 模拟信号输出接口——卡农公 XLR，+4dB，对应图4-33⑥；

7）NETWORK 网络接口，对应图4-33⑦；

8）SPDIF 立体声数字音频输出接口——莲花 RCA，对应图4-33⑧；

9）MADI 多通道数字音频输出/输入接口——光纤 OPTICAL，同轴 COAXIAL，对应图4-33⑨；

10）ADAT 多通道数字音频接口——光纤，对应图4-33⑩；

11）TDIF 多通道数字音频接口——25 针，对应图4-33⑪；

12）DANTE 接口，对应图4-33⑫；

13）CobraNet 接口，对应图4-33⑬；

14）EtherSound 接口，对应图4-33⑭。

图 4 – 33⑫、⑬、⑭是数字网络音频传输接口，详情在本书第五章讲述。

（2）典型投影机背板接口。图 4 – 34 是丽讯（Vivitek）DU9800Z 的后面板接口图，简要说明如下：

1）TRIGGER（触发器）（12V + / – 1.5V）（见图 4 – 34①）。用 3.5mm 的电缆连线到荧幕上时，荧幕会自动设置为启动状态。当投影机处于关机状态时，荧幕会恢复原状。

2）RS – 232（见图 4 – 34②）。针式 D 型介面，用于个人电脑的控制系统及投影机持续连接。

3）Component（V，H，B/Pb，G/Y，R/Pr）（见图 4 – 34③）。分量（V，H，B/Pb，G/Y，R/Pr）连接分量输入信号。

4）VGA（见图 4 – 34④）。15 针 VGA 接口，并可连接到 RGB、HD 分量或个人电脑上。

5）MONITOR OUT（见图 4 – 34⑤）。连接到监视器。

6）3D – sync 接口（见图 4 – 34⑥）。连接 3D 红外线同步信号发射器。详情见本书第六章有关 3D 投影的相关内容。

7）WIRED REMOTE（见图 4 – 34⑦）。连接有线遥控。

8）HDBaseT/LAN（见图 4 – 34⑧）。从电脑、网络设备或 HDBaseT 发射器上连接一根双绞网线（Cat5/Cat6）可在 100m 距离内同时传输视频和音频信号。详情见本书第五章。

9）HDMI 1（见图 4 – 34⑨）。HDMI 接口 1。

10）DVI – D（见图 4 – 34⑩）。从设备的 DVI – D 输出连接 DVI – D 接口。

11）DisplayPort（DP）（见图 4 – 34⑪）。从电脑或视频设备上连接 DisplayPort 接口。

12）SDI IN/OUT（见图 4 – 34⑫）。连接 3G SDI 输出或输入装置。

13）HDMI 2（见图 4 – 34⑬）。HDMI 接口 2。

第五章　数字音视频信号的网络传输

第一节　概述

一、线缆直接传输和数字网络传输

音视频系统中音频信号和视频信号的传输技术，经历了从模拟传输逐步发展过渡到数字传输的阶段。

在模拟技术发展阶段，模拟音频信号主要是采用音频屏蔽线和非屏蔽线（如音箱线）等进行传输。模拟视频信号除采用视频屏蔽线和同轴电缆传输外，还采用 S – VID-EO、RGB、VGA 等专用线缆进行传输。

随着数字技术的发展，开发了专用于数字音视频传输的数字音频屏蔽线和 DVI、SDI 等数字视频专用线，以及 HDMI、DP 等数字音视频加控制信号传输的专用线缆。

以上各种传输方式，其技术成熟且简便可靠，因而在相当长时期内仍会广泛使用。但它们具有共同的缺点——传输距离较短和线缆的成本较高。为增加数字音视频信号的传输距离和降低线缆成本，在 20 世纪 90 年代开发出把计算机网络技术与音视频技术结合，采用双绞网线作为传输介质的数字音视频网络传输技术，组成数字网络音视频（AV）系统，很快获得广泛应用。为便于讲述和区别两种技术，行内把音视频信号的两类传输方式分别称为"线缆直接传输"和"数字网络传输"技术。

以下通过两个典型的 AV 系统工程实例，将线缆直接传输和数字网络传输两种技术作一简要对比。

二、线缆直接传输的音视频系统

如图 5 – 1 所示为一个家庭或小型多功能厅或卡拉 OK 厅的模拟 AV 系统。由信号源［传声器、DVD、CD、硬盘录音（像）机、摄像机和笔记本电脑］、调音台、音频信号处理器、功放、音箱、视频矩阵、投影机、LCD 监视屏和 LED 显示屏等音视频设备组成。

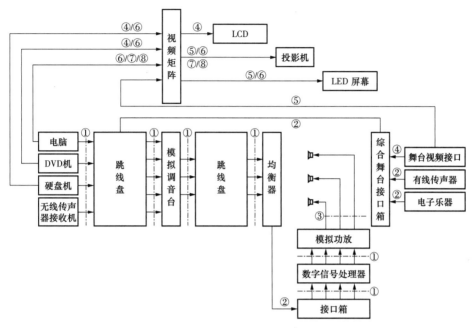

图 5 - 1　线缆直接传输的 AV 系统

①—双芯音频屏蔽线；②—多条双芯音频屏蔽线；③—音箱线；④—视频同轴屏蔽线；⑤—RGB 线；
⑥—HDMI；⑦—VGA；⑧—DVI

从图 5 - 1 中可见，所有设备相互间的音频和视频信号传输全部是采用音频屏蔽线、视频屏蔽线（视频同轴线缆）、音箱线以及 S - VIDEO、yPbPr、RGB、VGA、DVI、SDI、HDMI 和光纤等线缆分别传输音频和视频信号，从而满足在较近距离范围内 AV 系统的正常运行。详情见本书第四章，不再赘述。

三、数字网络传输的音视频系统

对于较大型的 AV 系统，如大型厅堂、剧院、体育场馆和主题公园的 AV 系统，远距离传输所带来的缺陷就会成为问题。以图 5 - 1 为例，一间较大型的会堂或剧场，讲台（舞台）上设置数量众多的传声器提供会议发言和各类演出的人声和乐器声的拾取，需要敷设十多条甚至数十条音频屏蔽电缆，把微弱的传声器信号从舞台传送到声控室的调音台，同时还要设置多条视频屏蔽电缆把 DVD 和硬盘机的视频信号从声控室传送到台上的大 LED 显示屏和吊挂的投影机，线路长度动辄数十米甚至上百米。与此同时，用于驱动数量庞大的主音箱、中置音箱、返送音箱和环绕声音箱所需的大批功率放大器，通常都安装在舞台旁的设备间，同样需要十多条甚至数十条音频屏蔽电缆连接到声控室，将线路电平的模拟信号进行远距离传输。大型体育场、主题公园和声光电表演等 AV 系统分散布置的数十台甚至上百台音箱、功放、投影机、LED 显示屏等，与控制室之间的距离更加遥远。对这类线路的敷设成本高昂，安装工艺复杂，费时费工，且易出差错，还要避开强电、灯光等干扰源，即使下足功夫，仍难以完全解决传输损耗以及电磁干扰带来的危害。

为了解决 AV 信号远距离传输所带来的缺陷，20 世纪 90 年代开发出数字网络音频系统（digital network audio system）技术，简称网络音频系统（network audio system）。由于是音频（Audio）与互联网（Internet，IT）技术的结合，故简称为 AoverIT 或 AoIT 或 AoIP（Internet Protocal）系统。

AoIT 系统是数字音频技术与计算机网络技术结合的产物，它利用数字音频设备（如数字调音台、网络型数字音频处理器和数字功率放大器等）已有的数据通信接口构建传输网络，依靠计算机控制技术，将音频系统的信号以数字化的形式，以网络为平台，通过网络线（较近距离）或光纤（较远距离）等介质传输到所需要的负载终端，并在工作时对其实施监控和管理。随后在 AoIT 技术的基础上，进一步发展了数字网络音视频（AVoverIT，AV/IT）技术。如图 5 - 2 所示为一个采用 Dante 协议的数字网络传输的 AV 系统实例。

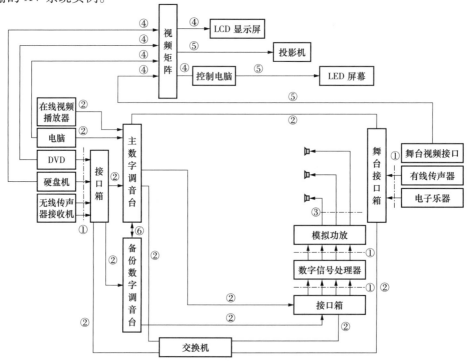

图 5 - 2　数字网络传输的 AV 系统实例

①—双芯数字音频屏蔽线；②—CAT6 网线；③—音箱线；④—HDMI；⑤—HDBaseT；⑥—MADI
注　"舞台接口箱"为专有名词，特指与数字调音台配套的数字网络接口面板，由于原来只用在舞台，因此称为舞台接口箱。但近年此硬件用途不断拓展，已不单只用于舞台处，如用于控制室扩展本地音源接口数量等。因此用于不同位置时，也共用此名称。

以下对图 5 - 2 作一简单说明，舞台上通常布置有采集音频、视频和计算机信号（VGA、HDMI）的若干（数个到数十个）地插座。音频采集部分传声器和电子乐器等的模拟音频信号，通过音频屏蔽电缆全部汇集到舞台上的舞台接口箱（stage box）进行A/D 转换和编码处理，成为可用数字音频网络协议传输的多路复用数字音频码流，经由双绞网线（距离小于 100m）、光纤（距离大于 1km）和交换机传送到控制室的舞台接口箱，舞台接口箱再把接收到的音频码流转发到数字调音台，控制室的本地音源如CD、DVD、电脑和硬盘机等也通过舞台接口箱接入数字调音台，经由数字调音台进行调音、路由选择和数字信号处理等，再通过网络送至功放室的舞台接口箱输出到数字功率放大器进行放大，最后变换成模拟音频功率输出，驱动相应的扬声器系统。

另外 DVD、硬盘机、电脑、视频播放器和摄像机等经由 HDMI 视频信号线缆送入视频矩阵，分别传送到较近距离的视频显示器（如 LCD 监视屏），或转换为 HDBase - T 协议经由双绞网线或光纤送到较远距离的投影机和 LED 显示屏等。

本章从第二节到第六节分别讲述在图 5 - 2 中显示的主流数字音频网络协议（CobraNet、Ethersound 和 Dante）及数字音视频网络协议（AVB 和 HDBase - T）等的特性和在数字网络传输的 AV 系统中的应用。

四、网络协议

虽然在通信和计算机领域中早就广泛利用信息传输网络来传输数据、文字、图像、视频和音频信号，然而在扩声系统工程中长期以来仍然以音频电缆作为模拟音频信号传输的主要方式，其原因是数字音频的传输，特别是高保真的、不压缩的数字音频信号的网络传输有其特殊的要求。在普通互联网中，只要网络处于空闲状态，网络中的每一网络节点均可随时发送信息。如果两个或两个以上的网络节点同时发送信息的话，某一节点就要随机等待网络空闲时才能传送信息。其结果不外乎是打印时间或发送邮件的时间延迟那么一点而已。但对于音频信号，特别是多路音频信号的发送和接收就不能容忍这样的延迟了。普通互联网中不确定的延迟将可能产生短脉冲，引起信号丢失、噪声以及其他令人讨厌的杂声，因而需要一种能满足音频信号传输要求的专用网络。网络音频系统的核心技术是能满足音频信号在网络中传输和分配的专用音频网络，该网络应该由一个为业内厂商公认的音频网络协议（包括支持该协议的硬件和软件）组成。

在网络音频系统中，各种音频单元设备，如音源设备、音频处理器、调音台、功率放大器等均应能适用于以上的专用音频网络，支持该网络的专用通信传输协议。

最早的数字网络化音频传输技术是 1996 年由美国峰值音响（Peak Audio）公司开

发出名为眼镜蛇网络（Cobra Net）的协议。经历二十多年的发展，先后有十多个以上由不同厂家独立开发的网络音频传输协议陆续推出，但至今尚未形成国际公认的行业标准。纵观近百年的通信和 AV/IT 的发展史，就是一部各种规格接口和传输标准的诞生、改进、超越和替代的历史。

如图 5 - 3 所示为音频传输技术的几个主要发展阶段。图中显示从 1876 年爱迪生发明电话开始一百多年间音频传输技术有很大发展，但一直是属于模拟信号传输技术的范畴。1991 年出现的 MADI 开启了数字信号传输的新纪元。随后的 CobraNet、Ethersound、Dante、AVB 等是在业内曾被广泛应用的音频网络传输协议。

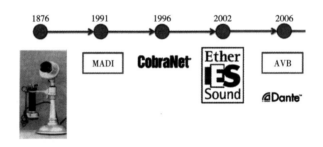

图 5 - 3　音频网络传输技术的发展阶段示意图

五、数字网络音频的特点

在数字网络音频系统中，网络所传输、处理和控制的对象是数字化的音频信号。因此，一般来说，网络音频系统同时具有网络技术和数字技术的特点。

1. 数字网络音频的主要优点

（1）其动态范围、信噪比、失真系数、频率响应、抗干扰能力和传输距离等技术指标均大大优于传统的模拟传输方式。一般情况下，用网线直接传输距离可达 100m，用光纤传输可达几十千米。

（2）对于大型的扩声系统和公共广播系统，由于一条网线可同时传输多路音频信号，因而大大节省了管线工程的成本。

（3）以太网在传输音频信号的同时，还可以传输控制信号。另外，由于系统采用双向传输的模式，可方便确定故障设备的位置，维护简便，可以利用网络实现对在线设备的检测和遥控。

（4）以太网系统的综合布线技术、传输模式和传输协议均有可遵循的国际标准，从而保证了系统的可靠性、灵活性、兼容性和可扩展性。

（5）便于实现对多媒体集成系统音频设备和环境（如灯光、视频和机械）等其他设备的集中控制与管理。

（6）软件可以随时升级，保持其先进性和可扩展性。

2. 数字网络音频的不足

（1）在小规模投资的条件下，整个系统的造价比模拟产品的价格要高。

（2）对硬件设计和外部供电要求较高。

（3）对设计、使用和维护人员的素质要求较高。

（4）带有计算机系统的一切缺点（如"死机"等）。

（5）信号传输存在延时，影响系统的性能。

六、网络传输与 MADI 传输的对比

在本书第四章第三节中讲述了多通道音频数字接口（MADI）的特性和应用。这里将 MADI 与数字网络传输作一对比。

目前依靠数字音频设备建立的多路数字音频传输技术主要有两种不同的模式：一种是依托数字调音台的通信接口建立的传输网络，名为"多通道音频数字接口（MA-DI）"（见第四章第三节）；另一种就是数字网络传输协议。虽然两者的功能相似，都能在一条传输线路上传输多路数字音频信号。但两者具有不同的结构、特点和不同的适用场合。目前两种模式是处于长期共存的状态。

MADI 是由美国音频工程学会（AES）于 1991 年颁布的数字音频通信标准 AES10—1991 和 AES-10id 描述的一个接口标准。我国国家广播电影电视总局在 2002 年也颁布了相应的标准：GY/T 187—2002《多通道音频数字串行接口》。MADI 标准推出的时间比网络音频传输协议的"始祖"CobraNet（1996 年颁布）要早五年，而至今仍在数字音频系统中广泛应用，特别在我国的广播电视行业中使用较普遍。

以下是 MADI 接口的特点和应用。

（1）MADI 是采用时分多路（TDM）传输技术，依托数字调音台通信接口建立的传输网络的一个 AES 标准接口。许多数字音频的专业设备如数字调音台、数字多轨录音机、数字音频工作站和数字信号处理器等设备本身就设置有 MADI 接口，用户无须申请认证和另外购置硬件或软件，即可方便地在各种数字录音和扩音设备之间实现多轨形式的连接。而网络音频协议如 CobraNet、Dante 等仅仅是某一个企业或机构开发的协议，用户必须通过建立该协议的机构认证，并购置该协议相关的硬件（如模块）和软件才能使用。

（2）MADI 采用 75Ω 同轴电缆或光纤传输 56/64 路数字信号，单向传输，长度不超过 50m，MADI 也可使用网络线传输。某些数字调音台的接口箱使用网络线传输，用 CATE5 可以达到 75m。对于距离较长的工程，则可选用单模光纤作传输介质，采用光

纤分布式数据接口（fiber distributed data interface，FDDI）时，可用于长达 2km 的连接。

（3）MADI 主要适用于数据处理容量较大的数字设备，如大型数字调音台（Sound-craft、Studer、Digico、SSL、LAWO、StagetecAurus 和 Euphinix 等品牌）和数字音频工作站等。MADI 信号传输网络为星型网络拓扑结构，中心节点和网络终端节点都是专用设备。以数字调音台构建的 MADI 信号传输系统为例：中心节点是数字调音台的路由装置，终端节点是数字调音台的 I/O 接口箱。所有 I/O 接口箱的输入信号汇集于路由后经过数字调音台的 DSP CORE 处理，再由路由将处理后的信号路由分送至各 I/O 接口箱。I/O 接口箱与路由之间一般都设有支持无缝切换的主、备信号传输路径，主路径出现故障时，备份路径自动启动工作，保证信号传输不会中断。

（4）MADI 数字信号传输系统具有传输容量大、信号路由方便、运行安全可靠尤其是没有信号延时等优点，但其传输线缆的价格比网络传输的网线要昂贵，因而更多地应用于技术指标要求较高的大型扩声系统和广播电视系统。MADI 典型应用案例如上海东方艺术中心的扩声系统，通过 MADI 信号交换中心机站实现 3 台 Studer VIST8、1 台 Studer VIST7 和 2 台 Digico D5 等多台数字调音台的联机，解决多台设备之间的信号交换和通信。至于在 MADI 之后陆续开发出来的如 CobraNet 等一类网络传输协议，其技术虽然非常先进，传输距离远超于 MADI 系统，但是存在一定的时延，这个时延对公共广播系统一般都可以接受，对主题公园和大型体育场馆等扩声系统也还能容忍，但在电台、电视台等直播系统中，一般认为这个时延偏大，会影响播出效果，这也是 MADI 技术在广电系统中应用比较广泛的主要原因之一。

第二节　CobraNet

一、CobraNet 发展的背景

CobraNet 传输协议开发较早（1996 年），加上它具有良好的支持音频传输的能力，而且经济、实用，程序简捷，因而成为主流的传输协议长达二十多年。

CobraNet 将软件操作界面、网络协议和硬件设备集于一体。它完全兼容以太网，网络音频的数据流可以通过双绞线以太网 10BASE－T 标准格式和快速以太网100BASE－T 标准格式的方式入网传输。CobraNet 完全支持兼容 IEEE 802.31、IEEE 802.3U 国际通信标准和 ISO/IEC 8802－3 和 TCP/IP（传输控制协议/网络协议），即 IPS 国际通信协议（国际工业标准）。

二、工作原理和特性

CobraNet 的工作原理是将音频信号打包成数据包后在网络上传输，至目标设备后再将数据包解码成音频信号。它以数据包为基本传输单位（每个数据包含有 8 路音频信号，48kHz 采样率），数据包分为广播式传送包和点对点传送包两类，广播包数量不超过 4 个，否则会导致网络堵塞。在 1 个 CobraNet 中最多拥有 4 个输入数据包和 4 个输出数据包，最大信号传输规模为 32 路进、32 路出。

图 5-4 是美国加州爱迪生体育场采用音频数字网络技术组成的扩声系统示意图，该系统的信号处理和 A/D、D/A 转换是采用 QSC 公司的 RAVE 网络系统，运用 RAVE 公司的专利 CobraNet 连线技术实现数字音频信号的传输。从图 5-4 中可见，只需用一条 5 类双绞线即可代替多达 64 条的模拟音频线路，传输 64 声道未压缩 20bit/48kHz 的数字信号，在长度不超过 100m 的条件下，不会发生比特率削减或其他质量问题，且具有很强的抗干扰力。更长的距离（如 2km）则可采用光缆传输。至于特大型扩声系统如迪士尼主题公园，需要数十个声道将不同的节目信号在纵横数公里至十多公里的广阔范围内，分别传输到多个不同地点，还要求具备"分区控制"和"矩阵切换"等特殊功能。对于这一类复杂题，利用以太网、局域网的成熟技术都可以一一解决。

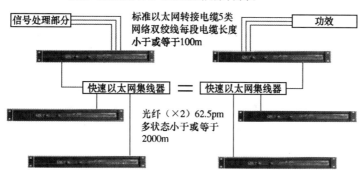

图 5-4　网络音频技术组成的扩声系统示意图

注　RAVE 单机可以使用 5 类网络双绞线在节点间的传输距离可以长达 100m。对于更长的传输距离，快速以太网转换器可以使用光纤，使传输距离达到 2km 或更远

CobraNet 支持各类以太网设备，与一般常见的控制器、交换机、开关和布线兼容。

CobraNet 可以提供清晰的数字音频传输，不会降低音频信号的质量，在传输过程中不发生数字失真。

CobraNet 也存在一定的缺陷：

（1）传输延时。CobraNet 由于 A/D 转换、D/A 转换、数据打包及数据包排队等候传输等过程，产生的传输延时为 1.33 ~ 5.33ms。一般认为这种延时对一般的扩声系统来说还可以接受，因为在扩声系统中，声音从扬声器传播到听音者位置，这段路径造成的延时时间更长，所以 CobraNet 的延时基本上可以忽略不计，但在广播电视系统就不能忽略。

（2）传输通道较少。最多只能支持 64 个音频传输通道。

（3）只有传输功能而没有控制功能。

三、典型产品应用案例

以下是由百威 Peavey Media Matrix 媒体矩阵组成的工程案例。

媒体矩阵是百威公司最早开发并曾一度被广泛应用的数字音频处理产品。其最大优点是 DSP 功能强大，但由于它的结构采用集中控制方式，将所有输入信号先送入总控，集中处理后再由总控送出，这种结构方式从安全可靠的角度来讲稍有不足，为此需采用不少备份措施来弥补。

如图 5 - 5 所示由百威媒体矩阵组成某航空港的寻呼及背景音响系统，该航空港共有 6 个中转区（TERMINAL A ~ F），每个中转区有 16 个登机门（GATE 1 ~ 16），以每个登机门作为一个小区，装有挂壁音箱（6T）3 个，呼叫盒 1 个（也称为"寻呼分站"，内设一支传声器和一个小型扬声器）。图中只画出一个中转区 A 的系统示意图，共有呼叫盒 16 个，音箱 3 × 16 = 48（个），由 8 个双通道功放（IA200V）驱动。该系统兼有寻呼、对讲和背景音乐等功能。

（1）在总控室（main equipment room）讲话或播放音乐时，可以控制整个机场全部音箱放音或部分中转区或小区放音。

（2）各个呼叫盒可以向总台呼叫，或互相对讲（预设）；呼叫的声音根据指令可送到各区的音箱放音或不放音。

上述要求如按传统的模拟系统模式设计，不仅需要大量的线材、管材和复杂的矩阵切换开关设备，还会遇到模拟信号长距离传输难以克服的损耗、干扰和各信道之间串音等问题。从图 5 - 5 可见该系统采用百威公司的媒体矩阵和寻呼矩阵，两者结合组成的数字音频网络寻呼扩声系统。整个机场组成一个局域网，而 6 个中转区分别组成 6 个子系统。寻呼矩阵的呼叫和对讲等功能是由寻呼系统主机（指挥中心）和寻呼分站（呼叫盒）共同完成的。媒体矩阵系统的硬件包括矩阵系统主机等。

（1）系统主机 MM - 980NT。系统主机可看作一台高性能的专用计算机，它与交换机组成局域网的核心部件，通过内置的 DPU 卡承担系统的信号处理功能。MM - 980NT 主机最多可支持 8 块 DPU 卡，支持 10/100bastT 网络。

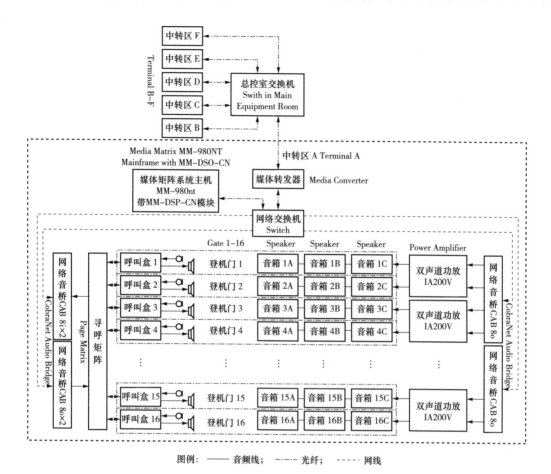

图例: —— 音频线; ---- 光纤; ····· 网线

图 5-5 某航空港寻呼及背景音响系统

（2）"眼镜蛇"网络卡。"眼镜蛇"网络卡（CobraNet Card）MM-DSP CN 起着向网络发送数据、控制数据并接收转换数据的功能，充当计算机与网络之间的物理接口。本网卡支持 CobraNet 网络协议传输标准，有 32 路输入和 32 路输出音频通道。

（3）网络音桥。网络音桥（cobranet audio bridge，CAB）是专用于 CobraNet 音频网络的输入/输出接口，并具备 A/D、D/A 转换功能。图 5-5 中的 CAB 8i 是输入单元，具有 8 个 MIC/LINE IN 接口及 A/D 转换功能；CAB 8o 是输出单元，具有 8 个 LINE OUT 接口及 D/A 转换功能。

当任意一个对讲盒有人讲话时，寻呼指挥中心即有音频模拟信号输出并送入 CAB 8i，经 A/D 转换和处理成为 IP 数据包，然后通过 5 类网络线（Category 5）送入交换机和系统主机进行处理和分配。其输出信号通过网络线送至较远距离的 CAB 8o，再经 D/A 转换成模拟音频信号，送到指令所设定的某台放大器，驱动相应的音箱放音。

在子系统 A 的范围内，距离一般不超过 100m，其数字信号线采用 5 类或超 5 类。但 6 个子系统之间以及各子系统与总控室之间的距离往往都超过 100m，故需用光缆

（fiber）传输。图中从子系统交换机引出的媒体转发器（media converter），其作用是用来把基于双绞线的 10base – T 网络与基于光缆的 10base – F 网络互联起来。

第三节　EtherSound

法国 Digigram 公司于 2002 年推出的 EtherSound 技术，在解决网络延时的技术难题方面有一定进展。EtherSound 重点放在同步信号传输和控制上，并避免对专业音频应用设置过多的功能，如 DSP 和专门控制协议，因此其硬件设计极为简单，处理速度极快。Digigram 选用低电平以太网机架结构，而不是采用标准 IP，进一步减少系统延迟。EtherSound 链路上的每台设备只有 1.22μs 的延迟，典型的菊花链系统的端到端总延时小于 6 个采样周期，未超出实时监听的可接受范围。

采用 EtherSound 技术的数字网络音频系统可支持多达 64 路、采样频率为 44.1kHz 或 48kHz（最高达 192kHz）、24bit 的音频信号，网络的延时以微秒级计算，这些技术指标可以满足现场扩声的需求，其主要应用领域是现场演出行业。最大信号传输通道达 512 路。但其标配设备的价格比 CobraNet 设备昂贵。

与 CobraNet 不同的是，EtherSound 中不允许存在其他非 EtherSound 设备，整个网络环境中除了交换机就不能再添加其他任何设备。如此一来网络的可扩展性相对就受到了限制。EtherSound 的发展只经历较短时间即被淘汰。本书不作进一步讲述。

第四节　Dante

一、Dante 发展的背景

Dante 协议是 Audinate 公司在 2006 年推出的一个在标准 IP 网络上运行的高性能数字媒体传输系统。和 CobraNet 技术一样，Dante 也是一个集硬件、软件和通信协议为一体的产品。Dante 数字音频传输技术是一种基于三层的 IP 网络技术，为点对点的音频连接提供了一种低延时、高精度和低成本的解决方案。Dante 技术可以在以太网（100M 或者 1000M）上传送高精度时钟信号以及专业音频信号，可以进行复杂的路由，并且与现有的 IT 设备的兼容性非常好。和传统产品的不同之处是，Dante 已经跨越了二层网络通信协议，完全采用更为先进和方便的 IP 三层通信协议，并且可以通过对固件（firmware）的升级，直接过渡到 AVB 协议，而无须更改任何硬件设备。

Dante 继承了 CobraNet 与 EtherSound 所有的优点，同时具备自身独特的优势，近年来已成为网络音频技术领域中发展最快、使用最为广泛的网络传输协议。其主要特点如下：

（1）更小的延时。在 100M 网络带宽，总传输音频通道为 3 时，延时仅为 34μs。Dante 系统可自动调节可用的网络带宽，以便将延时时间降低到最小。

（2）采用了 IEEE1588 精密时钟协议进行时钟同步。

（3）采用了零配置网络协议（zero configuration networking，zeroconf），利用自动配置服务器自动检查接口设备、标识标签以及区分 IP 地址等工作，无须启动高层级别的 DNS 或者 DHCP 服务，同时节省了复杂的手工网络配置。

（4）网络的高兼容特性。Dante 技术可以允许音频信号和控制数据以及其他不相干的数据流共享在同一个网络中而不受干扰，用户可以最大限度地利用现有网络而无须为音频系统建立专网，如在 Dante 网络中可以加入现有的普通 TCP/IP 设备（PC 等）或者一些音频处理软件等。

（5）自愈系统。为了避免意外导致的音频传输中断，Dante 系统可以设定多重自我修复机制，如时钟丢失、网络故障等。

（6）音频通道的传输模式可以是单播或是多播。Dante 技术可以通过互联网小组管理协议（internet group message protocol，IGMP）进行管理，可根据接收点的需要过滤或屏蔽广播音频通道，这使得多播音频的路由变得可控。

（7）较多的通道数。千兆网：在单一的链接上支持 512×512 个 48kHz/24bit 音频通道，也就是共 1024 个双向通道。对于 96kHz/24bit 的音频数据流，信道容量减半。百兆网：在单一的链接上支持 48×48 个 48kHz/24bit 音频通道，也就是共 96 个双向通道。对于 96kHz/24bit 的音频数据流，信道容量减半。

Dante 协议支持 48kHz 和 96kHz 两种音频采样率，具体根据不同厂家、不同系列的产品的不同而不同。

二、工作原理和特性

1. 工作原理

采用 Audinate 公司新推出的 Dante - MY16 - AUD 卡，将其插到语音服务器主机上，并与交换机相连，如图 5 - 6 所示，即可实现基于 Dante 技术的数字网络音频传输，实现了音频网络"即插即用"的功能。

Dante 技术使用的是以太网，被认为是第四层（传输层）的技术。它在音频传输时使用 UDP，在以太网传输的音频路由上使用 IP，一般称为以太网上的 UDP/IP 协议。其网络连接图如图 5 - 7 所示。

音频信号通过语音服务器转换成 UDP/IP 网络信号并传送到网络中，音频信号以数

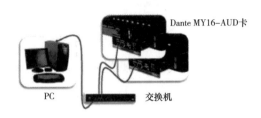

图 5 - 6　基于 **Dante** 的网络音频传输实现方式

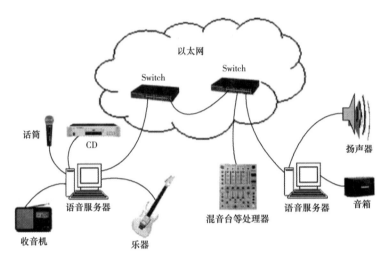

图 5 - 7　**Dante** 网络连接图

据包的形式在网上路由到任意的其他语言服务器，并转换成模拟信号提供给扬声器或者记录设备。对于一些处理设备，如数字处理器和数字混音台等，则无须数字/模拟转换，而是直接在网络环境中处理数据包，并以相同的 UDP/IP 数据包返回网络中供其他设备使用。在这个过程中，每个设备不需要关心自己的信号要路由到哪里去，也无须关心这些信号是从哪里来的，这大大减轻了断点设备的配置复杂性。全部的路由可以由一个专用的软件，使用一一对应的通道名称就可以完成整个路由过程。

2. 网络延时

Dante 的传输能力主要取决于网络的带宽、发送与接收点的数量和位置以及单点还是多点传送等因素。当 Dante 的两个音频接点之间直接使用千兆网连接，并且网络是非常完美的情况下，一个单一的音频数据被采集并且通过自己的 IP 数据包传送，Dante 的延迟与千兆网的标准是一样的，都是 $83.3\,\mu s$（0.08ms）。借助于 Dante 的网络辅助诊断功能，在给定的单播/多播模式下可以快速地计算出 IGMP 管理流量及 IP 滤波器的情况，进而帮助用户确定这样的系统连接是否符合要求。

音频通道对带宽的消耗取决于音频信号的采样频率和分辨率。在网络中，网络延时和网络带宽是一个反比的关系，一个最小采样频率的音频通道在单播的情况下延时是最短的。可以看出，随着传输的音频通道数量的增加或者高采样率/分辨率，网络延时会逐渐加大。Dante 系统可以自动调整可用的网络带宽，在网络传输安全的前提下尽量多地使用空余带宽，以降低传送延时。Dante 允许用户在网络带宽和延时之间进行折中处理，也就是用户可以在传递信号的延时性能和带宽的经济性之间做出自己的选择。自动折中的匹配能力大大提高了网络的可用自由度，使用户不用再去担心流量对信号传输的影响，以及现有网络的资源负载承受力。

3. 时钟同步

Dante 系统采用了 IEEE1588 精密时钟协议进行时钟同步。IEEE1588 协议的基准时钟采用一种选举方式来确定哪个设备成为基准时钟发生器（master clock）和备用时钟发生器，网络中的每个音频设备都紧密跟踪这个基准时钟，基准时钟采用绝对时间标识。

数字音频信号的传送必须叠加上一个采样时钟信号才可以传递，这个采样信号是来自它自身的时钟振荡器，但是这个振荡器必须时刻地和主时钟（master clock）进行同步，如果出现了偏差，Dante 会自动调节本地时钟的增加或减少以保持与网络基准主时钟同步。由于 Dante 使用的这个 IEEE1588 精密时钟协议可以达到很低抖动的采样率（如 256 倍超采样），所以能够真正做到高音质和低延时。

三、工程案例

如图 5 - 8 所示为四个会议室音频系统应用 Dante 控制的方框图。该系统由 Symetrix（思美）的音频处理产品和 AtteroTech（阿特罗）的音频接口与控制面板等组成。其中 Symetrix（思美）SymNet 是由 SymNet Composer 软件配置的开放式架构 DSP 平台，全面支

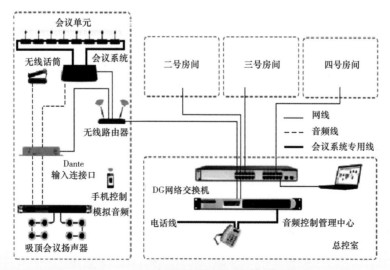

图 5 - 8　多会议室采用 Dante 音频网络系统图

持 Dante 技术，兼容 Dante 数字音频传输协议，可以在本地网络上进行 64×64 通道的无压缩音频传输。SymNet Composer 软件同时具有管理 SymNet Dante DSP 设备音频处理、系统控制和使用安全性等功能。

第五节　AVB

音频数字信号的网络传输技术，从 1996 年推出 Cobranet 至近年 Dante 的广泛应用，已经历了 22 年历史。而视频数字信号的网络传输技术发展相对缓慢。目前的成熟技术主要有 2006 年推出的 AVB 和 2009 年推出的 HDBaseT，近年两者有快速发展的趋势。本章第五、第六节将分别介绍 AVB 和 HDBaseT 的特性和应用。

一、AVB 的特点

前述的 CobraNet、EtherSound 等都是各个厂家独自建立的协议标准，尽管其中的一些内容都遵循以太网的协议标准，但并不是真正的国际标准，所以对日后的通用性和兼容性存在一定的障碍（如 CobraNet 设备和 EtherSound 设备之间就无法通信）。在这种情况下国际电气和电子工程师学会（IEEE）组建了音频视频桥接工作组（audio video bridging task group）IEEE802.1 标准委员会，专门研究开发一个名为音频视频桥接（audio video bridging，AVB）的技术标准，于 2006 年首次以 ISO 的标准规格发布，提供给厂家免费使用，随后不断修订升级。

AVB 是一种架构在以太网三层网络基础上传输非压缩音频、视频信号的协议技术，能够支持大多数的专业视频信号格式，支持多达 512 个通道的无压缩或多路压缩数据格式的音频信号，同时支持在以太网上传输压缩的 1080i/p 高清视频信号，而它的带宽占用率只有 130Mbit/s。

AVB 允许多通道的不同采样率的音频流和视频流在不同的网络、不同的距离之间传输，并且支持标准的时序和时钟信号，所有的 AV 设备参照统一的时间基础，协同播放。

AVB 消除了网络的缓冲延迟。通常网络进行数据传输时，可靠性是摆在首位，时间延时问题摆在其次。短时间的延迟在数据传输中可以接受，但是在音频和视频传输中延迟造成的音视频不同步是不能接受的。

AVB 协议在传统以太网络的基础上，通过保障带宽（bandwidth）、限制延迟（latency）和精确时钟同步（time synchronization），以支持各种基于音频、视频的网络多媒体应用。AVB 关注于增强传统以太网的实时音视频性能，同时又保持了 100% 向后兼容传统以太网，是极具发展潜力的下一代网络音视频实时传输技术。

为了在以太网上提供同步化低延迟的实时流媒体服务，需要建立 AVB 网络，称之为 AVB "云" （cloud）。AVB "云" 的建立需要至少速度在 100Mbit/s 以上的全双工（full – duplex） 以太链路，这就需要能保障传输延迟的 AVB 交换机（switch） 和终端设备（end point），以及逻辑链路发现协议 （IEEE 802.1AB – LLDP），用于设备之间交换支持 AVB 的协议信息，如图 5 – 9 所示。

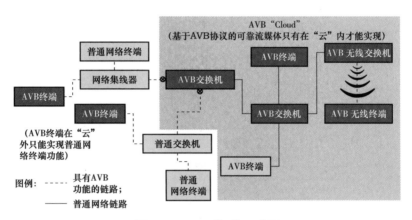

图 5 – 9　AVB "云" 示意图

在 AVB "云" 内，由于延迟和服务质量得到保障，因而能够高质量地提供实时的流媒体服务。同时，AVB 网络保持与传统以太网的兼容，也能够连接到传统的交换机、集线器和终端设备。但由于集线器的半双工（half – duplex） 特性，以及传统以太网交换机不具有 AVB 功能，无法完全保障其流媒体服务的实时性，因此在 AVB "云" 外，只保障普通的最大交付功能（best effort） 并与 AVB 网络相连。

图 5 – 10 为 IEEE 802.1 AVB 协议概要方框图，详情请参阅有关参考文献。

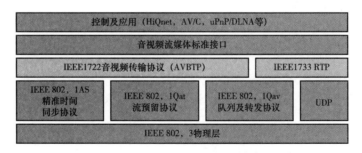

图 5 – 10　AVB 协议概要方框图

二、工程案例

典型案例一：Meyer sound 采用 AVB 网络协议在国内较大的工程项目是武汉的汉秀剧场（见本书第九章第五节）。

典型案例二：2018年6月上合峯会主会场，青岛奥帆中心。

主会场设置有迎宾大厅、新闻发布厅、多功能厅、会议室、听会室和同声传译译员室等共计24间独立会议室、20间同传室和15间流动听会室。要求每间会议室的音频信号和视频信号能通过网络传送到总控机房，并且各个会议室之间音视频信号可以互通。中控机房要实现对各个会议室的监看、监听、轮寻、调度和信号备份等功能，并向同传译员室提供音视频信号和会场现场的实时情况。选用基于AVB协议的BIAMP TesiraLUX系统音视频产品95台，和Extreme交换机共同组成了分布式网络音视频—网化传输矩阵系统，服务于总控机房和各个会议室，如图5-11所示。

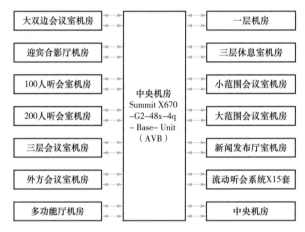

图5-11　青岛主会场系统连接图

（1）各个房间的视频设备连接到LUX传输盒。

（2）所有传输盒网络连接到各个房间的汇聚层交换机。

（3）所有汇聚层交换机通过光纤连接到位于中央机房的核心交换机，组成星型网络结构。

（4）整个系统的信号路由和传输都在网络中完成。

典型案例三：互动学习教室。

如图5-12所示为一间互动学习教室。Tesira同时承担整个教室的音频和视频处理和路由服务。

（1）包括TesiraLUX教师讲台与学生"座位"之间的视频内容共享（双向屏幕）。

（2）为每个座位上的话筒提供声音增强和混音消除功能，自动调节每个座位动态声音与混音控制。

（3）讲师可以通过USB将电脑连接至TesiraFORTÉ，并使用诸如QQ、Skype™或GoToMeeting®的软编解码器向处于远端的学生广播课程。

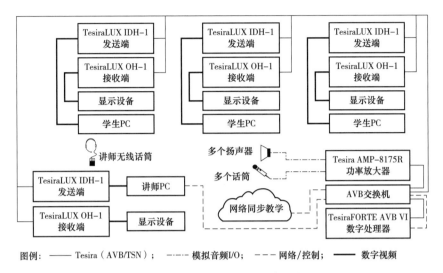

图例：──── Tesira（AVB/TSN）；──·── 模拟音频I/O；──── 网络/控制；──── 数字视频

图 5 – 12　互动学习教室系统连接图

（4）DSP 支持"合作模式"（每个座位都采用独立的音频和视频）和"演示模式"（每个座位都采用相同的音频和视频）。讲师可以通过 USB 将电脑连接至 TesiraFORTÉ，并使用诸如 QQ、Skype™ 或 GoToMeeting® 的软编解码器向处于远端的学生广播课程。

（5）DSP 支持"合作模式"（每个座位都采用独立的音频和视频）和"演示模式"（每个座位都采用相同的音频和视频）。

第六节　其他常用网络音频传输协议

其他常用网络音频传输协议还包括 AES67、HiQnet、Q – LAN、OMNEO、Q – Sys、A – Net、OPTOCORE、Stream net. Livewire、Q – LAN 和 RAVENNA 等，不一一讲述。

下面简介 AES 67：近年网络音频传输协议纷纷推出，各具特点，互不兼容。这就限制了 AoIP 技术的发展。AES 67 是音频工程师协会于 2013 年 9 月正式发布的网络音频技术互通标准。AES 67 并不是要制定一种全新的标准，而是在现有的标准基础上，定义一个不同类型协议的"互通"目标。使得数字音频信号利用 TCP/IP 网络协议，通过局域网和互联网进行传输与共享。

第七节　HDBaseT

一、HDBaseT 的特点

HDBaseT 是由 LG、Samsung、Sony 和 Valens 等企业组成 HDBaseT 联盟，2009 年通

过 Intel 的 HDcp 认证，至今已得到索尼、松下、三星、巴可、飞利浦、NEC、日立、爱普生等厂商接受，并将 HDBaseT 接口内置在本厂的视频设备中，从而得到快速推广。

HDBaseT 的主要性能特点如下：

（1）HDBaseT 是以网络传送为基础的标准，只需一根 CAT5E/6 网线和 RJ45 接头即可将音频、视频、网络、控制信号（红外、RS232）和供电线路（100wPoE）集中到一起（称为"5Play"）实现 100m（4k@60）~150m（1080p@60）的传输距离。从而简化了安装、连接和维护，并大大降低成本。

（2）HDBaseT 支持无压缩音视频传输速率高达 20Gbit/s，支持超高清分辨率或 4K，支持 FULL 3D 和 4K×2K 视频格式，允许输送无压缩的超高清视频。

（3）HDBaseT 是开放的标准，无需缴纳额外费用。

表 5-1 为 HDMI1.4 和 HDBaseT 两种音视频传输标准对比。

表 5-1   HDMI 1.4 和 HDBaseT 两种音视频传输标准对比

标准	HDMI 1.4	HDBaseT
无压缩视频/音频传输速率	10.2Gbit/s	最高 20Gbit/s
支持传输线缆长度	10m	100m
线缆类型	HDMI 专用线	超 5 类或 6 类网线
连接器	HDMI 连接器	标准 RJ-45 连接器
供电能力	No	最高 100W（可用于机顶盒向 LCD 和 TV 等供电）
以太网	100Mbit/s	Giga
菊花链	No	Yes
多流	No	Yes
USB	No	Yes
网络布线	No	长距离，可适用于办公和工业环境的菊花链和星形拓扑
费用	收费	免费

二、典型产品应用案例

（1）HDBaseT 信号延长技术。图 5-13 显示一款 HDBaseT 传输器（型号 KS_HD70），其主要功能是通过一条网线将 HDMI 数字信号转换成 HDBaseT 数字信号，无压缩、无延时地传输 70m 的距离，最高可以支持 4K×2K 的超高分辨率传输，同时支持 IR 红外遥控信号回传和 RS－232 串口信号的双向传输。KS－HD70 广泛应用于工程、商场和家庭影院等。KS－HD70 的技术参数见表 5－2。

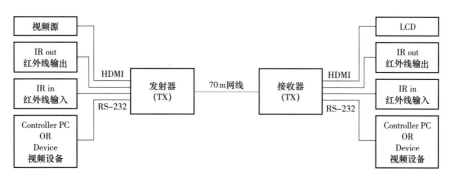

图 5－13　HDBaseT/HDMI 转换传输系统图

表 5－2 KS－HD70 的技术参数

项目		参数说明
HDMI 信号		HDMI1.4、兼容 HDCP2.2、支持 CEC、24 位色深、4K×2K
传输协议		HDBaseT
支持分辨率		480i/480P/576i/576P/720P/1080i/1080P/3D/4K×2K
音频		LPCM，DTS－HD，Dolby True HD
网线		CAT5E、CAT6、CAT6A、CAT7
传输距离	CAT5e/CAT6 60m	Up to 1080P60Hz 36bpp
	35m	1080p@60Hz 48bpp，1080p60Hz 3D，4K×2K 30Hz 4K×2K 30Hz
	CAT6a/CAT7 70m	Up to 1080P60Hz 36bpp
	40m	1080p@60Hz48bpp，1080p@60Hz3D，4K×2K 30Hz 4K×2K 30Hz
红外回传		支持 20～60kHz 宽频红外遥控器，支持双向红外传输
RS－232 传输		支持串口 RS－232 双向传输
电源		DC12V/3A×1pcs
产品功耗		＜8W

（2）单点对多点应用（分配延长器），如图 5－14 所示。

（3）HDBaseT 产品典型应用场合。

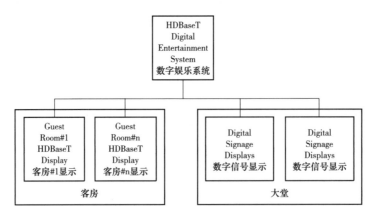

图 5 – 14　单点对多点应用（分配延长器）

1）企业事业单位。通过 HDBaseT，将投影机接入一个分配矩阵（distribution matrix），从而配合任何管理软件组成集中式视频中心（a centralized video hub），连接多台显示器和摄像机，而不再需要中间转换器，且不需要视频编解码器就能支持所有视频格式，以无压缩格式进行数据传输。该方案适用于视频会议、教学培训、礼堂剧院、网吧和教堂等多种环境。

2）酒店。HDBaseT 连结酒店套房、大堂和会议室的显示器实现联网，从而为客人提供无缝的观赏体验。HDBaseT 允许人们利用许多商业设施中原有的低价网线来进行部署，所以安装维护成本低廉、易于升级。

3）机场购物中心、监控、医疗及其他市场领域。数字标牌已成为日益增长的商用设施市场，但它也面临着传输距离、电源邻近性（power proximity 每台标牌都需要供电电源）和控制便利性等许多挑战。借助菊链或星形拓扑，HDBaseT 可将多达 8 层的100m 局域网线串联在一起，实现显示屏的联网，且无需另外布设 220V 电源线。

桌面上的交给 HDMI 和 DP，长距离的交给 HDBaseT。

下篇 应用篇

第六章　演艺照明光源、灯具和控制系统

灯光照明技术与音视频技术是分属于不同的学术领域。本书的总题目是侧重于音视频技术，但同时兼有声、光、影视同步控制表演系统的内容，这就包含了光（主要指人工照明）的技术。考虑到不同读者的需求，特设一章"演艺照明光源、灯具和控制系统"，介绍光与颜色、照明光源、照明灯具、灯光控制以及演艺舞台、景观照明和声光影表演常用的控制协议和系统集成工程案例。

第一节　光与颜色的基本概念

一、可见光和光谱

光（light）是属于一定波长范围内的一种电磁辐射。人眼所感觉到的光称为可见光，波长一般在 380～780nm 范围内（$1nm = 10^{-9}m$）。

把光线中不同强度的单色光，按波长长短依次排列，称为光源的光谱（spectrum，见图6-1）。白炽灯是辐射连续光谱的光源，气体放电光源除了辐射连续光谱外，还在某些段上辐射很强的线状或带状光谱。

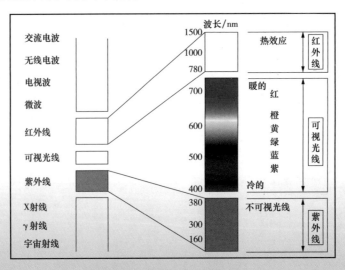

图6-1　电磁波谱及可见光谱

二、光的度量

在照明设计中，需要对光进行定量评价，其中用以描述光源和光环境特征主要的物理量包括光通量、照度。

1. 光通量

光通量（luminous flux）是指光源在单位时间内发出的光的总量，用符号 φ 来表示，单位为流明（lm）。

不同的电光源消耗相同的电能，但其辐射出的光通量却并不相同，即不同的电光源具有不同的光电转换效率，称为发光效率。

2. 照度

照度（illuminance）用来说明被照面上被照明的程度，即被照物体表面每单位面积上所接收到的光通量。用符号 E 来表示，单位为勒克斯（Lx）。

三、颜色

1. 颜色的名称

颜色（colour）来源于光。可见光包含的不同波长单色辐射在视觉上反映出不同的颜色。例如：黄色、橙色、棕色、红色、粉色、绿色、蓝色、紫色等；或用非彩色名称，如白色、灰色、黑色等。

2. 颜色的混合

不同颜色混合在一起，能产生新的颜色，这种方法称为混色法。颜色混合方法分为加混色和减混色两种［见图 6-2（a）和图 6-2（b）］。

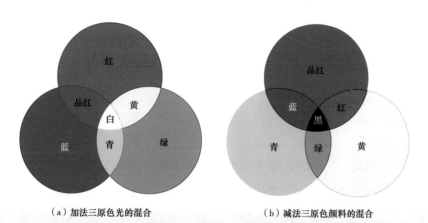

（a）加法三原色光的混合　　　　　（b）减法三原色颜料的混合

图 6-2　加混色和减混色

（1）颜色光相加混合的规律。不同的颜色光相混合，称为加混色。常用于不同颜色光的灯具同时在舞台布光以及彩色电视的颜色合成等范畴。实验证明人眼能够感知和辨认的每一种颜色都能用红、绿、蓝三种颜色匹配出来。但是，这三种颜色中无论哪一种都不能由其他两种颜色混合产生。因此，在色度学中将红（red，R）、绿（green，G）、蓝（blue，B）称为三原色或三基色（three primary colors）。

从图6-2（a）中可见三基色相加混色（RGB混色）的一些规律：如红色+绿色=黄色，绿色+蓝色=青色，红色+蓝色=紫色，蓝色+黄色=白色，红色+青色=白色，绿色+紫色=白色，红色+绿色+蓝色=白色等。

（2）颜色相减混合的规律。不同的物体色（彩色涂料）的混合或者不同颜色滤光片的组合，属于颜色的相减混合，称为减混色。这是一种将混合光中减去（滤去或吸收掉）某一种或几种色光的方法。常用于色彩绘画、印染技术和舞台灯光的滤色片组合等领域。舞台灯具加上滤色片，入射光通过滤色片被减掉一部分光谱辐射功率。例如一块黄色的滤光片由于减掉了蓝色，透过红色和绿色，红光和绿光混合而呈现黄色（见图6-3）。

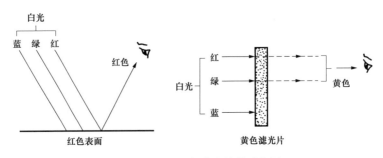

图6-3　颜料与彩色滤光片的减色原理

减法三基色分别是加法三基色红、绿、蓝的补色，即青（cyan，C）、品红（magenta，M）和黄（yellow，Y）［见图6-2（b）］，称为CMY混色。

四、光源的色温和显色性

1. 光源的色温

在照明应用领域里，常用色温（colour temperature，CT）定量描述光源的颜色。当一个光源的颜色与完全辐射体（黑体）在某一温度时发出的光色相同时，完全辐射体的温度就称为该光源的颜色温度（简称色温），用符号 T_C 表示，单位是 K（绝对温标）。在800~900K温度下，黑体辐射呈红色，3000K呈黄白色，5000K左右呈白色，在8000~10000K之间呈淡蓝色，如图6-4所示。

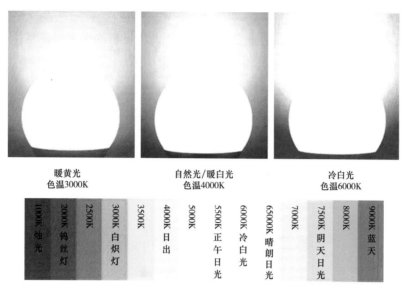

图6-4 色温

热辐射光源，如白炽灯，其光谱功率分布与黑体辐射非常相近，都是连续光谱。因此，用色温来描述它的颜色很恰当。非热辐射光源，如荧光灯、高压钠灯，它们的光谱功率分布形式与黑体辐射相差甚大，但是允许用与某一温度黑体辐射最接近的颜色来近似地确定这类光源的色温，称为相关色温（correlated colour temperature，CCT），以符号 T_{CD} 表示。表6-1列出自然光和人工光源的色温或相关色温。

表6-1　　　　　　　　　自然光和人工光源的色温或相关色温

光源	色温（或相关色温）（K）
蜡烛	1900～1950
高压钠灯	2000
40W 白炽灯	2700
150～500W 白炽灯	2800～2900
月光	4100
日光	5300～5800
晴天蓝色天空	10000～26000
荧光灯	3000～7500

2. 光源的显色性

物体在被测光源下的颜色同它在标准光源（日光和标准白炽灯）下的颜色相比的符合程度，定义为被测光源的显色性。

　　白炽灯的显色性很好。反之，荧光高压汞灯和低压钠灯则是显色性较差的光源。穿着蓝色的衣服，晚上在钠灯照射下会呈现黑色。光源显色的优劣以显色指数（colour rendering index）R_a 定量评定。显色指数的最大值定为100。一般认为 R_a 为 100 ~ 80 显色性优良；R_a 为 79 ~ 50 显色性一般；R_a < 50 显色性较差。

　　色温和显色指数是影视拍摄和舞台照明领域中的两个十分重要的指标。广电部 GYJ 45—2006《电视演播室灯光系统设计规范》规定，拍摄电视、实况转播（电视会议要求相类似）的照明要求有三个指标，即照度不低于2000lx，色温为（3050 ± 150）K，显色指数不低于85。

第二节　电光源和照明灯具

一、电光源

将电能转换成光学辐射能的器件称为电光源（electric light source）。

1. 白炽灯

白炽灯（filament lamp）发光过程是：电流流过钨制灯丝，使灯丝温升达 2400 ~ 2900K 成白炽状而发光，故称为"热辐射光源"。色温 2400 ~ 2900K，显色指数高达 95 ~ 99，但寿命较短而光效不高，已逐步淘汰。在我国白炽灯已停止生产不再使用。

2. 卤钨灯

普通白炽灯在使用过程中，由于从灯丝蒸发出来的钨沉积在灯泡壁上而使玻壳黑化，造成灯泡光效低。卤钨灯（tungsten halogen lamp，halogen lamp）是将卤族元素（氟、氯、溴、碘）充到石英灯管中去，利用卤钨循环原理，将由灯丝蒸发的附着在玻管内壁的钨迁回灯丝，从而提高卤钨灯的发光效率和使用寿命，而体积又比白炽灯大为缩小。目前广泛使用的是碘钨灯（iodine - tungsten lamp）和溴钨灯（bromide - tungsten lamp）两种。

　　卤钨灯显色性好，使用方便、瞬间启动、便于调光；灯的寿命是白炽灯的1.5倍，灯管的发光效率接近白炽灯的2倍，色温2800 ~ 3200K，还具有体积小、功率集中的特点，因而可使照明灯具尺寸缩小、便于光的控制等优点。多年来广泛用于影视舞台照明以及歌舞厅、剧场、绘画、摄影和建筑物投光照明等。缺点是寿命较短而光效不高。近年与 LED 竞争逐步被淘汰。

3. 荧光灯

荧光灯（fluorescent lamp）的发光效率为白炽灯的 4 ~ 6 倍、使用寿命为白炽灯的

2 ~ 3 倍。但显色性较差，结构复杂（需配套镇流器和启辉器），安装不便且装饰性较差，启动较慢，特别当气温超过 18 ~ 25℃ 的范围以外时都会使启动困难和光效下降。荧光灯曾广泛应用于家庭、办公室、学校、医院等一般照明的场合。但近年已渐被 LED 取代。

荧光灯使用最广泛的荧光粉是卤磷酸钙荧光粉（简称卤粉），它的价格比较低廉，显色性稍差（显色指数 70 ~ 80），而色温较高（5000 ~ 6500K）。近年开发的含有钇（Y）、铕（Eu）、铈（Ce）等稀土元素，并由红粉、绿粉和蓝粉三种荧光粉按一定的比例配制而成的三基色荧光粉，其发光效率和显色性均比卤磷酸钙荧光粉大为提高，其光效可达 100lm/W 以上，显色指数在 80 以上甚至达到 98，而色温可通过改变荧光粉比例而在 2700 ~ 6700K 范围内可调。曾广泛应用于对色温和显色性要求较高的场所，如电视台演播室和高档会议厅（室）、酒店、商店、住宅等。但近年也已渐被 LED 取代。

4. 金属卤化物灯

将多种金属以卤化物形式加入高压汞灯中，可以改善光色和显著地提高光效，称为金属卤化物灯（metal halide lamp），简称"金卤灯"，其种类很多。

（1）碘化钠—碘化铊—碘化铟灯（钠铊铟灯）。钠铊铟灯（Na – Tl – In lamp）发光效率很高（75 ~ 85lm/W），色温 6000K，平均显色指数 60 ~ 65，寿命较长，被广泛用于室内照明。缺点是电源电压变化会引起灯光色较大的变化。

（2）镝灯。镝灯（dysprosium halide lamp）的色温为 6000K，平均显色指数 80 ~ 90，发光效率 80lm/W，是很好的照明光源，被广泛用作电脑灯的光源以及体育场馆、摄影棚、大型广场和城市主干路灯，现仍是 LED 的强劲对手。

（3）钪钠灯。钪钠灯（scandium – sodium lamp，Sc – Na lamp）。色温为 3000 ~ 4500K，显色指数 60 ~ 70，发光效率约为 100lm/W。

（4）卤化锡灯与碘化铝灯。卤化锡灯其光谱几乎与 5000K 日光完全相似，是优越的太阳模拟光源，显色指数为 92 ~ 94，发光效率为 50 ~ 60lm/W，是美术馆、体育馆等室内照明以及公园、广场等室外照明的良好光源。同样，碘化铝也具有较高的发光效率（40lm/W）与良好的显色性（95 左右）。

（5）超高压铟灯。超高压铟灯（superhigh pressure indium lamp）色温 5000 ~ 6500K，显色指数高，发光效率 40 ~ 50lm/W。超高压铟灯尺寸小、光色好、发光效率高，适用于便携式灯具使用，也可以用作电影放映。

（6）特殊光色的金属卤化物灯。使用金属卤化物后，可以比较方便地得到所需要的光谱辐射，如用碘化铟可做出蓝色的灯，用碘化铊可制成绿色的灯，用碘化锂可制成红色的灯等。管形碘化铊灯（thallium iodide lamp）可用于机场作引导飞机着陆灯和水下高速摄影光源。

5. 高压钠灯

高压钠灯（high pressure sodium lamp）寿命达24000h，色温2000K左右，适用于高大厂房、车站、广场和立面照明，但近期已逐渐被LED取代。

6. 氙灯

氙灯（xenon lamp，Xe lamp）是利用高压氙气产生放电现象制成的高效率电光源，能发射较强的连续光谱，其光色近似于日光，发光效率也比较高，显色指数 R_a 达90以上，启动发光经历的时间很短，光电参数一致性好，而且由于氙气放电具有正的伏安特性（金属蒸气放电则具有负的伏安特性），故不必用镇流器。氙灯的主要缺点是发光效率比其他气体放电灯低，一般为30~50lm/W。

氙灯主要作为应用于如广场、体育场、码头等大面积场合的照明光源，还适用于投影机和电影放映光源，以及电视与彩色影片拍摄照明、探照灯、舞台照明、照相制版、光学仪器、红外线探测技术、太阳光模拟以及医学与工业用内窥镜的光源和标准白色光源。

7. 低压钠灯

低压钠灯（low pressure sodium lamp）发光效率高达200lm/W，灯光为黄色，灯的显色性较差，但有穿透烟雾的性能。主要用于郊外道路、隧道港口、码头、停车场等对光色没有要求的场合的照明。

8. 发光二极管（LED）

发光二极管（light emitting diode，LED）由PN结芯片、电极和光学系统组成。LED的管芯有红色（red，缩写R）、蓝色（blue，B）、绿色（green，G）、白色（white，W，又进一步分冷白和暖白）和琥珀色（amber，A）等。

其主要优点：使用寿命长达100000h，响应时间只有几十纳秒，属固体光源，能经受震动、冲击；发光效率正迅速提高逐渐接近目前的所有光源；LED是低压器件，驱动单颗LED的电压仅需2.5~3V，驱动电流为几十毫安，比较安全。LED与太阳能发电装置配合使用是绿色照明的最佳组合，其色彩鲜艳，并有多种颜色搭配，在影视舞台照明、景观照明和演艺照明中有着极大的优势。

但必须指出，LED属于新开发的光源，各项性能仍有待提高，特别是质量良莠不齐的问题仍有待解决。

二、照明灯具

照明灯具简称灯具（luminaire，lighting fixture），通常由光源、反光镜、透镜、灯座、镇流器和用于支撑和安装的机械部件等组成。

国家标准局按使用范围把灯具分成 13 大类，即民用灯具、建筑灯具、工矿灯具、车用灯具、船用灯具、舞台灯具、农用灯具、军用灯具、航空灯具、防爆灯具、公共场所灯具、陆上交通灯具、摄影灯具、医疗灯具和水面水下灯具等。以下对装饰性照明和演艺照明常用的灯具作一简介。

1. 室内照明灯具

典型的室内照明灯具包括筒灯、吸顶灯、台灯、落地灯、管形灯（光管）和小功率射灯等。小功率射灯常应用于商店、橱窗、饭店、餐厅等室内装饰照明，展示厅、博物馆、办公室、阅览室等局部照明，酒吧、卡拉 OK 等气氛照明以及珠宝、金银首饰和时装照明。

2. 室外照明灯具

（1）LED 数字管形灯。LED 数字管形灯（LED digital tube）又名轮廓灯（contour lamp），也称为 LED 变色数码管，其外形如图 6 - 5 所示。LED 光源有单色、双色、七彩等多种颜色。内置有微处理器，可以通过专用的 DMX512 控制器实现各种程序控制（在本章第三节讲述）。广泛适用于桥梁、立交桥、广场、花园和建筑物轮廓以及粗线条的文字、图像等景观照明，如图 6 -6、图 6 -7 所示。

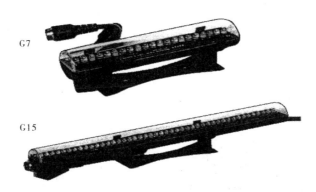

图 6 - 5　LED 数字管形灯的外形

（2）LED 投光灯。LED 投光灯又名投射灯，适用于城市亮化工程、商业场所、机场、地铁、高架立交桥、建筑地标等内、外墙面的泛光照明，如图 6 -8 所示。

（3）LED 地面灯。最常见的是发光地砖，一方面可用作环境照明；另一方面可以作为自发光装饰照明或引导照明。

（4）LED 水下灯。LED 水下灯是指安装在喷泉、水景雕塑、瀑布、泳池、河道等场所的水下彩色照明灯具。其工作环境对灯具的防水、绝缘等级有非常严格的要求（IP66），只允许采用标称电压不超过 12V 的安全超低电压供电的灯具，如图 6 -9

图 6-6　桥梁景观照明

图 6-7　大厦轮廓和图像照明

所示。

图 6-8　LED 投光灯

图 6-9　LED 水下灯

（5）LED 庭院灯。LED 庭院灯种类很多，其中与太阳能电池配合使用的称为太阳能庭院灯或太阳能草坪灯，如图 6-10 所示。

图 6-10　太阳能 LED 庭院灯

3. 影视舞台灯具

电影电视舞台灯具（luminaires for film, television and stage）简称影视舞台灯具，是指电影摄影棚、电视演播室（厅）、各类演出舞台以及歌舞厅等场所的专用灯具。习惯上统称为"舞台灯具"（stage lighting）。近年兴起的主题公园、声光影表演等文旅演艺领域也广泛使用上述的舞台灯具。这类灯具具有自己的特殊性，如功率较大、亮度较高，对色温和显色性要求较严格（显色性宜高于 85，常用色温为 3200K 左右，特殊照明也会选用高色温灯具）。传统影视舞台灯具的光源采用卤钨灯和金卤灯，也有少数的三基色柔光灯。近年则逐步为 LED 灯所取代。

影视舞台灯具有多种不同的分类方法，其中常见的一种是把聚光灯、回光灯、散光灯等用于基本布光的灯具称为"基础灯具"，而把其他声控、旋转、扫描、频闪以及各类电脑灯等则划入"效果灯具"的范畴。

常用的舞台基础灯具的名称、结构、功能、特性和应用的介绍如下。

（1）泛光灯（flood light，散光灯）。它是一种直射 – 反射式灯具，能产生均匀漫反射光，外形如图 6 – 11 所示。主要适用于舞台天幕、大型景片等大面积的均匀照明以及各类景物的外立面照明。

（2）束光灯（PAR can，PAR 灯）。它由 PAR 灯灯泡和 PAR 灯筒组成。PAR 灯灯泡（见图 6 – 12）是把卤钨灯灯泡（或 LED 灯泡）、抛物面反射镜和前方保护透镜三者组合为一体，密封而成。抛物面反射镜的英文为 parabolic reflector，缩写为 PAR，PAR 灯之名则由此而来。把 PAR 灯灯泡装在外加的套筒型灯具（常称为 PAR 筒）就构成一支完整的 PAR 灯，外形如图 6 – 13 所示。PAR 灯结构简单，使用方便，能产生较强的光束效果，在舞台空间借助烟雾发生器可塑造光柱、光墙、光幕等光影造型。常用于影视舞台作为逆光。在会议厅、歌舞厅也广泛使用。

图 6 – 11　泛光灯

图 6 – 12　PAR 灯灯泡图

（3）平凸（透镜）聚光灯（plano – convex lens spotlight，简称 PC 灯）。其光学系统由球面反光镜和平凸透镜构成，具有很强的聚光和光控功效，适用于面光、顶光、侧光、耳光、天桥光等灯位，如图 6 – 14 所示。

（4）螺纹（透镜）聚光灯（fresnel spotlight，菲涅尔聚光灯）。其外形以及光学系统和调节方式与平凸聚光灯基本相同，只是用螺纹透镜（菲涅尔透镜）替代平凸

图 6 – 13　PAR 灯外形

透镜，达到投射光的光分布更为均匀，光斑轮廓较为模糊不清的效果，也被称为环带聚光灯或舞台柔光灯，是一种短焦距、近射程的灯具，适合于聚光、柔光兼需的布光和照明场合。

（5）成像聚光灯。成像聚光灯简称成像灯（profile spotlight，ellipsoidal spotlight），采用深椭球反光镜聚光模式。灯内装有光阑（gobo，镂空投影金属片）插槽，可插入演出所需的造型图案片，即可将光斑切割成各种造型及投映出各种图案的成像功能，因此又称为轮廓聚光灯，外形如图 6 – 15 所示。

图 6 –14　平凸（透镜）聚光灯

图 6 –15　成像聚光灯

（6）追光灯（follow spotlight）。追光灯是用组合镜头构成长焦距的聚光灯，使光斑清晰可调，能远距离跟踪表演者，外形如图 6 – 16 所示。

（7）三基色荧光灯。多用于各类会议厅（室）讲台（舞台）以及电视台的中小型演播室的照明。在照度、色温、显色性等指标基本都能达到视频会议和演播室拍电视的照明要求。但近年已逐渐被 LED 取代。

（8）LED 显示屏。长期以来，影视舞台设备的分工都是按照音响、灯光、视频和舞台机械等的分类方法。通过长期的实践，人们逐步感觉到灯光和视频两者的关系日益密切：一方面两者都反映为人的视觉（visual）的范畴；另一方面，在控制技术上灯

图 6 - 16　追光灯

光和视频两者的结合也日益密切。

前述的 LED 管形数字灯，可以组成简单的文字、图案和粗线条的变幻图形（见图 6 - 7），但仍未脱离"灯"的功能。随着 LED 的性能提高和造价下降，采用红、绿、蓝（或加上白）LED 作为像素，在视频信号和电脑信号（如 VGA）控制下组成 LED 视频显示屏，在影视和文旅演艺领域获得迅速发展，这属于视频技术的范畴，在本书第二章已讲述。

4. 电脑灯

电脑灯的英文名字是 moving light 或 intelligent lighting，直译应称为运动灯具或智能灯具。文化部标准 WH/T 31—2008《舞台灯光设计常用术语》给电脑灯定义为"灯具以单片计算机为控制核心，可控制光束水平和垂直运动、变焦、换色、变换图案、光圈、亮度等多功能的自动照明灯具"。除用于影视舞台照明外，还广泛应用于泛光照明、声光影视表演等文旅演艺领域。

电脑灯可以在电脑灯控制台的指挥下，若干支（多达数十支）电脑灯可以做出整齐一致的动作，一起摇摆，一起旋转，还可以一起改变图案花样（多达十几种图案）、改变颜色（多达数十种颜色）、改变速度（或快或慢）、改变动作和改变动作的幅度（角度）等。

电脑灯通常是由若干台电脑灯具和配套的电脑灯控制台组合而成的一个系统（见图 6 - 17）。它们相互之间通过控制电缆串联连接，由电脑控制台通过 DMX512 信号统一控制，工作人员只需在控制台前编程操控，即可控制所有电脑灯的动作。

（1）电脑灯的分类和特点。

1）按运动方式分类。

a. 摇头电脑灯（moving head），外形如图 6 - 18 所示。它靠电动机驱动灯头，可在水平和垂直方向做大范围的空间旋转。

b. 固定式电脑灯，如图 6 - 19 所示。只有单纯的颜色变化或加上图案变化，因此

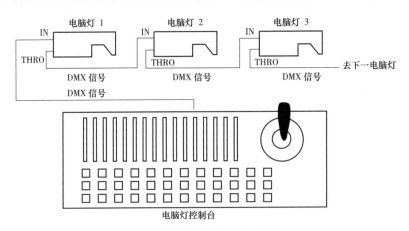

图 6 – 17　电脑灯的系统连接图

也称为变色电脑灯或图案电脑灯，简称变色灯（color changers）。

图 6 – 18　摇头电脑灯

图 6 – 19　固定式电脑灯（变色灯）

2）按灯的性能分类。

a. 电脑染色灯（wash），是由减法三基色（CMY）彩色混合系统构成，其主要功能是对演区或舞台进行颜色渲染。

b. 电脑图案灯（spot），又名聚光电脑灯，内有一至两组图案轮，通过旋转两组图案轮的组合，可以变化出丰富多彩的图案效果。具备颜色变化、明暗变化、图案组合变化、图案旋转变化、棱镜效果变化、柔光效果变化、光圈收缩变化、调焦变化、变焦变化、频闪变化等效果。

c. 电脑成像灯（ellipsoidal，profile），外观与图案电脑灯相似，它将成像灯和电脑灯技术相结合，通过电动机控制切片的变化来产生各种几何图形。另外还有颜色、光闸、聚焦等多种变化。

d. 电脑光束灯（beam），是以形成强烈的光束效果为主要功能的电脑灯。同样具有变色、变图、棱镜和频闪等多种功能。

（2）电脑灯具备的效果和内部结构。

1）电脑灯通常具备静态图案、动态图案、图案叠加、图案增色、图案三维动感、色温校正、图案分角动感、光束角变化、渐进线性 CYM 三原色混色、线性调焦、频闪、图案明暗变化、全方位移动等效果。

2）电脑灯的结构。图 6-20 显示了电脑灯的内部结构。光源发出的光经过反光镜和透镜组的处理，光线最后经变焦系统射出。中间是通过由 DMX512 数字信号控制的步进电机带动多组图案片、色轮、光阑、棱镜转盘、RGB 变色系统等一系列的光学机械部件，从而使电脑灯表演出变色、变光、变速、变图案等千变万化、色彩缤纷的效果。

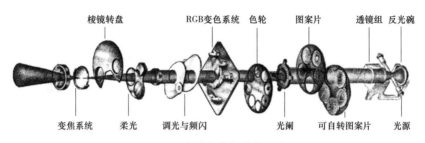

图 6-20　电脑灯内部结构示意图

（3）电脑视频灯是灯光技术与视频技术的结合。电脑灯雄踞影视舞台近 30 年，但它脱离不了步进电机机械结构的制约。2003 年业界开发出一种把电脑摇头灯技术与投影机技术有机结合的新型灯具——电脑视频灯（也称数字灯，digital lighting，DL），如图 6-21 所示。

电脑视频灯一方面采用电脑技术（媒体服务器）在电脑灯系统中内置各种图案、动画、影像，包括 DVD 视频以及摄像头在现场拍摄的画面、视频素材和艺术渲染的效果图像等，使这个"灯具"完全不受传统电脑灯的图案片、色轮等的限制，每一个从这个"灯具"投射出来的效果都是经电脑数字化手段创造的，称为"素材"（content）或媒体（media）的节目。

另一方面，它又不同于一般固定的投影机，而是采用摇头灯（或轨道镜）的技术，使投影机投射出来的五彩缤纷的视频图像素材能够接受 DMX 信号的控制，在一定范围内（240°～400°）活动起来，投映到舞台上以及天花、墙面、道具、屏幕以及室外场景等任意位置，使整个场地成为灯光师或舞美设计师发挥创意的空间。

轨道镜（track mirror）的外形如图 6-22 所示，安装在高亮度投影机上。投影机不动，通过 DMX512 信号控制一套可绕转的光学镜头系统，就能实现移动成像，使投影图像投射到 3D 空间广阔的移动范围。适用于不便于采用摇头灯结构的大型工程投影

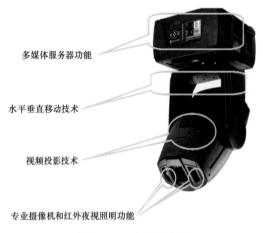

多媒体服务器功能

水平垂直移动技术

视频投影技术

专业摄像机和红外夜视照明功能

图 6 – 21   电脑视频灯

图 6 – 22   投影机装上轨道镜

机，如 2008 年北京奥运会开幕式有成功案例。

第三节   演艺灯光控制技术

一、灯光控制的基本概念

1. 灯光控制的目的

（1）日常生活、学习和工作环境中，对灯光的开、关和亮度调节（明暗）是为了提高学习工作效率、生活舒适和节能。

（2）在剧场、会议厅等场所，控制灯光是为了营造艺术氛围和会议内容（如打投影）的需要。

（3）近年发展的景观照明、庆典活动、文旅演艺、城市亮化和声光影视同步表演等活动，要求灯光配合音响、图像和场景的变化而同步做出明暗、变色、变图形和光束扫描等效果，以营造丰富多彩的表演场景。

本章主要讨论后两种场合对灯光控制的基本要求、控制方式和系统集成的基础知识。

2. 灯光控制的基本内容

以剧场、多功能厅和文旅演艺等领域，灯光控制通常包括：

（1）通断控制——灯亮、灯灭；

（2）调光控制——明暗变化；

（3）色彩控制——各种色彩变化；

（4）特殊效果控制——如频闪、图案、切光、旋转、摇头（扫描）和变换光束角度等。

3. 灯光控制的主要方式

（1）家庭、工厂、企业、学校、医院等单位，通常灯光只需要通断控制。一般控制功率较小的灯光系统可选用平开关（又称乒乓开关），功率较大的系统则选用空气开关。

（2）剧场舞台照明、景观照明、文旅演艺和声光像表演的灯光系统，通常控制的灯具数量较多，分布范围较广，传输距离较远，往往还要求分组和编程，一般都采用灯光控制台加上调光硅柜（或直通柜）、运行 DMX 协议（或再加上 ArtNet 网络协议）的控制方式，其中以剧场的舞台灯光控制系统最具有代表性。

二、舞台灯光控制系统

1. 舞台灯光控制系统的功能及组成

舞台灯光控制系统（stage lighting control system）简称灯控系统，主要由灯光控制台（lighting console）、调光器（dimmer）及传输网络组成，如图 6-23 所示。

图 6-23 舞台灯光控制系统的功能及组成

其主要功能是通过灯光控制台输出控制信号，经传输网络送到调光器（或直接送到灯具），从而达到控制灯光亮度、色彩等变化的目的。

按控制技术分类，灯控系统可以分为模拟式、数字式和网络式等多种。

（1）模拟式灯控系统。模拟式灯控系统（analogue lighting control system）是由模拟式调光台（analogue lighting controller）送出 0~10V 变化电压的模拟信号，经信号线送到模拟调光器，触发晶闸管（可控硅）的导通角控制输出电压变化，达到对灯具进行通、断及调光等控制功能 ［见图 6-24（a）］。模拟式灯控系统操作简单，但其主要缺点是每组灯具需要单独占用一条控制信号线，导致系统结构复杂、成本高加上易受干扰，而具备的控制功能偏少，在专业舞台灯光领域已淘汰不用。但仍有许多"缩小版"的可控硅调光器普遍应用于小功率的家用电器，如电风扇和台灯等作为调压的基本器件。

（2）数字式灯控系统。数字式灯控系统（digital lighting control system）是由数字

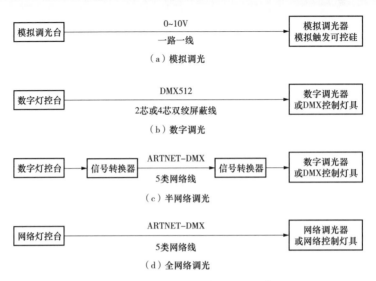

图 6 - 24　四种调光系统的结构示意图

式灯光控制台、数字调光器和 DMX 传输线组成，如图 6 - 24（b）所示。

1）数字灯光控制台。按文化行业标准 WH/T 86—2019《舞台灯光控制台通用技术条件》中已删掉"数字"这个前缀，而统称为"灯光控制台"，并进一步明确其功能和分类。

舞台灯光控制台（简称"控制台"）可分为以下内容：

a. 大型控制台：最大控制回路数量大于或等于 4096。

b. 中型控制台：最大控制回路数量大于或等于 2048。

c. 小型控制台：最大控制回路数量小于 2048。

说明：

大型和中型的灯控台"应具有"（或"宜具有"）的主要配置和功能包括：

a）触摸屏——用于编程和控制。

b）显示屏——显示内容表、CUE 程序表等。

c）手动和电动操作杆——控制灯具参数变化。

d）灯库管理——存储灯具各种属性和参数信息的数据库。

e）时间码（MIDI SMPTE）——用于与音频视频同步控制。

f）通信协议——中型以上控台应兼容灯光控制协议（Art - Net、sACN）、远程设备管理（RDM）协议。大型控台应支持多媒体素材（CITP）协议。

小型灯控台则只要求具备 DMX 协议输出接口，且具有手动操作杆和指示灯。图 6 - 25 显示典型的小型灯控台和大型灯控台外形的明显区别。

大、中型灯控台由于通道较多，尤其是可以通过灯库、显示屏和触摸屏等方便灵

（a）小型灯光控制台

（b）大型灯光控制台

图 6 - 25 灯光控制台

活地直接控制数量众多的电脑灯和各种灯具，加上具有 MIDI、SMPTE 等时间码和多媒体素材（CITP）协议，可以做到与音频、视频甚至部分舞台机械系统同步控制，近年在舞台演出、文旅演艺和 AVLM 同步表演（见本书第七、九、十章）等领域的应用日益广泛。

2）模拟调光器和数字调光器。早期广泛应用的由 0 ~ 10V 模拟信号触发的模拟调光器，近年已逐步被由 DMX512 数字信号触发改变输出电压的数字调光器取代。

DMX 是数字多路复用传输协议（digital multiplex）的英文缩写，512 表示一对数据线上可同时传输 512 个通道的调光控制信号。这个协议最先由美国剧场技术学会组织（USITT）推出，在 1990 年经过修改，成为全球业界都接受的灯光控制协议，并已扩展到舞台上一些其他设备的控制，如换色器、追光灯、电脑灯、烟雾机和喷泉等。通常用双芯绞合屏蔽线传输 DMX 信号，有效传输距离 250m，条件是使用优质信号线。

3）灯控台与调光器的组合。不同规格的灯光控制台和不同类型的调光器搭配，组成多种组合，适应不同的使用场合的要求，如小型灯控台搭配中小型数字调光器。由灯控台发送 DMX512 信号经 DMX 信号线传输，触发数字调光器改变输出电压，控制卤钨光源的灯具的通断和调光，适用于剧院和多功能厅等场所的观众厅调光控制系统。或用于配置有卤钨光源灯具的小型多功能厅。由于近年 LED 灯具和各种电脑灯发展迅速，使用日益广泛，此类灯具可直接接受 DMX512 信号控制灯具的亮度和颜色等功能变化，因此采用可控硅触发的数字调光器也正逐步面临淘汰。调光系统即简化为由灯控台通过 DMX 信号线直接控制灯具的运行，参见图 6 - 24（b）右侧框内的标注：数字调光器或 DMX 控制灯具。

对于较大型的舞台灯光系统，为了便于管理、控制和分散故障风险（不会因一个供电回道出现故障而导致整个系统瘫痪），通常配备多路的直通柜（direct circuit rack）以取代传统的调光器（柜），其位置接在总配电箱和各种灯具之间，每一路直通回路（称为一个"模组"module）对应一组灯具，配置一个空气开关，目前更普遍的是配置可以由灯控室远程集中控制的接触器［或继电器（Relay），见图 6 - 26］组成。某些场所如果是同时配有传统卤钨光源灯具和 LED 灯具或电脑灯具的情况下，可以配置调光、直通两用柜。

（3）网络式灯控系统——ArtNet、sACN 和 RDM 协议。随着电脑网络技术的发展和普及，灯光控制领域引入了 TCP/IP 网络传输技术，开发出由 TCP/IP 网络协议和 DMX 协议两者结合组成的网络传输灯光控制系统，其目的是采用标准的网络技术实现大量 DMX512 数据的

图 6-26　直通柜使用的继电器

远程传输。网络式灯控系统由于传输速度更快，线路造价降低，因而被广泛应用。系统组成如图 6-24（c）所示，是将灯控台输出的 DMX 信号经信号转换器转换成 TCP/IP 网络信号，经由 5 类以上网络线远距离传输到灯具附近，再通过信号转换器转换成 DMX 信号，驱动数字调光器或直接驱功 DMX 控制灯具的运行。

某些产品把信号转换器分别嵌入灯光控制台和数字调光器，称之为网络灯控台和网络调光器。其系统连接如图 6-24（d）所示。

1）ArtNet、ACN 和 sACN 协议：目前国际上有两个关于灯光控制网络的标准并存，一个是英国 Artistic Licence 公司制定以欧洲厂商为主的 ArtNet 协议；另一个是代表北美的 ACN（advanced control network protocol 或 architecture control network，先进网络控制协议），是 ESTA（娱乐业服务和技术协会）制定的协议。它允许单一网络传输很多不同种类的调光及其他相关数据，预期还将适用于音响控制和舞台机械设备。

sACN（streaming ACN）协议是 ESTA 在制定 ACN 协议后制定的介于 DMX512 和 ACN 之间的过渡协议。通过使用 ACN 整体协议中的一部分用于在 TCP/IP 网络中传输 DMX512 数据包，利用单播或多播地址传输数据链（universe）来控制调光器。

以上协议各有特点，长期并存。目前各大厂家生产的带网络接口的灯控台，普遍都兼容 ArtNet 和 sACN（ACN）两个协议。

2）RDM（remote device management，远程设备管理）协议：RDM 协议是由美国国家标准学会（American National Standards Institute，ANSI）制定的标准，是在 DMX512 数据链路的基础上衍生出的一种允许不同设备之间进行双向通信的协议。RDM 允许灯控台或其他控制装置通过 DMX512 链路，发现、配置、监视和管理终端或中继设备。大型控制台支持 RDM 协议，具备以下功能：

　　a. 通过扫描发现与控制台连接的 RDM 灯具；

　　b. 查看及编辑连接到控制台的 RDM 灯具地址码及运行模式；

　　c. 查看连接到控制台的 RDM 灯具运行状态。

3）时间码 MIDI 和 SMPTE：用于与音频视频同步控制。

4）多媒体素材协议 CITP：可将服务器中视频素材的首帧画面显示在控台上面作为预览。本书第七章第二节对以上功能有进一步的讲述。

2. 工程案例

以下以一个中型多功能会堂的舞台灯光系统为例，简介由调光控制台、调光器（晶闸管调光箱）、直通柜和基础灯、电脑灯等通过 DMX、ARTNET 协议组成一个兼具有会议和文艺演出功能的舞台灯光系统集成，如图 6-27 所示。

（1）强电系统：220V 市电经由配电箱分成三路。一路 220V 市电连接到直通柜（继电器），供电给电脑灯和各类 LED 灯具（成像灯、染色灯、会议灯、光束灯、天幕灯和追光灯等）。此类灯具无需配接调光器（晶闸管调光箱），可直接接受 DMX 信号的控制，即可运行调光、变色等多种功能。

另两路 220V 市电连接到两台晶闸管调光箱，供电给采用卤钨灯泡作光源的成像灯。由于在 LED 灯发展初期，其照度、色温、显色指数等指标仍低于卤钨灯泡，因此部分剧场的面光和耳光等主要灯具仍使用卤钨灯泡的成像灯。近年随着 LED 光源的性能指标迅速提高，卤钨光源的灯具和晶闸管调光柜等都将会逐步被 LED 灯具和继电器直通柜取代。

（2）控制系统：一台设置在灯光控制室（按剧场规范要求设在观众厅后部）的 2048 路中型灯光控制台作为灯光系统的控制核心。调光师操作灯控台，发出的 DMX 信号通过 DMX 信号线连接到与灯控室距离较近的面光桥上的成像灯，控制其调光功能。而设在舞台上方的其他灯具由于距离灯控室较远，则采用网络传输控制信号。从灯控台的 ARTNET 接口连接网线到吊挂于舞台上方吊杆的信号转换器（ARTNET 转换 DMX），转换成 DMX 信号，通过双绞屏蔽线接入各类灯具，控制调光、变色以及电脑灯具备的各种功能。

（3）如果是大型厅堂，特别是各种大型主题剧场、实景演出和 AVLM 表演等，由于控制信号的传输距离较远，一般是把灯控台输出的 DMX 信号先经光端机转换成光信号，通过光纤远距离传送到舞台附近的另一台光端机转换成 Artnet 信号，用网线连接到吊杆上的信号转换器转换为 DMX 信号，最后分别连接到各台灯具。之所以要多次转换是因为光纤较脆弱，不适宜长期跟随吊杆做升降运动。

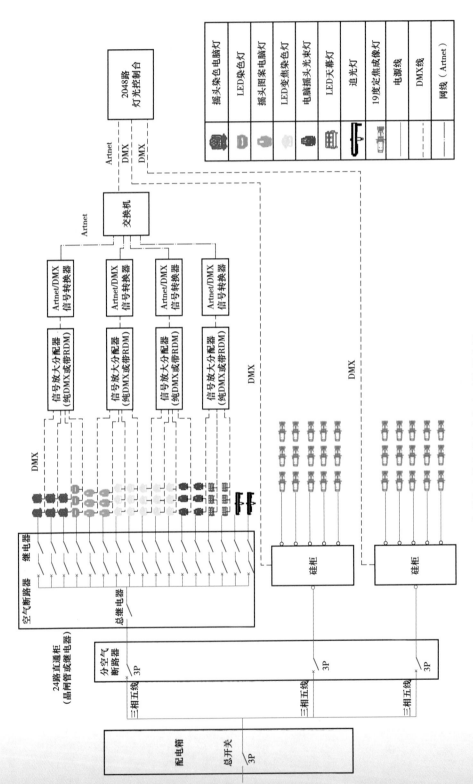

图6-27 中型多功能会堂舞台灯光系统示意图

第四节　影视舞台照明与景观照明

一、影视舞台照明

影视舞台照明是指电影摄影棚、电视演播厅、剧场、歌舞厅和多功能厅的演出舞台和会议讲台的照明。近年兴起的主题公园、实景主题剧场等领域的照明也可纳入此类。表 6-2 所示为舞台灯光名称、功能和适用的灯具。

表 6-2　　　　舞台灯光名称、功能和适用的灯具（参见图 6-28）

序号	名称	定义	装置及用途	适用灯具
1	面光	装在舞台大幕之外，观众厅顶部。有第一道、第二道面光灯，见图 6-28 中的 1	面光是舞台中不可缺少的。主要投向舞台前部表演区（如大幕线后 8~10m），供人物造型或构成台上物体的立体效果	多用聚光灯、成像灯，可调焦距和光圈
2	侧面光	在楼上观众席两翼装设，光线从两侧投向舞台前表演区，见图 6-28 中的 2	作为面光的补充	
3	耳光	装在舞台大幕外左右两侧靠近台口的位置，光线从侧面投向舞台表演区，见图 6-28 中的 3	左右交叉射入舞台表演区中心，加强舞台布景、道具和人物的立体感	聚光灯、回光灯
4	顶光	在大幕后顶部的聚光灯具，见图 6-28 中的 4	投射于中后部表演区，主要用于需从上部进行强烈照明的场合。可分别由前部、上部和后部投射	聚光灯
5	顶排光	位于舞台上部的排灯，装在每道檐幕后边吊杆上，见图 6-28 中的 5	均匀照明整个舞台	泛光灯
6	柱光	在舞台大幕内两侧的灯具，见图 6-28 中的 6	弥补面光、耳光之不足	一般用聚光灯，也可用少量柔光灯

续表

序号	名称	定义	装置及用途	适用灯具
7	脚光	装在大幕外台唇部的条灯。光线从台板向上投射于演员面部或照明闭幕后的大幕下部,见图6-28中的7	可弥补面光过陡,消除鼻下阴影,也可根据剧情需要,为演员增强艺术造型的投光。闭幕时,投向大幕下方,也可用色光改变大幕色彩	采用成排灯具均匀照明
8	侧光	在舞台两侧天桥上装的灯,光线从两侧高处投向舞台,也称为桥光,见图6-28中的8	照射演员面部的辅助照明,并可加强布景层次	聚光灯
9	天排光	在天幕前舞台上部的吊杆上,俯射天幕,见图6-28中的9	一般距天幕的水平距离为2~6m,要求有足够的亮度,光色变换也要多(为4~6色)、照明要求平行而且均匀。可装成一排、二排,排内还可分上下层	泛光灯,要求照明均匀,投光角度尽可能大
10	地排光	设在天幕前台板上,或专设的地沟内,仰射天幕,见图6-28中的10	距天幕1~2m。用来表现地平线、水平线、高山日出、日落等	泛光灯具,如表现白天、黑夜、早晨、黄昏、四季、云彩变换等还应使用云灯、效果灯、幻灯等自下部照向天幕
11	流动光	带有灯架,能随时移动的灯具,见图6-28中的11	位于舞台侧翼边幕处,灯高约2m,一般功率较大。从侧面照射演员	采用聚光灯、柔光灯等

（1）面光：面光用作舞台人物造型，使观众看清演员的艺术形象，要求能射进舞台进深3/5的位置。表演前区的演员面部（在表演区的 $\frac{1}{3}$ 处取 1.5m 高）面光投射角最好取 45° 为宜，最大不超过 50°，最小不少于 30°。投射角越小，则越能消除面部阴影，但会变得呆板平淡，人物在布景上也会留下繁杂的阴影。相反，如果投射角在 45° 以上（特别是 60° 以上），布景的阴影虽消除，但作为正面的聚光灯，效果却相应减弱了，增加了阴影，表情显得冷酷。

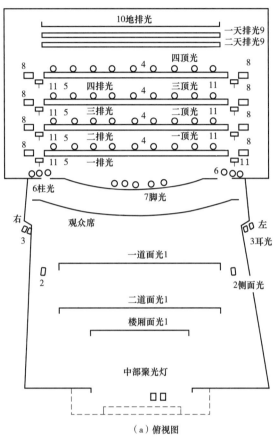

（a）俯视图

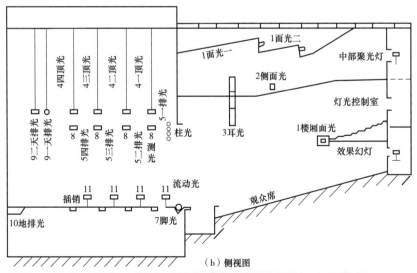

（b）侧视图

图6-28　剧场照明舞台灯位布置图

（2）耳光：一般分三层，由台面上 2.2m 算起，每层高度为 2.2 ~ 2.5m。角度取 25° ~ 30°，灯光中心应能射至表演区的 $\frac{2}{3}$ 深处。

（3）顶光排灯：紧靠大幕的幕布后面装第一排顶光排灯，以后约每隔 2m 顺序在各檐幕后装二排、三排、四排等。

（4）脚光：位于缩进台口 1 ~ 1.5m 处。常使用半嵌入式或在灯具上加装椭球反射器，可避免产生暗区又不影响观众的视野。

（5）侧光（桥光）：安装在下层天桥栏杆上或专用轨道上，以便按剧情需要能上下移动。侧光投射到舞台中心的轴线以 30° 为宜，最大不超过 45°。

（6）追光：追光灯一般设置在面光桥的中心区，大型剧场的追光灯常设置在观众席后面的二层楼上。如果灯光控制室的位置较高，则把追光灯直接设置在控制室内是最方便的。

图 6 - 29 显示剧院面光桥和音箱室剖面示意图，供参考。

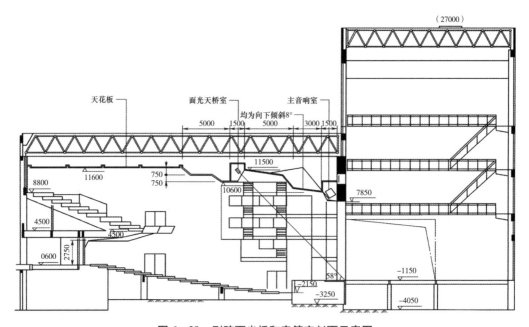

图 6 - 29　剧院面光桥和音箱室剖面示意图

二、景观照明

随着我国经济发展和人民生活水平的提高，为了进一步美化环境，各地纷纷开展"光亮工程"一类的户外环境照明建设。过去习惯用泛光照明（flood lighting）或投光照明（cast lighting）这个术语来表述这一类照明系统，其理念是采用泛光灯或投光灯来照明场景或物体，使它们的亮度明显地高出周围的环境，以突出它们形象。而对建筑物和纪念物的泛光照明通常又称为立面照明（facade lighting）。但随着技术进步和观念更新，使上述情况出现了变化，如 LED 本身可以直接造型兼发光，如广州市高 610m 的"广州塔"，位于新城市中轴线的珠江南岸。整个塔身采用 LED 灯照明，并与建筑物本身完善融合，成了广州市标志性的景点。这些场面和效果已很难用泛光照明或投光照明这些名词来概括，看来用景观照明（landscape lighting）这个比较广义的术语可能会更易被人们接受。

随着文旅演艺的发展，庆典活动、城市亮化和声光影视同步表演等项目，要求灯光配合音响、图像和场景变化的控制技术，安排在本书第七章讲述。

从设计的角度，景观照明需要将技术与艺术紧密结合。本章内容侧重于工程技术方面，即重点是讨论如何运用照明工程技术为艺术表现的目标服务。

1. 景观照明的方式

常用的景观照明方式包括以下几种：

（1）投光照明。用于平面或立体的物体，如建筑物的立面、屋顶的塔尖等的照明。它能明亮地显示被照物的造型或历史的容貌。通常使用投光灯、泛光灯、"天空玫瑰"（探照灯），甚至激光灯等。

（2）轮廓照明。是室外照明中经常运用的一种照明方式，它将由线状光源（LED 光管或 LED 彩虹管）或点光源（如 LED 灯泡）组成的发光带镶嵌在景物的边界和轮廓上，以显示其整体形态，用光轮廓突出它的主要特征，如古建筑的"飞檐翘角"、桥梁、铁塔以及雕塑等的形体结构等。

（3）形态照明。利用光源自身的颜色及其排列，根据创意组合成各种发亮的图案，如花、鸟、吉祥物等，照射在被照的表面，起到装饰作用，如激光水幕、电脑图案灯等。

（4）动态照明。在投光照明、轮廓照明、形态照明 3 种方式的基础上，对照明的效果进行动态变化。变化的形式包括亮暗、跳跃、走动、变色等，以加强照明生动性，激发气氛，创造意念。可采用 LED 彩虹管、投光灯和电脑灯等显示各种动态变化。至于"声像光同步表演"技术，应属于景观动态照明的发展和创新。

2. 喷水照明

喷水照明是现代景观照明，特别在声光影视同步表演中一种常见的照明方式，通常包括水下照明、喷水照明和瀑布照明等形式。

（1）喷水的分类。喷水必须配合设置的地点和周围环境条件来设计。例如在车站广场、展览会会场等宽阔的地方，喷水设施要做得宽大宏伟；而在室内时，则要特别注意与周围的环境及设施相配衬。目前常用的喷水有以下几类：

1）将喷嘴设在水面或浸在水中，把水喷出水面。

2）像瀑布形状使水从高处落下。

3）与雕刻或塑造物相配衬，使塑造物更加生动活泼。

4）与音乐一起同步喷水，特称为音乐喷泉。

图6-30表示的是一个音乐喷泉的射水喷头及水下彩灯的组合方案，仅供参考。

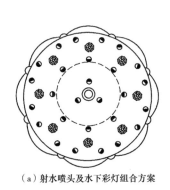

（a）射水喷头及水下彩灯组合方案

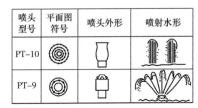

（b）组合喷头选型

（c）射水效果示意图

图6-30　射水喷头及彩灯的组合方案

（2）光源的选择。喷水照明使用最多的为LED灯。另外用光纤效果独特，且非常省电、造价不贵，但亮度稍差。用激光做一般喷水照明或水幕电影，效果极佳，当然价格比较高昂。

（3）控制方式。使喷水的形态、色彩和声音配合而变化的方式有许多种，比较简单、价廉且便于无人值守定时开关的有时控和声控两种模式。时控是由彩灯闪烁控制器按预先设定的程序自动循环按时变换各种灯光色彩，这种按时控制方式比较简单，但变化单调。声控方式是由一台小型专用计算机和一整套开关元件和音响设备组成，灯光的变化与音乐同步，它使喷出的水柱随音乐的节奏而变化，灯光的色彩和亮灯数量也做相应的变化。

比较复杂的音响、灯光、视频甚至一些机械动作与喷水同步表演的控制技术，安排在第七章讲述。

（4）灯具的布局。下面介绍几种不同喷水池灯具布局和瀑布灯具布局方案，仅供参考。

如图6-31所示，在水流喷射的情况下，将投光灯具安装在水池内喷口后边［见图6-31（a）］，或安装在水流重新落到水池内的落点下面［见图6-31（b）］，或者在两个地方都装上投光灯具［见图6-31（c）］，由于水和空气有不同的折射率，故光线进入水柱时，会产生闪闪发光的效果。

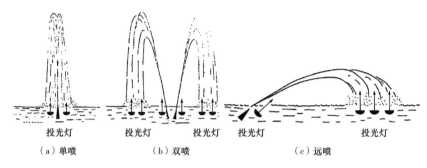

|（a）单喷|（b）双喷|（c）远喷|

图 6 – 31　喷水池照明

对于水流器和瀑布，灯具应安装在水流下落处的底部。输出光通量应取决于瀑布的落差和下落水层的高度，还取决于水流出口的形状所造成水流散开程度。对于流速比较缓慢、落差比较小的阶梯式水流，每一阶梯底部必须装有照明。LED 线状光源最适合这类情况。

下落水的重量可能破坏投光灯具的调节角度和排列，所以必须牢固地将灯具固定在水槽的墙壁上、台阶底部或加重灯具。

图 6 – 32 表示了针对不同流水效果所推荐的灯具的几种主要安装方法，灯具的出射光可以有几种方向。

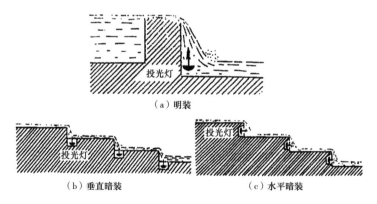

（a）明装

（b）垂直暗装　　　　　（c）水平暗装

图 6 – 32　流水效果和瀑布的照明（投光灯位置）

在水面以下设置灯具时，要适当控制深度，一般安装在水面以下 30 ~ 100mm 为宜。在水面以上设置灯具时，必须选取看到喷泉的一面而且不致出现眩光的位置。

第七章　声像光机（声光电）同步表演控制系统

第一节　声像光机同步表演的概念

一、声像光机同步表演的发展背景

长期以来，在剧场、电视演播厅、主题公园和实景主题剧场等场所的各类综艺演出和庆典活动中，通常配置音响、灯光、视频和机械等多种设备，简称 AVLM。

（1）音响（audio）：调音台、处理设备、功放、音箱。

（2）视频（video）：投影机、摄像头、电脑、视频服务器、LED 显示屏。

（3）灯光（lighting）：灯控台、常规灯、电脑灯。

（4）机械（machine）：升降台、转台、吊杆、"威亚"、烟火、礼花炮、烟雾等。

通常 AVLM 是各自采用不同的控制技术，分别配置独立的控制系统，通过演出所配备的内部通信设备（简称"内通"）或简单的对讲机，保持相互间的协调配合。随着技术的进步和设计观念的发展，特别是在文旅演艺领域中大量出现声光秀和主题剧场、旅游实景演出，往往都是声、光、影视和机械紧密结合但表演情节相对较简单，且通常是连续数月甚至全年长时段演出同一剧目的模式，从而使表演控制（show control）这个新的技术领域（国内称为"声光电表演""光影秀""声光影视表演"等，暂时尚未见有权威的统一名称）得以发展。按传统的观念，"show"（秀）这个英文单词主要应用在娱乐行业。如时装表演称为时装"show"，将有节目表演的酒吧称为"show bar"等，其含义不难理解成一种有预先排练的表演，是人的表演。

演艺领域里的 show control，则是将音响、灯光、视觉效果和机械等各个子系统不同的通信协议进行集成，在信息技术（information technology，IT）控制下的"同步表演系统"，可称为信息化声像光机系统（AVLM/IT）。如果进一步把灯光、视频、机械甚至人的表演等合并为"视觉"（visual，V），则可以用 AV/IT 或 AV over IT 即可概括以上内容。这种声像光机同步表演的模式最早见于国外的迪士尼主题公园和太阳马戏团的《O show》。随着改革开放，我国最早出现的主题公园是深圳的锦绣中华（1989

年），最早的实景文旅演出是印象刘三姐（2004 年），而第一个大规模应用是 2008 年 8 月奥运和 2010 年亚运及世博开、闭幕式的 AVLM 表演。这些震撼的场景让世人眼界大开。如今 AVLM 已发展成为一种广泛运用的文化艺术表演形式，成为我国一项重要的文化产业。本章以有限的篇幅，仅侧重从工程实践的角度，探讨目前常见的 AVLM 同步表演控制系统几种模式的结构、特点和应用，并列举典型的工程案例。

二、同步表演系统的分类和特点

AVLM 同步表演控制系统可以有多种不同的分类方法。如按表演场所和表演内容的不同，通常划分为景观类、表演类、展览类等。

（1）景观类（landscape）。泛指城市亮化工程及景观"灯光秀"等程序比较简单的控制系统，通常以灯光加上投影或 LED 显示屏表演作为主线，音响和其他配套设备是从属关系。一般无演员参加，维护管理比较简便，甚至可实现无人值守——每天按时自动开机运行到结束后自动关机。

（2）表演类（performance）。这是 AVLM 系统应用最广泛的领域，常见于各类主题剧场、旅游实景演出和大型庆典活动的表演，大多有演员参演，一般是自动控制和专业人员手动操控相结合。例如，中国风格的山水实景歌舞剧——《印象·刘三姐》等将山水、文化、历史相结合的剧目；美国好莱坞风格——迪士尼、环球影城、长隆水上剧场和深圳东部华侨城露天剧场等模式；大型庆典活动——奥运、亚运、杭州 G20 和冬奥北京 8min 等开闭幕式的表演。

（3）展览类（exhibition）。常见于博物馆、科技馆、展示厅等场所，通常具备与观众互动的功能，当观众经过不同展项时触发不同效果。往往还加上 AR、VR、MR 等技术再配上音响效果和机械动作。

第二节　声像光机控制系统的常用协议、接口和功能分级

一、控制系统常用协议和接口

比较完善的 AVLM 表演系统的设备在硬件上都需要有特定的接口来配合 AVLM 各个控制系统，并支持 AVLM 领域中的国际主流技术规格和相关协议。本书曾在第三章述及的音视频接口以及将在第九章述及的音视频网络 CobraNet、Ethersound、AVB、Dante 等传输协议在 AVLM 表演系统中都普遍使用。此外还有以下一些音视频和灯光常用协议，如 DMX512、MediaLink、MIDI Show Control、MIDI Timecode（MTC）、FSK、

ARTNET 和 SMPTE 等。下面分别作一简述（见表 7 – 1）。

（1）DMX512、ARTNET、ACN 和 sACN 协议：DMX512 是灯光控制数据传输协议，ARTNET、sACN 和 ACN 是灯光控制网络的传输标准，以上 4 个标准的内容已在第六章第三节讲述，不再重复。

（2）SMPTE 时间码（society of motion picture and television engineers）。较高级的控制系统除走"时间线"（time line）外，还具有事件（event）功能，即通过传感器或机械触点等方式，从音、视频设备引入 SMPTE 时间码来控制，使灯光的变化可以与音频或视频信号精确地同步，可以精确到视频信号的帧，即为二十五或三十分之一秒。

LTC（SMPTE）、FSK（frequency shift keying）、MTC（MIDI Timecode）均为国际常用的同步时间码，不同设备选用不同的时间码信号。

（3）MIDI 接口。MIDI 是 music instrument digital interface 的缩写，即乐器数字接口，原来是为电子音乐开发的，是一种电子乐器的控制协议，后被灯光控制借用，可用作多机联动或声光同步等控制。MIDI 的详情见参考文献［2］。

表 7 –1　　　　　　　　各传输协议的特点

传输协议	LTC（SMPTE）	FSK	MTC（MIDI Timecode）	DMX – 512（DMX512 protocol）
调制方式	脉冲信号	调频信号（移频键控）	脉冲信号	数字信号
信号范围	20Hz ~ 20kHz，音频信号内	20Hz ~ 20kHz，音频信号内	全数字信号	全数字信号
抗干扰能力	中等，脉冲信号可能会受电磁波干扰，而产生错误的信号	高调频信号，以频率解调出时间信号，抗干扰好	中等数字信号当受一定干扰时，会出现失真或中断	较强
传输距离	用常规音频传输方式即可，包括模拟、数字、光纤、网络等等，距离不受限制	用常规音频传输方式即可，包括模拟、数字、光纤、网络等等，距离不受限制	专用的 5 针信号线缆，实际使用距离一般不超过 10m	DMX 信号线要求 5 芯带金属屏蔽层，传输距离约 300m，采用光纤可传输 2km
通用性	多数可运行时间码的设备，都支持该信号，通用性好	用于对时间码要求较高的设备，通用性一般	绝大多数可运行时间码的设备，都支持该信号，通用性好	运行 DMX 设备

续表

传输协议	LTC（SMPTE）	FSK	MTC（MIDI Timecode）	DMX-512（DMX512 protocol）
常用设备	多轨音频录放机，灯光控制台，舞台机械控制，电影、视频设备	烟花燃放设备	多轨音频录放机、灯光控制台、舞台机械控制、音乐工作站	灯光控制台以及影视舞台常规灯具及电脑灯、追光灯、换色器和烟雾机等见参考文献［2］
实际应用时检测信号是否正在传输的方法	因为是"音频"信号，可以接入相应的接收设备；调音台电平表察看；用耳机听调音台信号；用耳机听信号线是否有信号	同LTC（SMPTE）	只能接入相应的设备测试	DMX信号专用测量仪器

此外，部分高配置的大型灯光控制台还支持"多媒体素材协议"（controller interface transport protocol，CITP），可在同一局域网的工作站之间实现点对点的流媒体传输，应用于灯光、视频同步控制的系统中，把媒体服务器的视频素材以网络形式打包传输到灯光控制台作为预览显示（参见第六章第三节）。

图7-1是美国ALCORN表演控制系统在主题公园一个典型应用实例的示意图。图中以一台声像光机同步表演控制器（V16 Show Controller）加上一台操作控制台作为整个系统的控制中心。通过不同的接口和线缆（音频线、视频线、DMX线、网线等），传输各种不同协议的控制信号（串行通信、DMX512、SMPTE、TCP/IP等），分别控制音频、视频、灯光和机械等系统的同步运行。

二、控制系统的功能分级

（1）简单控制：走时间线（time line）、固定程序，声光像不严格同步，无演员参加。使用方便、成本低廉，常见于景观照明、城市亮化、光影秀等，例如珠江两岸城市亮化和乐山大佛的案例。

（2）基本控制：时间码＋事件触发＋必要的人手干预，剧情较简单，有演员参加，但不讲不唱，不用话筒，靠预录对口型。这是目前最普遍使用的控制模式，如上海世博开幕式、青岛上合峰会开幕式和华侨城大峡谷等。

本章将讲述以上两种系统的结构特点、控制模式和工程案例。

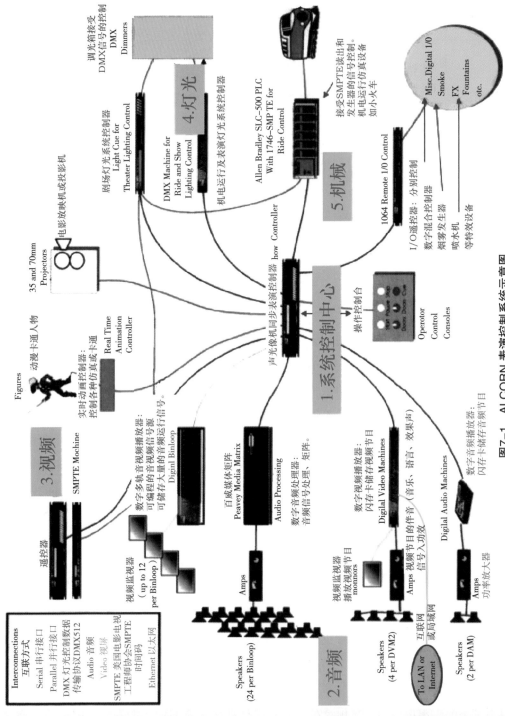

图7-1 ALCORN表演控制系统示意图

（3）实时控制（高级控制）：时间码＋事件触发＋必要的人手干预，剧情较复杂（往往是著名的音乐剧、歌剧等），有演员参加，真讲真唱，采用沉浸式 3D 音视频和声像同步跟踪等技术。对观众有强烈的吸引力，但由于技术和成本等条件有限，在国内应用尚不多。但以其强烈的沉浸感和临场感，特别能较好地给演员提供塑造感人的角色的条件，给观众以更深刻和震撼的感受，应当会成为剧场、音乐厅，特别是文旅演艺项目"转型升级、提质增效"的发展方向。

第三节　简单控制模式和工程案例

一、以 HDL 智能控制为核心的系统

下面以四川乐山大佛景区大型声光像同步表演系统为例，该表演系统由音响、灯光和视频系统等组成，主要包括水幕投影系统、灯光系统、LED 显示屏和音响系统。以 HDL 智能控制系统为核心，属于简单控制模式，"光影秀"类型，走"时间线"，固定程序，无演员参加。图 7 - 2、图 7 - 3 分别为现场的白天全景和晚上表演全景。图 7 - 4 所示为音响、视频、灯光和特效组成表演系统的控制流程示意图。

图 7 - 2　白天广场全景

图 7 - 3　晚上表演全景

1. 视频系统

（1）水幕投影两套，一套 60m×18m 装于山前，4 台三洋 1 万流明投影机并列拼图背投；另一套 30m×30m 装于山顶，2 台三洋 1 万流明投影机叠放背投。每一套建一个人工水池，池中装有 4 台大功率罗茨式潜水水泵，将水加压集中到一个喷口，喷出一个 60m 宽的扇形水幕，作为背投投影机的"屏幕"，显现投影图像（参见本书第三章）。

（2）LED 显示屏 2 台：110m×15m 和 30m×5m。整个视频节目预先录入置放于 LED 显示屏旁的服务器，表演开始至结束不停地播放，无视频节目的段落则采用黑屏。

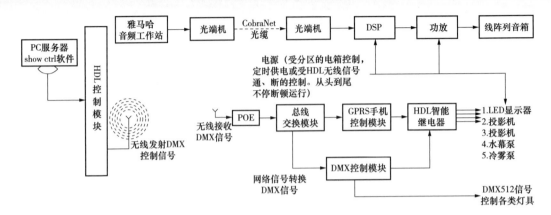

图7－4 音响、视频、灯光和特效组成表演系统的控制流程示意图

因此与音频节目只能达到近似同步。

（3）博物馆房顶球形幕（φ12m 充气膜）。2 台三洋 1 万流明投影机正投。

2. 音响系统

控制室的 YAMAHA 工作站（多轨硬盘录音）预先录入整个表演的音频信号，送入调音台、处理器和光端机后，经过光纤传送到装设于 LED 显示屏两侧的四套功放和线阵列扬声器及其他补声扬声器（锐丰 LAX）。表演开始至结束不停地播放，无节目的段落则采用静音。如有演员参与的表演节目，则在投影水幕前搭建临时舞台，吊挂面光、顶光、侧光等灯具，采用无线话筒扩声。

3. 灯光系统

灯光系统包括雾峰（ACME）探照灯 200 台、LED 灯 500 台、激光灯 7 台，均接收 DMX512 信号控制其开关、变色、摇头和扫描等动作。水幕泵、冷雾泵、投影机和 LED 显示屏的电源则接收 DMX512 信号控制其开关动作。

4. 特效设备

冷雾机：通过管道传输，由喷嘴喷出雾化的水花，营造一个梦幻的场景。冷雾机受总控室控制，由光纤传输的 HDL－NET 信号控制其开启和停止。低烟机：设有 22 台低烟机，大楼顶部和广场路面以及侧墙等部位设有大量喷口，通过 HDL－NET 信号控制低烟机的运行。定时喷出的低烟与水幕配合，营造出梦幻的场景。

5. 控制系统

整个表演程序通过两台"珍珠"灯控台以演出时间轴为主线，预先编制好并储存在电脑中（HDL Show Control 界面见图 7－5）。节目表演过程中，输出的 DMX 数字信号经过调制和协议转换模块等处理过程，转换成 TCP/IP 高频无线信号（HDLNET）经天线发射，传送到分散布置的声像灯光表演控制箱。每个控制箱配套有接收天线、无线接收机和协议转换模块等，将 TCP/IP 信号还原为 DMX512 信号，分别控制探照灯、LED 灯、激光灯和电脑灯的表演动作，以及水幕泵、冷雾泵、投影机和 LED 显示屏等的电源开关动作，整个 AVLM 系统即能按照预先编制好的表演节目程序同步运行。音频、灯光、视频及机械系统的控制流程如图 7 - 4 所示。

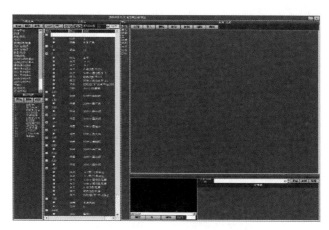

图 7 - 5　HDL Show Control 界面

河东 HDL 智能控制方式也曾用于广州市珠江两岸亮化工程和海南三亚南山观音灯光秀等文旅演艺项目，适合应用于程序相对较简单、仅走"时间线"的声像灯光表演系统，其成本较低廉，维护管理简便。其他品牌带有简单的 Show Control 功能的智能控制系统同样适用于此类表演系统。详情可参阅相关参考文献，本书从略。

二、以 Medialon 为核心的系统

法国 Medialon 公司的 Medialon Manager 是基于 Windows 的演示控制软件，对各种演示设备进行控制并实现同步。在一个展馆、主题公园或其他场合中，可以通过一台 PC 配备 Medialon Manager 软件，即可控制 AVLM 表演系统中的调音台、灯控台、照明设备、视频及音频播放器、图像处理器、时间编码发生器、投影机及所有演示中所需要的设备的同步运行。该软件引入我国先后应用于北京首都历史博物馆、香港朗豪坊大厅、香港迪士尼乐园和北京奥运开闭幕式等项目。

下面简介 Medialon 工程案例——2008 北京奥运开幕式"地面卷轴"，在球场中心由 44000 个 LED 像素点组成的 26m（宽）×180m（长）的"地面卷轴"表演。采用 Medialon 公司的 Medialon Manager Pro 表演控制软件结合扩展板卡构成控制系统，控制演示系统中的调音台、调光台、照明设备、视频及音频播放器、图像处理器、时间编码发生器和投影机等设备的同步运行。在本例中共使用了 DVS Pronto 未压缩高清光盘

播放器12台、16×16HDSDI和16×24DVI矩阵、Barco Encore视频处理器、Screen Pro视频处理器、Grass Valley Turbos硬盘录像机和Dataton Watchout视频回放系统等。

Medialon通过RS422接口同步，由6台DVS无损高清硬盘播放器为LED屏幕发送6个高清分辨率的图像流。其他所有的线路和视频处理设备都使用TCP/IP协议控制，1个从属于主时间码的主时间轴，同步回放12个分时间轴，必要时，还允许手动重放分时间轴。

整个表演系统配备了"主要"和"次要"共两套Medialon系统，串联运行，提供100%的冗余备份。图7-6为"地面卷轴"演示的系统框图。

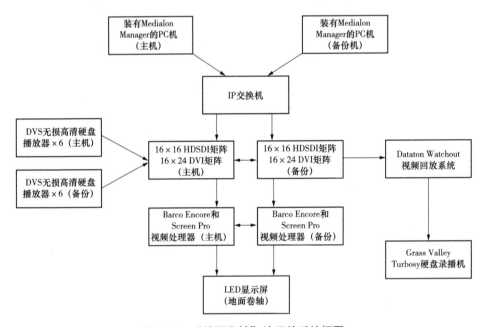

图7-6　"地面卷轴"演示的系统框图

近年在国际比较流行的Show Control系统，除上述法国的Medialon系统外，类似的还有美国的ALCORN。它们都曾被引入我国用于主题公园、大型博物馆、科技馆、展览馆和大型庆典活动。其技术成熟、功能强大且灵活性好，但价格较昂贵。

有关Medialon和ALCORN的进一步介绍，请参阅参考文献［2］。

第四节　多媒体视频服务器的功能和应用

一、多媒体视频服务器的特点

1. 媒体服务器的基本功能

近年文旅演艺项目在国家政策扶持下发展迅速，包括城市景观、庆典活动、灯光节、音乐节、特色小镇、夜游景观、主题剧场和旅游实景演出等项目。其中最热门的模式之一是"声光影视秀"（光影秀），这是运用音响、视频、灯光和舞台机械等多个子系统进行集成的同步表演。本章第三节介绍了以 HDL 智能控制为核心的比较简单的控制系统。随着文旅演艺项目迅速发展、技术不断提高，近年我国许多主题剧场、景观实景演出和大型庆典活动（如上海世博、杭州 G20、平昌 8min）中比较复杂的声像光机同步表演中较多采用电脑灯控台（如 MA2）配合多媒体服务器作为控制核心，运行 DMX、MIDI、SMPTE 等多种协议，同时控制音响、常规灯、电脑灯、投影、LED屏、焰火、激光和机械（如冰屏或恐龙）动作等同步运行表演，控制较灵活可靠，获得了较广泛的应用。

　　服务器是计算机技术中一个很大的题目，本书只讨论多媒体表演控制系统应用的服务器。行内有多种名称，如视频服务器、表演用媒体服务器、多媒体视频处理服务器等。除了在 AVLM 同步表演中担任主要角色外，在本书第九章讲述的多媒体视频表演模式如沉浸式幻影成像/3D MAPPING 异形结构投影/水舞光影秀/建筑外墙秀/多媒体展厅/科技展览展示/穹顶和球幕投影以及人体互动场景漫游等都需要用到多媒体视频服务器作为核心部件，故本书在本章单列一节对多媒体视频服务器的功能和应用作一简述。

　　具有表演控制以及 3D mapping、虚拟成像和人体互动等多项处理功能的多媒体视频系统，其基本组成主要包括以下三大部分。

　　（1）输入端：音视频信号源、数字感应信号流、各类传感器的输出信号及大数据端口。

　　（2）输出端：音视频载体如投影机、LED 显示屏或 LCD 电视屏以及音响系统等，以上设备在本书的相关章节中已做详细讲述，不再重复。

　　（3）系统控制中心：这是关键核心技术。目前在文旅演艺领域常用的表演系统控制中心设备通常称为多媒体视频处理服务器（muti‑media video processing sever），简称媒体服务器（Media sever）。

　2. 国内常见的主流媒体服务器

　　表 7‑2 是国内常见的主流媒体服务器对照表。

　　随着数字技术的进步，媒体服务器的功能从早期较简单的视频播放发展到涵盖概念设计、策划、展示播放等各个环节的复杂系统。媒体服务器包括软件和服务器硬件，除了最基本的视频信号采集、编辑、播放功能外，还拥有强大的视频处理功能，包括实时编辑、添加特效、叠加图层、拼接融合和多点校正等，能在短时间内根据演出现场的实际情况对视频进行调整，即时呈现导演的视觉创意。由于配置了 DVI、SDI、HDMI 以及 DMX、MIDI、AUDIO、VIDEO 和 USB 等多种接口，可与音响、灯光、视频和舞台特效（如烟机）机械组成多媒体同步表演控制系统。它凭借强大功能和可靠性被广泛应用于各类大型演出及电视节目的制作，提升了舞台多媒体的品质，带来绚丽多彩的视觉享受。

表7－2　　　　　　　　　　国内常见的主流媒体服务器对照表

名称	Christie - Pandoras BoxServer 潘多拉盒子媒体服务器	ArKaos 多媒体视频服务器	Axon HD 奥松媒体服务器	Watchout 媒体服务器	GD - V 多媒体视频处理服务器	d3 媒体服务器	Martin Maxedia 4 视频服务器	Modulo - Piplayer 视频多媒体服务器
公司品牌	德国酷乐视 Coolux	比利时 ArKaos 深圳风光秀力 ShowPower	美国高端 High End	瑞典 Dataton 公司	荷兰 Resolume 广大声像灯光科技有限公司	英国 D3 科技公司	英国马田 MARTIN	法国 Modulo Pi
案例	上海世博城市地球馆	上海世博开幕式	广州亚运闭幕式海心沙	上海杂技团	广州时尚天河"星空漫步—喵星降临"主题馆		拉斯维加斯剧院	2019年国庆文艺晚会

二、ShowPower Arkaos 多媒体视频服务器

1. 硬件配置

（1）CPU 为 Intel Core17 - 3770，3.40 GHz。

（2）固态硬盘 120 GiB（可根据情况扩展至 500 GiB）。

（3）双显卡，4 路 DVI 输出，每路输出信号的最大分辨率为 2 560×1 600，在点对点定向传送的条件下最大输出分辨率达到 1920×1080。

（4）支持所有通用影音格式（AVI、MPEG、MPEG2、MPEG4、QuickTime MOV、Flash、WMV、M2V、JPG 等）。

（5）输入接口为 HD - SDI、DVI、VGA、S - video；支持 PC、DMX、MIDI、Artnet、MA - NET 等控制面板。

2. 视频处理功能（参见图 7 - 7、图 7 - 8）

（1）映射调色：可任意改变视频的颜色（亮度、对比度、CMY 混色等）。

（2）即时特效和转场叠化：除了基本的位移、旋转、缩放功能，还可以对视频素材随机增添字幕、数字和动画效果，添加淡入淡出等转场效果并实时剪辑，其特效库拥有 160 种以上的影像特效，50 种以上的文本动画，这些效果能轻易组合叠加。

(a) 原素材　　(b) 立方体效果　　(c) 波纹效果　　(d) 球体效果　　(e) 镜面效果

图 7 - 7　多种特效举例

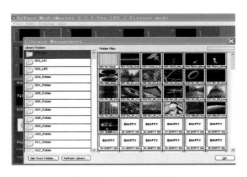

图 7 - 8　素材库界面

（3）异型校正和拼接融合：能够对任意点进行校正，凸凹面进行拉伸，实现裸眼 3D 效果，支持多屏幕及宽屏幕的边缘柔化（柔化范围为 20% ~ 50%），对多个屏幕的重叠区域设置淡入淡出效果。

（4）强大的媒体储存和多图层播放：共包含 255 个媒体文件夹，每个文件夹可存储 255 个影音文件，可同时输出 12 个 1280×720 的标清（带特效）图层，10 个 1920×1080 高清图层，6 个 1920×1080 高清（带特效）图层。

（5）现场采集：支持摄像机导入功能，根据需要容许不同输入、输出、控制和连接类型。

（6）正反向，循环，选择区间，挑选帧数，多种播放模式。

（7）低速播放环境下，软件无失真地向监视器集中同步输出最高每秒 60 帧完美图像播放。

（8）可根据客户需要定制不同输入、输出、控制、连接类型。

3. 技术参数

Arkaos 多媒体视频服务器硬件如图 7 - 9 所示。Arkaos 多媒体视频服务器规格与技术参数见表 7 - 3。

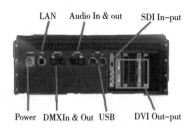

图7-9 Arkaos 多媒体视频服务器硬件

表7-3   Arkaos 多媒体视频服务器规格与技术参数

型号	A8	A20	A20 专业版
输入接口	SDI	SDI	SDI
输出接口	DVI. 单输出	DVI. 单输出	DVI. 双输出
图层数	可同时支持 8 个高清图层	可同时支持 12 个高清图层	可同时支持 12 个高清图层
硬件	30G SSD + 500G HDD	30G SSD + 64G SSD	30G SSD + 64G SSD
控制方式	PC，DMX，MIDI，ARTNET	PC，DMX，MIDI，ARTNET. MA - NET	PC，DMX，MIDI，ARTNET. MA - NET

三、GD - V 多媒体视频处理服务器

1. 概述

GD - V 是一套实时的视频处理和显示控制系统，可让用户全面控制从项目概念设计、实施到最终实现的整个工作流程充分发挥创意，创造精彩的视觉体验。

它以荷兰的 Resolume 为核心的强大软件后台，通过标准化的计算机硬件，实现简易的平台搭建，可按照用户需求和场地使用要求，量身订造视觉应用所需的功能性插件。

2. GD - V 的主要特点

GD - V 的主要特点如下：

（1）实时控制、实时播放、特效渲染和现场操控能力。

（2）三维多图层系统（伺服器）：真实 3D 取样于 XYZ 三维空间，加上旋转、缩放。

（3）分层修改：可对每一个视频层或图片层单独进行修改。

（4）特效引擎：多达 90 款特效。

（5）通过多种不同的外接设备，可达到空中触摸、球体互动、图像跟踪等各项功能。

（6）高清输出：所有软件播放器均可支持高达 4K 的视频播放和输出配置。

（7）边缘融合（softedge blending）、梯形校正（keystone correction），可用于多屏幕的无缝拼接、垂直或水平边缘融合，适用于弧形、圆球体和任何异型屏幕。

（8）视频格式：能处理大部分基于视频编码文件的流媒体。

（9）完善的同步处理系统，所有素材可完全跟广播标准框架运行。

3. GD – V 服务器硬件（前、后面板）

GD – V 服务器硬件外形（前、后面板）如图 7 – 10 所示，说明如下。

前面板：

①~②USB：前面板提供 USB3.0×2（接入 USB 设备，加载或备份数据）。

后面板：

①Power In：电源输入接口。

②Power Control：电源控制接口，可接时序电源对电源开关实现控制。

③Power：电源开关。

④~⑥USB（USB 3.0）：后面板提供 USB 3.0×3。

⑦Video In：预留接口。

⑧LAN：以太网网口，实现服务器联网。

⑨Audio：3.5mm 音频信号输出接口。

⑩~⑰HDMI OUT：高清多媒体输出接口，输出音频及视频信号。

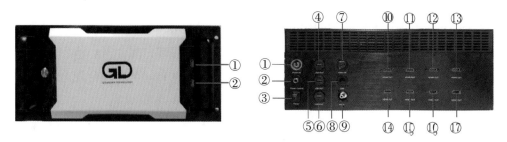

图 7 – 10　GD – V 多媒体视频处理服务器前、后面板

4. 播放管理软件 Resolume 的功能特点

播放管理软件可以提供即时控制，即时对媒体修改和回放。该软件可以控制 Resolume 的所有产品，包括媒体添加、修改和编辑，最后将其放在一个时间轴上，进行同步实时控制。其主要的功能特点如下：

（1）实时视频混合。Resolume 可以根据需要随意播放视频。包括前进、后退、搓碟（Scratch）、调整速度和节拍等，达到快速轻松地混合和匹配所需要的视觉效果。

（2）视听播放。将任何视频文件与任何音频文件组合，同步播放。

（3）视听效果。具有可灵活调节的音频效果（effect）和视频效果。可以单独使用或组合起来以创建新的视听效果。

（4）Mapping。可在任何类型的复杂几何结构（汽车、南瓜、人体）或整个建筑物表面上投影视频。

（5）边缘融合。可使用两个或更多投影机无缝投影一个宽屏图像。包括360°环形幕、弧形幕和球形幕。

（6）合成。包括定位、旋转、缩放和裁剪所有媒体，集成文件浏览器，可快速访问媒体。

有关 GD－V 的应用案例将在第十章讲述。

第五节　基本控制模式和工程案例

一、以电脑灯控制台配合媒体服务器为核心的表演系统

随着技术的进步和设计观念的更新，出现了视频和灯光两个领域控制技术相互结合的新动向。近年国内较常见的一种模式，是采用数字电脑灯控制台配合媒体服务器，集中控制灯光、视频和音响组成的表演系统，采用精确的时间码同步，使灯光、声音、视频甚至机械以毫秒级的精度同步运行。如 MA 公司的 grand MA2 电脑灯控台配合媒体服务器，用于上海世博开幕式，控制浦江两岸音响、灯光、投影、LED 屏、焰火、激光表演；High End 公司的飞猪电脑灯控台配合奥松 AXON 媒体服务器用于广州亚运开闭幕式，控制 8 个 LED "风帆"；Martin 公司的 M1 电脑灯控台配合 Maxedia 4 媒体服务器用于拉斯维加斯剧场。最新的例子是 HighEnd 公司的 Hod 4 灯控台配合 Modulo－Piplayer 媒体服务器用于建国 70 周年文艺晚会。

图 7－11 是以一台 grand MA2 配合 Arkaos 作为控制中心组成 AVLM 表演系统的示意图，说明如下：

（1）通过 Grand MA 灯控台配合 Arkaos 媒体服务器，在灯光和视频两个不同领域之间建立沟通的桥梁。在系统中，以多轨音频播放器或媒体服务器作为时间码触发源，发送 LTC 时间码或 MIDI 控制信号给 MA 灯控台，作为整个系统的同步信号源，再由 MA 灯控台发送 DMX 信号，控制灯光和吊架投影机（称为数字灯或电脑视频灯，见本书第六章）。控制系统的核心配置——媒体服务器，可储存和重放 DVD 视频信号和电脑 VGA 信号，包括文字、图案、动画、影像以及摄像头在现场拍摄的画面、视频素材和艺术渲染的效果图像等。

（2）系统组合：以一台电脑灯控台 grand MA2 作为控制中心，将灯光（Lighting，

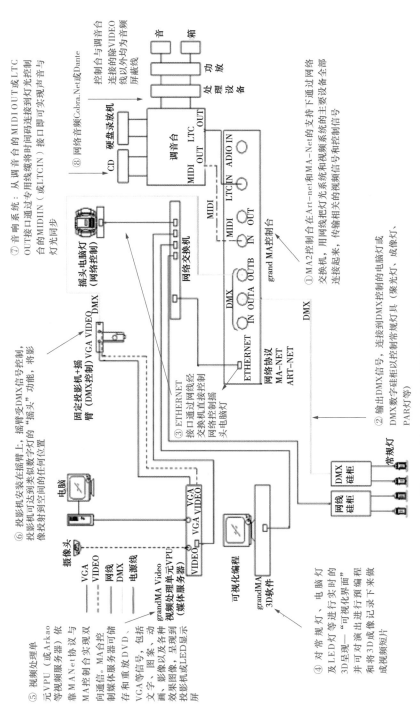

图7-11 以MA2灯光控制台组成的表演控制系统图

包括常规灯、电脑灯、视频电脑灯）、视频（Video，包括投影机、LED 显示屏、摄像头、电脑、视频处理单元 VPU）、音响（Audio，包括调音台、DSP 及功率放大器、音箱）三套系统组合起来，由电脑灯控台操控整个 AVL 系统的有序运行。

1）电脑灯控制台在 Art-net 和 MA-Net 网络的支持下通过网络交换机②，用网线把灯光系统和视频系统的主要设备全部连接起来，传输相关的视频信号和控制信号。

2）灯控台输出 DMX 信号，连接到 DMX 控制的电脑灯或 DMX 数字硅柜③以控制常规灯具（聚光灯、成像灯、PAR 灯等）。

3）ETHERNET 接口通过网线经交换机直接控制网络控制摇头电脑灯④。

4）grand MA 3D 软件⑤在电脑上呈现"可视化界面"。

5）Arkaos 媒体服务器⑥，依靠 MA-Net 协议与 grand MA 控制台实现双向通信。内置固态硬盘，可储存和重放全高清的视频及电脑信号，包括文字、图案、动画、影像以及各种效果的媒体库。同时还具备图像融合、曲面校正、数字特效以及调整视频图像的对比度、饱和度和色调等功能。

6）固定型投影机安装在摇臂⑦上，摇臂由 DMX 信号控制，使投影机同样可达到类似数字灯（视频电脑灯）的"摇头"功能，将影像投射到广阔的空间。

7）音响系统：本系统基本上所有 AVLM 的同步，都是由音频这边发同步命令。如图 7-11 所示，为使灯光、视频节目与音频节目同步，从调音台⑧的 MIDI OUT 或 LTC OUT（或 SMPTE OUT）接口通过专用线缆将时间码连接到灯光控制台的 MIDI IN（或 LTC IN）接口即可实现。

（3）上海世博会开幕式表演系统。图 7-11 的系统只用 1 台灯控台和一台媒体服务器，控制 1 台投影机、4 台常规灯和 1 台电脑灯。实际上如果需要，可以配置多台灯控台和多台媒体服务器进行扩展，即可增加数量庞大的投影机群、电脑灯群以及常规灯具群，组成大型甚至特大型的 AVLM 集成表演控制系统。2010 年上海世博会浦江两岸的大型音响、灯光、投影、LED 屏、焰火、激光同步表演就是采用此种类型的控制系统。

沿着 7km 长的黄浦江岸，跨越两座 200m 长的大桥，分布安装了 433 个"灯光塔架"，装有一千多台灯具，包括 Clay Paky Alpha Wash 1500 型洗光灯 200 台、AutoLT 7kW Xenon 探照灯 749 台、Atomic3000 频闪灯 130 台。另有 1 台长 260m、高 32m 的特大 LED 显示屏，外加船载焰火表演，以及上百座建筑物的景观灯照明和音响效果，全部统一到一个控制系统。主要设备包括 grand MA2 电脑灯控台 5 台（3 台放在控制室，2 台放在现场）；媒体服务器 6 台；MA NSP（网络信号处理器）5 台；FSO（无线光通信）LASER（激光器）1 套，发射 MA Net2 信号；MA2 Port 通信节点 32 个；长度超过 50km 的单模光纤构成整个系统的主干网络进行控制。另加局部的 5.8GHz 高频网络作为备份。

（4）MA - 控制系统应用于国内近期几个著名的 AVLM 表演项目。

1）2018 年 2 月平昌冬奥会闭幕式"北京 8 分钟"：表演中最大的亮点是 24 台由 LED 透明屏幕构成的智能机器人（"冰屏"）的精彩表现。其中的视频控制系统是由 3 台 MA 控制台 + 60 台 Arkaos 视频服务器承担，每个机器人（冰屏）由两台服务器控制，而 24 台机器人的滑行、旋转和精准的队列变化等则是采用激光 slam 定位导航技术和集群 AGV 联动技术控制，详情从略。有关透明 LED 屏的详情见本书第二章。

2）2018 年 6 月青岛上合峰会开幕式：7 台 MA + 44 台 Arkaos 视频服务器。

3）2016 年 9 月杭州 G20 开幕式：7 台 MA + 44 台 Arkaos 视频服务器。

4）2018 年 12 月重庆"归来三峡"大型诗词文化实景演艺：2 台 MA + 16 台 Arkaos 视频服务器（详见第十一章第二节）。

（5）某旅游实景声像光机表演控制系统。图 7 - 12 显示某旅游实景观众区的声像光机同步表演控制系统。表演的主要设备包括电脑灯、光束灯、激光灯、音乐喷泉（机械泵）和两台投影机。控制中心包括两台 MA2 灯控台、两台 Arkaos 视频服务器（处理器）和以一台数字调音台为中心的音响系统（图中略去）。整个系统是由调音台发送 SMPTE 时间码和 MIDI 信号进行触发，通过 MA2 发送 DMX 信号，控制全场的灯光、视频和机械设备与音响系统同步运行。图 7 - 12 是表演控制系统示意图，仅供参考，详情从略。

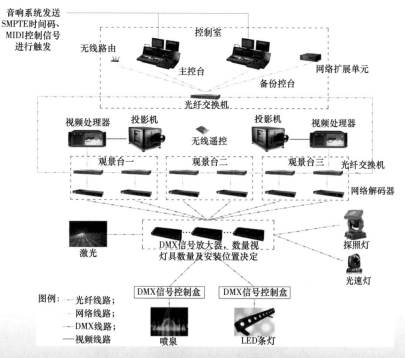

图 7 - 12　声像光机表演控制系统示意图

二、以专用的"演出集成控制器"为核心的表演系统

励丰公司开发的 lemuse MC – 2000 演出集成控制器，应用于新疆大剧院和茅台天酿实景剧场，组成基本控制模式的 AVLM 表演系统，效果良好。

1. MC – 2000 的功能及特点

（1）以演出时间轴为主线，编排音响、灯光、视频及机械等装置和系统同步控制；可采用时间轴播放或列表播放两种播放模式，使系统设计和现场调控更灵活。

（2）使用幕、场、景编程，与实际演出形式相同，方便编辑与场景控制。

（3）具有 64 个独立扩声通道的编程控制，同时兼容 5.1、7.1 和 9.1 声道解码的环绕声系统。

（4）三维声像编程控制，可以实现定点、变轨、变域等声像控制，营造逼真多样的声场。

（5）演出场景在控制台直接操控，可以实时控制编辑。现场演出时，灯光师可按需要采用基于时间线的 cue 回放或基于现场的实时控制两种调控功能灵活结合。

2. 演出控制系统的组成

该项目的核心控制系统由演出集成控制台（两套）、音频服务器（两台）和全景多声道控制系统（一套）组成。

（1）演出集成控制台 MC – 2000：

1）内置一个简易数字调音台，32 路输入，16 路输出，每个输入通道均有滤波、压限、噪声门和 4 段 EQ 等 DSP 功能，输出通道有三十一段 EQ 和编组等功能。

2）通过 Art net 协议可将演出现场灯光控制台的 DMX 控制信号整体录制下来，起双备份作用。此外，如果灯光系统的内容相对固定且较简单，则可把 DMX 信号录制后撤除灯控台，用本系统代替灯控台工作。

3）通过图形化界面的视频轨道，进行可视化的视频素材编辑，达到与音频信号同步。

4）对喷水、焰火、帘幕和升降台等机械特效的控制包括 232、485、TTL、TCP、UDP 和继电器等多种接口，可在图形化界面上以时间线方式进行编辑。现场演出需要时也可插入手动实时控制。

3. 多声道控制系统 MPA – 1000

MPA – 1000 配置 48 个音频输出通道，可在观众区营造 3D 环绕声（平面的 5.1 声道，加上顶置声道）的沉浸感。新疆大剧院的音响系统是以 9.1 声道为基础，根据首

期的演出剧目设置了 17 个全频声道和 3 个超低频声道。

MPA – 1000 还具备 48 轨（16 入，48 出）全处理的实时录音、编辑、缩混、控制（路由分配、声像定位、音频处理、多轨合成）与播放等功能，并带有 MIDI 和 SMPTE 同步接口，可用于与灯光、视频、机械等组成同步表演控制系统。

新疆大剧院的 AVLM 系统示意图如图 7 – 13 所示。

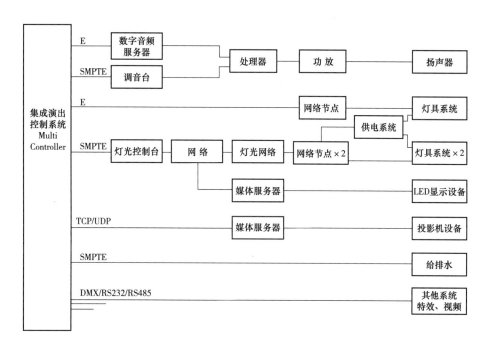

图 7 – 13　新疆大剧院 AVLM 系统

三、以视频服务器或音频服务器为核心的表演系统

许多相对简单的声光秀表演项目和展览展示项目，是属于每天从早到晚内容重复、采用定时开关的无人值守运行模式。此类项目的灯光系统配置通常也都较为简单（不设复杂价昂的灯控台），因而比较适合采用以视频服务器或音频服务器为核心的控制系统，可以降低造价，日常管理也比较简便。

1. Ovation 系统

Ovation 系统支持 MIDI/MMC/MSC/MTC/LTC/9PIN/GPIO/TCP – IP/COM/Script – Batch 等多种协议，内置音频播放功能，在《远去的恐龙》大型全景科幻演出（详见第十一章第三节）中用于控制音响、灯光、舞台机械、山体、降雨等系统同步表演运行。图 7 – 14 为 Ovation Show Control 系统组成的示意图，由视频服务器作为控制核心，通过 Dante 将音频信号送至音响系统，通过 MIDI 或 LTC 将时间码或控制系统送至灯光系统，通过 TCP/IP 协议控制视频服务器，同时，通过 GPIO 端口控制机械、喷淋、物体运动等装置。

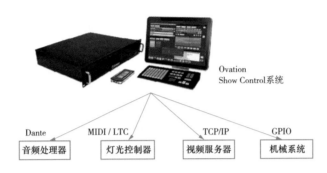

图 7 −14　Ovation Show Control 系统组成示意图

2. QLab 系统

QLab 系统内置音频播放功能，具有时间线触发，可以控制灯光、音响、视频系统，具有外部 MIDI 控制，也可以接受外部第三方控制。

四、以第三方控制系统为核心的表演系统

对一些结构较简单、特别是对声光影视各系统之间的同步精度要求并非十分严格的多媒体表演项目，其音视频节目源只需配用普通的音视频播放设备（参见本书第一章中第一、第三节），而不必采用特别昂贵的媒体服务器，可以大幅降低造价。在这种情况下就需要另外配置使用一些第三方中控（集控）设备作为系统的控制核心，分别控制 AVL 系统。

如本章第三节曾讲述以 HDL 智能控制系统为核心的乐山大佛声光像表演系统即属此种类型。下面再简介一个以 AVATAR 中控设备为核心的表演系统工程实例。

上海东方明珠老上海咖啡馆的穹顶多媒体秀，采用一台 AVATAR 作为控制核心，分别控制环境灯光明暗调整、音频播放器播放、视频播放器播放以及视频投影机开关等。此类中控系统通常都具有定时开关机、定时播放、循环播放等多种功能，支持A−Control 技术，支持 SNMP，内置 Web Server，同时具有 RS232/RS422/RS485/TCP_IP/UDP/DMX512/KNX/PJ − LINK/USB 等接口，并支持 IPAD、ANDROID 等控制模式。此类系统通常以事件发生作为触发点，而不以时间线为顺序。各系统之间要求同步，但不需要精确到毫秒级别，容许有一定的时间差存在，总的来说对同步精度要求不高，并可以做到无人值守、定时表演。

图 7 − 15 为以 AVATAR 为核心的集中控制系统示意图。该系统中的灯光、音响、

视频都有各自的播放及控制处理设备，AVATAR 只是作为总控单元，发出控制命令，分别控制各个系统独立进行工作。正是由于各系统之间是独立关系，如果万一中控系统发生故障，其余的系统也可以手动操作，保证项目继续运行，因此此类系统很少考虑备份问题。

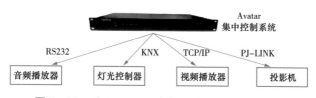

图 7 - 15　以 AVATAR 为核心的控制系统示意图

第八章　影视沉浸式 3D 音视频系统技术

第一节　影视沉浸式音视频系统的概念

一、"沉浸"（Immersion）的概念

2019 年 8 月国务院印发文件《关于进一步激发文化和旅游消费潜力的意见》，其中的关键词：发展新一代沉浸式、体验型、参与式的文旅演艺产品。

"沉浸"成了当前文化演艺的一个热门话题。沉浸的原意是浸泡，浸入水中。"沉浸理论"于 1975 年由 Csikszentmihalyi 首次提出，早期主要应用于游戏领域，就是让人专注在当前的目标情境下感到愉悦和满足，而忘记真实世界的情境。

美国哈佛商学院的分析资料：人的大脑通过五种感官接受外部信息的比例分别为：视觉 83%，听觉 11%，其余是嗅觉 3.5%，触觉 1.5%，味觉 1%。

近年沉浸式的设计理念已被应用到更广泛的领域，如沉浸式展馆（博物馆、科技馆）、沉浸式餐厅、沉浸式婚礼等。

本书主要探讨沉浸式的文化演艺，即通过科技手段和演出元素，让观众通过视觉、听觉、（还可以加上嗅觉、味觉、触觉）来欣赏获得沉浸感的演艺活动。

二、艺术创作和技术支持

艺术创作和技术支持是成功的演艺节目的基础。

（1）艺术创作：创意、剧本、音乐、演员表演、对白、舞蹈，文旅节目还要突出文化历史的传承。

（2）技术支持：技术为艺术服务。

1）好听（听觉效果）（aural）——音频技术（audio）。

2）好看（视觉效果）（visual）——视频技术（video）、灯光技术（lighting）、舞台机械（mechine）、其他特效（effect）。

三、沉浸式演艺活动的技术基础

听觉 3D（3D 音频技术）＋视觉 3D（3D 视频技术）＝3D 音视频技术，这是沉浸式演艺活动两个重要的技术基础，但不是全部（其他还有触觉等也很重要）。

D 是英文 Dimension（维度）的简称，3D 是指三维空间。

1. 沉浸式听觉 3D（3D 音频技术）

流行多年的立体声、环绕声技术，如杜比 5.1、杜比 7.1 和 DTS 等，只具有左右和前后（远近）两个维度（2D），仅给人以平面的听觉感受。

根据法国电信研究院在 2012 年 MPEG 标准会议上给出的定义：3D 音频应该保证重建的声像拥有水平（X）、垂直（Z）和距离（Y）3 个维度，使观影者感受到声音来自四周和上方，给声音以更为准确的定位。由于增加了"顶置声道"，从而使得观影者能够获得更接近真实的意境，具有沉浸式三维空间立体感和包围感的听觉效果。

2. 沉浸式视觉 3D（3D 视频技术）

通常我们看电影的画面只有上下、左右两个维度（2D），仅给人以平面的视觉感受。而 3D 立体影像是在上下、左右维度的基础上增加了前后这一维度，即影像有了深度感，观众能够观赏到"漂浮"在空中的具有沉浸式三维空间立体感的视觉效果。

四、影视 3D 和演出现场 3D

从制作方式或应用场所划分，3D 音视频技术可分为两类：

（1）影视 3D 音视频技术，如电影、DVD、家庭影院、游戏、VR 等，也称为数字电影系统技术，将安排在本章讲述。

（2）演出现场 3D 音视频技术，如话剧、歌剧、音乐会，特别是文旅演艺的大型主题剧场和实景舞台等演出现场，将安排在第九章和第十章讲述。

1. 影视沉浸式 3D 技术的特点和局限性

本章先讲述电影电视（家庭影院）领域的沉浸式音视频系统技术，包括 2D（平面）环绕声、3D 立体环绕声和 3D 立体影像等影视音视频技术。此类技术的共同点是所有音视频节目制品都是在电影摄影棚、电视演播厅或演出现场预先通过录音、录像加上必要的处理技术加工，制作成电影片或 DVD 碟片，供给用户用电影机或 DVD 机回放（playback）欣赏。依其运作的特点，也被称为"编码式音视频技术"（coding audio video tech）。其技术成熟，已应用多年，能给电影观众带来沉浸和震撼的视觉和听觉感受。杜比5.1声道影视环绕声系统示意图如图8-1所示。

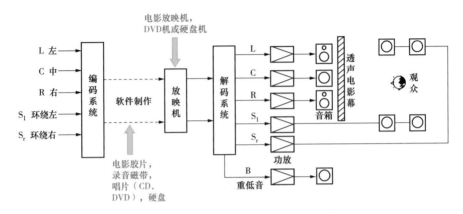

图8-1　杜比5.1声道影视环绕声系统示意图

但与剧场、音乐厅等现场演出相比，从观众的角度，它有一定的局限性：一是电影中的人物、景象等都是呈现在银幕上的虚拟影像，观众缺乏真实感和临场感，更不可能获得演员与观众之间互动交流的亲切感和参与感。二是目前"裸眼3D"技术尚不够成熟，观看3D电影需要戴上专门的光学眼镜，这带来成本增加和管理维护的复杂性。

2. 现场沉浸式3D技术的特点

近年人们把影视沉浸式3D音视频的理念和技术应用到剧院、音乐厅、主题剧场和大型实景演出等现场，获得很大成功。

其特点：一是现场（live），二是实时（real time）。

当演员在舞台上移动或走进观众席互动，以及吊"威亚"腾空飞越观众时，演员唱歌或念白的声像定位能实时同步跟踪，使观众感受到他们听到的声音，是"真实"地从演员的嘴里发出来，而不是从剧场分散布置的扬声器中发出的。

而在视觉方面，目前主要是发展不戴眼镜的虚拟视觉3D和互动技术，丰富了演出的视觉效果，增加沉浸感、神秘感和震撼力。

概括地说：演出现场的沉浸式3D音视频技术，就是要把观众在电影院观看3D大片中感受到3D听觉效果（人声语言、歌唱、呼喊、喘息和呻吟等）以及飞机、快艇、子弹、爆炸等效果声逼真而震撼的氛围移植到戏剧、音乐、综艺等演出现场，再加上虚拟成像和互动投影的虚拟3D视觉效果，从而极大地提高观众的沉浸感、临场感以及演员与观众互动带来的亲切感和参与感。国外已有许多成熟的演出现场3D音视频控制系统和成功的剧目。国内部分文旅演出实践也做了一些初步的探索，取得良好效果。现场沉浸式3D音频技术和沉浸式3D视频技术分别在本书第九章和第十章讲述。

五、从模拟电影到数字电影

从 20 世纪 20 年代有声电影诞生之日起，电影技术就实现了图像（画面）和声音（伴音）两种技术的紧密结合，从而使人们同时获得听觉和视觉的美好享受。

从电影技术的发展史来看，是电影画面技术的发展先于声音技术的发展——先有无声电影，再发展成有声电影。但电影的数字化发展过程则恰恰相反，是声音先于画面进入数字时代。从 20 世纪 70 年代起，音频技术经历了从单声道到双声道立体声到模拟环绕立体声再到数字环绕立体声和数字 3D 环绕声的快速发展历程。但在电影的图像放映方面，长期以来仍然是采用模拟技术，仍然采用传统的、有近一百年历史的胶片电影放映机。随着投影机技术的发展，逐步取代了胶片放映机，电影技术（包括画面技术和声音技术）才真正全面进入"数字电影"的领域。按照 2002 年国家广电总局颁布的《数字电影技术要求（暂行）》中明确提出"数字电影"的定义：数字电影是指以数字技术和设备摄制、制作、存储的故事片、纪录片、美术片、专题片以及体育、文艺节目和广告等，通过卫星、光纤、磁盘、光盘等物理媒体传送，将符合本技术要求的数字信号还原成影像与声音，放映在银幕上的影视作品。

目前为业界普遍认可的对"数字电影"最基本的理解，是指从电影的拍摄到后期制作，以及电影的发行和放映环节全过程都是采取数字方式，实现无胶片放映的电影。即是从图像技术到声音技术均已全部实现数字化的电影才能称为真正的"数字电影"。表 8-1 显示电影图像技术和声音技术的发展简史。

表 8-1　　　　　　　　　　　电影图像技术和声音技术的发展简史

模拟电影	图像技术	胶片电影放映机	平面 2D 电影
			立体 3D 电影
			巨幕电影
	声音技术	胶片光电录音	单声道
			杜比双声道立体声
			杜比 5.1 - 7.1 声道环绕声 DTS、SDDS

续表

			平面 2D 电影	
数字电影	图像技术	数字电影放映机	立体 3D 电影	
			巨幕电影	
			LED 显示屏	
			LCD 投影机	
			DLP 投影机	
			氙灯光源投影机	
			激光光源投影机	
			解析度 1.3K、2K、4K、8K	
	声音技术	数字录音	2D 环绕声	杜比 5.1 – 7.1 声道环绕声
				DTS
				SDDS
			3D 立体环绕声	杜比（Dolby Atom）全景声
				AURO – 3D
				IOSONO – 3D

　　按目前行内公认的高档电影放映厅配置是激光光源投影机、4K（或 8K）解像度，能够放映 3D 立体图像和 3D 全景声的巨幕放映厅。

　　本章以有限的篇幅侧重于讲述数字电影放映系统的原理、特点、工程设计和相关标准。而对数字电影的制作、传输以及数字影院的结构和建筑声学设计等内容则从略。

第二节　2D 数字立体声电影系统

一、2D 数字立体声电影系统的制式

　　从 1986 年杜比实验室推出杜比 SR 四声道环绕立体声电影系统，至今已有杜比 SR – D、杜比 7.1、DTS 和 SDDS 等多种平面的 2D 数字立体声的主流制式在全世界流行，这几种电影制式的特点见表 8 – 2。其音箱布局分别如图 8 – 2 ~ 图 8 – 4 所示。

表 8 - 2　　　　　　　　　　　　数字立体声电影系统的主流制式

主流制式	杜比 SR - D	DTS	SDDS	杜比 7.1
英文原名及缩写	dolby spectral recording - digital，Dolby SR - D	digital theater system，DTS	sony digital dynamic sound，SDDS	dolby surround 7.1
中文名	杜比数字频谱记录系统/杜比 SR - D 数字立体声系统	数字影剧院系统	索尼数字动态声	杜比 7.1 环绕声
录制方式	数字音频压缩编码 - 解码环绕声制式	数字音频压缩编码 - 解码环绕声制式	数字音频压缩编码 - 解码环绕声制式	数字音频压缩编码 - 解码环绕声制式
储存及重放声道	5.1 声道：L、C、R、Ls、Rs、SW	5.1 声道：L、C、R、Ls、Rs、SW	7.1 声道：L、LC、C、RC、R、LS、RS、SW	7.1 声道：L、LC、C、RC、R、LS、RS、SW
扩展模式	杜比 SR/D - EX、杜比数码 EX 6.1 声道环绕声：L、C、R、Ls、Rs、SW、Cs	DTS - ES6.1 声道、数字影剧院扩展系统、L、C、R、Ls、Rs、SW、Cs		
音箱布局	见图 8 - 2	见图 8 - 2	见图 8 - 3	见图 8 - 4
解码器	CP - 650D	DTS - 6	DFP - D3000	CP - 750D

注　L 表示左，R 表示右，C 表示中，S 表示环绕，Ls 表示左环绕，Rs 表示右环绕，Cs 表示中环绕，Bs 表示后环绕，SW 表示重低音。

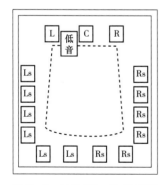

图 8 - 2　杜比 SR - D 及 DTS 音箱布局图

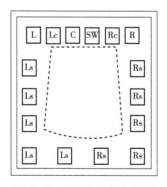

图 8 - 3　SDDS 音箱布局图

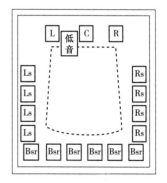

图 8 - 4　杜比 7.1 音箱布局图

　　THX（tomlinson holman xpermant system）系统：THX 并不是一个新的环绕声制式，而是环绕声设备或系统的一个"专业标准"的名称。是由美国卢卡斯电影公司制订，其目的是要为电影的音响系统树立一套优良标准。它严格规定了整套重放系统所用设备的规格、数量、布局和达到的指标等。所有申请采用 THX 系统的电影院客户必须通过鲁卡斯公司测试其音响特性，全部符合 THX 标准后才能被认证为"THX 影院"。

近年情况有所变化，尽管 THX 目前在国内组织仍在推广电影院认证，但是由于 QSC 及 JBL 等电影设备的主流大厂的参与度越来越低，其意义已大为降低。

二、数字立体声电影院的技术标准

1. 电影院工程设计的主要标准

目前我国已颁布有关电影院工程设计和调试的主要标准有：GB/T 3557—1994《电影院视听环境技术要求》、GB/T 15397—1994《电影录音控制室、鉴定放映室及室内影院 A 环、B 环电声频率响应特性测量方法》、GB/T 21048—2007《电影院星级的划分与评定》、GB/T 50356—2005《剧场、电影院和多用途厅堂建筑声学设计规范》、GY/T 183—2002《数字立体声电影院的技术标准》、JGJ 58—2008《电影院建筑设计规范》、杜比实验室《杜比立体声电影院技术指南》等。

按照相关标准的规定，电影院立体声系统的调试和检测，分 A 环和 B 环两大部分进行。A 环包括电影胶片上的声迹、从声迹拾取信号的声头以及接受声头信号加以放大和进行必要修正的前置放大器等。A 环调试和检测的目的是确保音响系统准确地从影片中读取声音信号并正确地传送给解码器。A 环特性的检测点在前置放大器的输出端，检测的是电信号。A 环的调试和检测通常由电影器材供应商或电影公司的技术人员负责操作。

专业电影院还音系统的 B 环，包括各条声道的频率均衡器、音量控制器、功率放大器、扬声器、直至场地的声学环境等。B 环调试和检测的目的是保证各声道的音量适中且相互平衡、频率特性良好。

2. 观众厅电声技术特性主要指标

GY/T 183—2002 中有关观众厅电声技术特性的 B 环的主要指标如下：

（1）主声道。主声道的频率特性应符合表 8 - 3 的要求。主声道的峰值声压级为 103dBC（不少于 3dB 的功率裕量）。主声道的调试基准声压级为 85dBC。

表 8 - 3　　　　　　　　　主声道的频率特性表

倍频程中心频率 f	频率特性要求	允差
50Hz 以下	−6dB/倍频程	
50Hz ~ 2kHz	平直	±3dB
2kHz ~ 10kHz	−3dB/倍频程	
10kHz ~ 16kHz	−6dB/倍频程	

（2）环绕声道。环绕声道的频率特性应符合表8-4的要求。左右两边环绕声道的峰值声压级均为100dBC（不少于3dB的功率裕量）。应根据观众厅容积的大小及对声场均匀性和峰值功率电平的要求，配置环绕扬声器的数量。每边环绕声道的调试基准声压级为82dBC。

表8-4　　　　　　　　　　　　环绕声道的频率特性

倍频程中心频率 f	频率特性要求	允差
100Hz 以下	-4dB/倍频程	±3dB
100Hz ~ 4kHz	平直	
4kHz ~ 8kHz	-4dB/倍频程	
8kHz 以上	-9dB/倍频程	

（3）次低频声道。次低频声道为独立声道，其频率范围为20 ~ 120Hz。峰值声压级为113dBC（留有相应的功率裕量）。

次低频声道的调试基准声压级为91dBC。

3. 观众厅建筑声学的主要指标

GB/T 50356—2005中有关电影院观众厅建筑声学的主要指标如下：

（1）观众厅混响时间。可根据观众厅的实际容积 V（单位：m^3），从图8-5中查得 T（单位：s）的上、下限值。图8-5为不同容积 V 的观众厅在500 ~ 1000Hz时满场的合适混响时间（T）的范围。

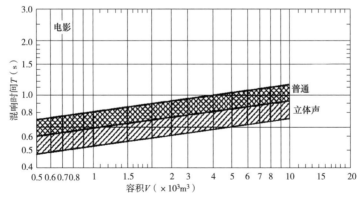

图8-5　混响时间 T 的范围

（2）观众厅面积小于500m^2 的立体声电影院，宜采用500m^2 相同的合适的时间范围。

（3）观众厅混响时间的频率特性，相对于500 ~ 1000Hz的比值应符合表8-5的规定。

表 8 – 5　　　　　　　　　　观众厅混响时间的频率特性

频率 f（Hz）	125	250	500	1000	2000	4000
混响时间比值	1.0 ~ 1.2	1.0 ~ 1.1	1.0	1.0	0.9 ~ 1.0	0.8 ~ 1.0

（4）噪声极限值：单声道普通电影院不超过 NR – 35，立体声电影院不超过 NR – 30。

（5）多厅式影院相邻观众厅的中频（500 ~ 1000Hz）隔声量不应低于 60dB，低频（125 ~ 250Hz）隔声量不应低于 50dB。

（6）观众厅内不得出现回声、多重回声、颤动回声、声聚焦和共振等缺陷，且不应受到电影院内设备噪声、放映机房噪声或外界环境噪声的干扰。

4. 指标对比

将上述数字立体声电影系统的建筑声学指标和扩声系统指标与 JGJ 57—2016《剧场建筑设计规范》的建声指标和 GB 50371—2006《厅堂扩声系统设计规范》的电声指标相对照，可以看出数字立体声电影院与一般的剧场、多用途类厅堂等场所在建声和电声系统设计指标方面有以下几个不同点：

（1）数字立体声电影院要求的混响时间较短：JGJ 57—2016 提出多用途、会议功能的观众厅（以 2000m³ 为例）500Hz 混响时间设置为 1.1 ~ 1.4s，歌舞话剧功能更长至 1.3 ~ 1.6s。而同样条件下，查图 8 – 5 可得出数字立体声影院混响时间为 0.55 ~ 0.7s。设定如此短的混响时间主要是为了突出电影的人声对白清晰度和环绕声营造逼真（声像移动不能"拖泥带水"）的临场感。

（2）数字立体声电影院扩声系统的最大声压级指标高于多用途类厅堂扩声的最大声压级指标：后者的一级指标为 103dB，而前者除要求左、中、右主声道不小于 103dB 外，还要求次低音声道不小于 113dB，环绕声道不小于 100dB。这是为了营造日常生活中大动态范围的音量变化，特别是配合电影情节中的炮火连天、天崩地裂等强劲的音响效果。

（3）数字立体声电影院要求扩声系统的传输频率特性较一般厅堂要平直一些。特别是低频段延伸，使观众不仅耳朵"听"到音响效果，而且要使整个身心都感受到声波的"震撼""冲击"效果。

三、数字影院扩声系统的特点

（1）数字电影还音系统（即扩声系统）与一般演出的扩声系统设备的要求和组合基本相同，尤其是功率放大器完全可以通用。而两者最大的不同点有二：①数字电影系统必须配备专业的数字电影解码器，而演出扩声系统的核心设备——调音台在电影系统中通常都无须配置；②主音箱的结构和特性有所不同。当然，一般演出用的优质大功率专业音箱直接用于电影系统作为主音箱的放音也能取得相当好的效果。但要能获得高清晰度的人声对白和准确的声像定位，必须选用专门为电影还音设计的音箱，国外的著名品牌如 JBL、EV、EAW、QSC 等都有专门的电影系列音箱，国产飞达、三基（β3）、LAX、音王等品牌的电影音箱近年也达到相当高的水平。早期都普遍配用恒指向性的大型优质号角扬声器（见图 8-6），以确保能清晰地重放影片中人物的对白语言，并能较均匀地覆盖到整个影院的观众席。近年随着扬声器设计技术的提高，"大号角"的体积也已适当缩小。

图 8-6　左、中、右扬声器三组流动主音箱

电影系统的左、中、右扬声器通常安装贴近于银幕背后，可以固定安装，也可装在移动的小车上（见图 8-6），或吊于吊杆上随银幕一同升降。左、右扬声器尽可能靠银幕两侧使声像定位更明显。在垂直方向上，高音号筒中央应处于银幕高度的 2/3 或更高些以免造成前排声压过高。左、右扬声器的声轴在水平方向上应向中线倾斜，左、中、右三条声轴相交于观众厅长度的 2/3 处。声轴在垂直方向上的指向，在无楼座的观众厅应下俯指向观众厅长度 2/3 至最后排，在有楼座的观众厅一般是保持水平。

（2）数字电影系统的环境音箱（也称"环绕声音箱"）一般选用频响较宽的带中高音号角的全频音箱，辐射角不宜过大，应确保左、右两侧的环绕音箱均能有效地辐射到另一侧。

环绕音箱宜均匀布置在观众厅后墙和两侧墙后部约 2/3 座位区，高度离地面 3m 以上，左右环绕箱略向下俯，使声轴指向观众席宽度约 2/3 处。环绕音箱不应采用广播系统带线间变压器的高阻接法，而应直接采用低阻（4~8Ω）连接，以保证良好的频率特性。通过适当的串、并联使总阻抗保持在 4~16Ω 的范围，从而直接接入低阻的功率放大器。

（3）数字电影系统的次低音（或称超低音、重低音）音箱与演出用的次低音音箱要求相同，但考虑数字电影次低音声道的声压级要求达到113dB，故应选择功率大、过载能力强的次低音音箱，安装位置无特殊要求。

（4）电影与会议及演出功能的兼容问题。近年各地大量新建或改造的文化中心、多功能礼堂和影剧院等普遍都定位为兼具会议、文艺演出加上放映电影等多项功能，因而牵涉多个不同规范的声学设计标准，出现了多种可能的做法。

1）建声的兼容设计。最理想的做法是采取可变混响的建声设计，但结构复杂、造价高昂。目前绝大多数多功能厅从折衷的角度考虑，参照建设部JGJ 57—2016《剧场建筑设计规范》中对多用途、会议、演出兼放电影功能的观众厅（2000m^{3}体积为例），500Hz混响时间设置为1.1~1.4s。

2）电声的兼容设计。

a. 最理想的做法是设置两套互相独立的扩声系统：其中一套是会议、演出用的单声道或双声道扩声系统，音箱采用固定安装形式，而放映电影则另配一套扩声系统，按左、中、右、环绕和超低音等多声道系统设计，放电影用的左、中、右三套音箱分别装在三台小车上做成移动式（或电动升降），放电影时紧贴在透声银幕背后，会议或演出时音箱收藏不用。这个方案播放电影时的放声效果最佳，但造价略高一些。

b. 会议、演出与数字立体声电影公用一套功放和音箱（这种设计近年比较流行），整套扩声系统应参照杜比SR－D指标设计，而在放电影时，还应增加一套移动式（小车或搬运）中置音箱以改善人声效果和适当拉低中置声道的声像。这比上一方案节省投资，效果当然要差一些。常见一些单位以会议、演出为主，只偶然放映电影（实质是播放投影片）的礼堂、多功能厅等场所。

这种演出与电影共用的系统，设计和安装调试的关键问题是要解决好电路的切换装置。可采用继电器或跳线盘或一体化数字处理器，方便而可靠地将功放的输入端由电影状态的解码器输出端切换到演出状态的调音台输出端。

c. 部分设备公用：会议、演出与数字立体声电影公用一套次低音音箱和功放，其他部分独立分开，这是以上两种方案组合的折中方案，近年使用较广泛。

第三节　数字电影系统技术

一、数字电影系统技术的内容

数字电影系统技术包括制作技术、发行技术和放映技术三部分。

1. 制作技术

数字电影有三种制作方式：①用计算机生成画面；②用高清晰度的数字磁性记录摄像机拍摄；③用胶片摄影机拍摄，并通过"胶转磁"技术变成数字信号。其中第二种方式正日益广泛应用。

2. 发行技术

数字电影有三种发行方式：①国际通信卫星链路；②互联网络；③物理方式（包括数字光盘、移动硬盘），目前国内主要采用卫星和移动硬盘两种方式。

3. 放映技术

数字电影的放映（包括声音和图像的重放），主要是通过数字电影放映机和数字电影服务器两大设备组成数字电影放映院系统（digital cinema theater system）来完成。

（1）数字电影服务器（digital cinema server）：在音频方面，数字电影服务器输出 2 ~ 8 路数字（或模拟）信号，经杜比数字音频处理系统转换成为模拟信号进入功放，推动扬声器实现 5.1 或 7.1 声道环绕立体声还音。在视频方面，数字电影服务器采用 HD – SDI 接口输出高码流的数字视频信号，传送给数字放映机，在银幕上投映出影像。

（2）数字电影放映机（digital cinema projector）。数字电影放映机以美国德州仪器公司（TI）的 DLP 三片式 DMD 技术最为成熟。迄今为止通过德州公司和好莱坞授权认证的数字电影放映技术有美国的科视（Christie）、比利时的巴可（Barco）和日本 NEC 等公司。日本 SONY 公司生产的数字电影放映机也占有一定的市场份额。本书主要讲述放映技术。

二、数字电影的相关标准

从数字电影开发的初期，多个国际组织和企业集团就努力着手制订有关数字电影的国际标准，希望能达到像 35mm 胶片拷贝那样的兼容性，在全球的电影院都能放映。但由于数字电影技术的复杂性，特别是有关的标准内容不可避免地会牵涉各企业、集团甚至国家之间的利益矛盾，因此经多年的酝酿讨论，至今尚未形成完全统一的国际标准。

目前国际上共有三个组织（DCI、SMPTE DC28 和 ISO/TC36）正分头制订数字电影的有关标准，我国广电总局近年也陆续制订和发布本国的数字电影标准。下面对上述标准分别作一简述。

1. DCI 《数字影院系统规范》

2002 年 6 月，好莱坞七大制片公司——迪斯尼（Disney）、米高梅（Metro – Goldwyn – Mayerl)、福克斯（Fox）、派拉蒙（Paramount Pictures）、索尼影像娱乐（Sony Pictures Entertainment）、环球片厂（Universal Studios）和华纳兄弟（Warner Bros）联合成立了数字电影倡导联盟（Digital Cinema Initiatives，DCI）机构，陆续制定和发布了多个有关数字影院的技术标准。最重要的是《数字影院系统规范》和《数字影院系统符合性测试方案》等。

DCI 虽然不是数字影院技术标准的起草、制定和发布机构，但由于好莱坞在全球电影制作和发行领域的垄断地位，各国必须满足上述规范才能获得好莱坞的片源，因此 DCI 制定的数字影院技术规范和符合性测试规范等自然就具备了相当的权威性，必然在全球数字影院发展中最受关注和最具影响力。

2. SMPTE DC28 数字影院标准

SMPTE DC28 是美国电影电视工程师协会（Society of Motion Picture and Television Engineers，SMPTE）属下的数字影院技术委员会的简称。SMPTE DC28 标准是目前全球数字影院发展重点关注和参照的技术标准，其在标准的制定过程中重点参考了 DCI《数字影院系统规范》的基本原则、内容和指标，并在其基础上进行了体系化的分解、细化和完善。

3. ISO/TC36 数字影院标准

ISO/TC36 是国际标准化组织（International Standard Organization，ISO）电影技术委员会的简称，是全球电影统一采用的最高标准的制定单位。

4. 我国数字影院技术标准

如前所述，DCI 以其在全球电影领域的垄断优势，制定了一系列数字电影规范，各国必须满足该规范才能获得好莱坞的片源，这是 DCI 为了最大限度保护影片发行商的利益和巩固其垄断地位而采取的策略。

面对如此局面，为了保护我国民族电影产业（包括影片制作、发行和电影放映设备的生产等）的发展，并促进数字电影在我国更加广泛普及，从 2007 年起我国逐步确立适合本国国情的高、中、低三级数字电影发展体系，由广电总局主持陆续制定和颁布了一系列技术标准文件。

（1）在大城市专业影院高端市场，采用与国际接轨的 DCI 标准。这主要有两个原因：一是由于目前全球的电影市场基本上都依赖于美国片源，我国电影市场也有近一半份额依靠国外片源，如果与国外标准不兼容，影片就进不来。另一原因是近年我国电影也将越来越多地走出国门，为此，我国数字电影的技术标准也应尽量同国际和先进国家的标准保持一致。

据此原则，我国一直在跟踪 DCI 和 SMPTE DC28 数字影院标准的进展，并根据其进展制定和完善我国相应的技术规范。目前最新的标准是：2007 年 8 月根据 DCI《数字影院系统规范》V1.1 版和 SMPTE DC28 已公布的相关标准，制定了 GD/J 017—2007《数字影院暂行技术要求》（称为 D – Cinema 标准）。

（2）在农村、社区、厂矿、学校和中小城市，分别建立适合我国国情的数字电影流动放映系统和数字电影中档放映系统，不套用 DCI 标准，而是采用自有格式，制定我国自主的标准（称为 E – Cinema 标准）。目前最新的标准如下：

1）2007 年 5 月制定了 GD/J013—2007《数字电影流动放映系统技术要求》。

2）2007 年 8 月制定了 GD/J014—2007《数字影院（中档）放映系统技术要求》。

近年我国相关部门陆续制定和颁布一批有关数字电影的标准和规范，主要有：GY/T 248—2011《数字电影中档和流动放映系统用声频功率放大器技术要求和测量方法》、GY/T 250—2011《数字电影流动放映系统用投影机技术要求和测量方法》、GY/T 251—2011《数字电影流动放映系统技术要求和测量方法》、GY/T 256—2012《数字电影中档放映系统技术要求和测量方法》、JB/T 12112—2015《数字电影放映机反光镜 技术条件》、GD/J 047—2013《数字影院立体放映技术要求和测量方法》。

需要的读者可查阅有关参考文献，本书从略。

5. 数字电影与高清电视的参数对比

表 8 – 6 列出了数字电影与标清电视（SDTV）、高清电视（HDTV）和超高清电视（VHDTV）等数字影视技术的参数对比。可见数字电影的技术参数已优于 SDTV 和 HDTV，但与 UHDTV 还有一定差距。

数字电影的图像分辨率：

中国标准：0.8K——1024 × 768 农村放映机；1.3K——1280 × 1024 国内标准机。

国际标准（DCI 数字影院倡导联盟）：2K——2048 × 1080；4K——4096 × 2160；8K——7680 × 4320。

表 8 – 6　　　　数字电影与标清电视、高清电视及超高清电视的参数对照表

类型	标清电视（SDTV）		高清电视（HDTV）		数字电影（D – Cinema）		超高清电视（UHDTV）
型号	NTS	PAL	高清	全高清	2K	4K	4000 线
分辨率（像素）	720 × 480	720 × 576	1280 × 720	1920 × 1080	2048 × 1080	4096 × 2160	7680 × 4320
总像素	34.56 万	41.47 万	92.16 万	207.36	221.8 万 884.74 万	884.74 万	3317.76 万
声道数	1 或 2		5.1		5.1/6.1/7.1		22.2

第四节　数字影院放映系统的组合和工程设计

一、数字影院放映系统的组合

数字影院主要由信号卫星接收设备、数字电影服务器、数字电影放映机、影院音频系统、影院自动化智能控制系统等构成，图8-7为一间数字影院放映系统的基本组合结构。数字电影服务器（digital cinema server）内的放映文件包含了音频和视频信息，分别通过数字音频处理器和数字电影放映机来完成声画再现。数字电影服务器输出2~8路数字或模拟音频信号，经过杜比数字音频处理系统的计算和转换后，成为模拟信号进入功率放大器，推动影院扬声器还音。在视频方面，数字电影服务器采用HD-SDI接口输出高码流的信号，送到数字放映机的格式转换和宽高比及色彩调整等单元处理，最后在银幕上形成影像。

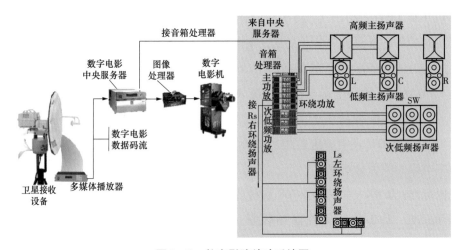

图8-7　数字影院放映系统图

如果采用通信网络、数字有线网或计算机广域网等进行信号传送，则将卫星接收部分更换成相应的网络接收设备。如果采用光盘进行节目传送，则通过服务器上的光盘驱动器将节目内容读入服务器。

二、工程设计典型实例

1. 140座小型数字影院

该影院长21.25m，宽20m，高9m，屏幕尺寸设计为14m×6m。影院设置137个座席以及两个残疾人座席。小型剧院的立面、平面布局图分别如图8-8和图8-9所示。

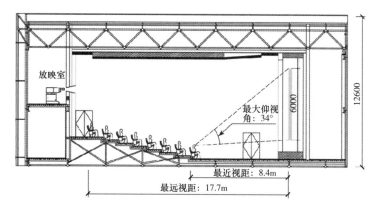

图8-8　小型剧院立面图

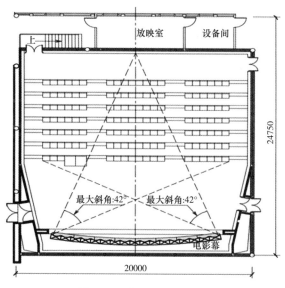

图8-9　小型剧院平面图

（1）观众座位。符合 GY/T 183—2002《数字立体声电影院的技术标准》中观众厅建筑工艺要求（见表8-7和图8-11、图8-12）。

表8-7　　　　　　　　　　　　　　观众座位布局

项目名称	技术要求	指标值	实际值
最大视距	不大于1.5倍银幕宽度（m）	≤21	17.7
最近视距	不小于0.6倍银幕宽度（m）	≥8.4	8.4
垂直仰视夹角	不大于40°	≤40°	34°
边座控制角	小于45°	<45°	42°

（2）电影放映系统。数字电影放映机采用二用一备的方式（其中一台电影机作为

备份)。放映系统采用 Barco DP – 2000 高亮度（20000lm）数字电影机，配合 GDC 公司 SA – 2100A 数字电影服务器，采用国际标准：DCI MXF JPEG2000 3D 数字打包格式播放立体声和立体画面的 3D 影片（本章第六节讲述）。该服务器分别输出左右眼的数字图像信号（双链路 HD – SDI）及 16 路（实际应用 5.1 声道）非压缩数字音频（AES/EBU）信号。

系统支持 2K（2048×1080）格式的 3D 播放。

（3）采用高增益 14m×6m（约为 2.35：1），增益为 2.5 的金属透声软幕，为了消除高增益银幕的光不均匀性，采用半径为 50m 的弧度安装。

（4）选用 DTS XD10p 数字影院音频处理器。主声道（左、中、右）扬声器选择 QSC SC – 423 三分频扬声器，次低音扬声器选择 2 只 SB – 5218，环绕扬声器则选用了 12 只 SR – 46 环绕扬声器，如图 8 – 10 所示。

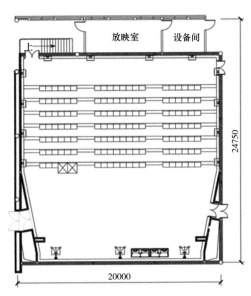

图 8 – 10　小型影院音箱平面布局图

（5）选择 QSC 的 DCA 系列数字功率放大器，提供每通道 200～1700W 的功率。

2. 五厅数字影院

图 8 – 11 是五厅数字影院 7.1 声道音响系统图。图中仅画出其中一个厅的系统配置。各影厅音响系统通过以太网交换机及计算机进行连接和管理。

设备型号及参数如下：

（1）影院数字处理器 DCP300。

（2）主扩声音箱 SC – 434：四分频主扬声器，3×15in 低音，最大输入功率低频 1200WRMS，中频 275WRMS，高频/超高频 230WRMS。

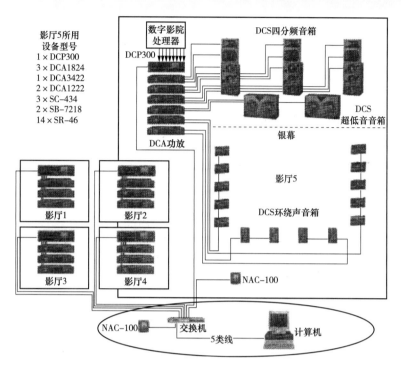

图8-11　五厅数字影院7.1声道音响系统图

（3）次低频音箱 SB - 7218：2 × 18in 低音，最大输出：137dB，最大输入功率：1200W RMS。

（4）环绕声音箱 SR - 46：最大输出：125dB，最大输入功率 250W RMS。

（5）功放 DCA1222：立体声模式：8Ω 215W。

（6）功放 DCA3422：立体声模式：8Ω 800W。

（7）功放 DCA1824：四声道模式：8Ω 170W，AB + B 类。

第五节　巨幕电影

数字电影发展迅速，不断开发出许多新技术。本节介绍巨幕电影的原理、特点和发展动向，供读者参考。

一、IMAX 巨幕电影

1. 概述

IMAX 源自英文"Image Maximum"（影像最大化），是加拿大 IMAX 公司研发的一种巨型银幕电影。早期的 IMAX 仍然采用传统的胶片放映模式。传统的 35mm 影片为 4个齿孔一个画面，IMAX 电影使用 70mm 15 齿孔的电影胶片，有效画面是一般 70mm 宽银幕胶片的 3 倍。电影画格越大，所容纳的信息内容就越多，图像也就越清晰。

2. IMAX 电影厅的类型

目前 IMAX 影厅分为 IMAX GT 影厅、IMAX SR 影厅、IMAX MPX 影厅和 IMAX digilal 影厅四类。

（1）IMAX GT 影厅于 1970 年推出，一般为 400~1000 座，银幕为 30m×24m。

（2）IMAX SR 影厅是 IMAX 公司为降低土建和设备投入以及节省运营成本，一般限定座位为 350 座，银幕小于 21m×17m。

（3）IMAX MPX 影厅是 IMAX 公司为放映 IMAX DMR 影片而推出的紧凑型放映系统设计而成的影厅标准，银幕小于 23m×14.5m，对应的座位数为 350 个。

（4）IMAX digital 影厅：以上三类 IMAX 影厅仍是采用胶片放映，近年已被采用投影机放映的 IMAX 数字（IMAX digital）影厅逐步取代。

3. IMAX MPX 影厅的技术标准

（1）IMAX MPX 影厅的平面布局要求长宽比尽可能接近 1∶1，而原有 35mm 影厅的长宽比约为 1.5∶1，因此在改建过程中只需要缩短长度。IMAX MPX 影厅要求看台坡度（前后排高度差与排距比值）应为 18°（GT 为 20°，SR 为 25°），以满足观众在座位区域和上下通道时不遮挡放映光束的要求。

（2）首排座椅设置的曲率半径约等于放映距离，其后各排以此为同心圆排列。银幕在水平方向上设计为高比为 8.3∶1 的弧面，并且向前倾斜 15°。

（3）建声设计要求。

1）最佳混响时间。当频率 $f=500$ Hz 时，$T_{60}=0.5$s（≤400 座）或 $T_{60}=0.7$s（>400 座），允许厅内混响时间可上下浮动 25%。

2）建议的混响时间频率特性。混响时间应随着频率的升高递减，500Hz 以上的递减应平缓且渐次，无明显的峰值和间歇。

3）声场不均匀度。观众厅内各测点声压级的最大值与最小值之差不大于 6dB，最大值与平均值之差不大于 3dB。

4）本底噪声观众厅的稳态噪声应符合 NC－25 噪声评价曲线，相当于噪声LA≤35dB。

（4）IMAX6.1 声道音响系统。早期胶片放映的 IMAX GT、IMAXSR 和 IMAX MPX 影厅的音响系统均是在通常的 5.1 声道的基础上，在中央声道的上层增加一个上层中置声道音箱，构成 6.1 声道音响系统，如图 8－12 所示。增加上层中置音箱可提高总声压级，改善声场不均匀度，而且可以更精确地表现垂直方向上的声像移动，营造更为精确的声像定位。

近年发展的 IMAX digital 系统则已采用 12.1 声道的还音系统。

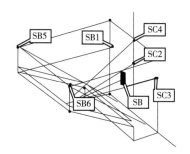

图 8 – 12　IMAX 6.1 声道扬声器布局

4. IMAX 影院厅堂工程实例

某 IMAX 影院采用 6.1 声道的环绕声设计，6 个声道均采用了 4 扬声器的阵列组合，每个阵列都由 4 个不同型号的 JBL 扬声器组成，分别为 JBL 2404 H（超高频）、JBL 2445 J（全频）、JBL 2123 H（大功率低频）和 JBL model 2245 H（低频扩展），同时采用了 8~16 个 JBL model 2242H 扬声器作为系统的超重低音。

本厅堂采用 IMAX SR 影厅的标准，设定厅堂尺寸为 25.0m×21.3m×l7.6m，最前排的观众离银幕为 7m，看台坡度 25°，银幕大小 21m×17m，如图 8 – 13 所示。

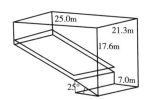

图 8 – 13　IMAX 6.1 影院厅堂模型

二、DMAX 中国巨幕

1. DMAX 的特性

DMAX（Digital Max，数字最大化）是由中国电影科研所和中影集团牵头开发的巨幕电影放映系统，诞生于 2014 年 4 月。它使用两台数字放映机和圆偏振系统和 3D 眼镜以及线阵列 12.1 声道环绕声系统，配合大起坡、宽排距、低视点的座位设计。IMAX 巨幕的标准尺寸为宽 22m、高 16m，而 DMAX 则采用了宽 20m、高 12m 的 2.4 增益的巨型金属银幕，座位比标准的 IMAX 厅少了十几个。

2. DMAX 诞生和发展的背景

在《阿凡达》之前，IMAX 系统在中国推广得很艰难，原因之一是影厅建设成本太高，同时 IMAX 片源也难以满足影院的需求。因此我国自行开发 DMAX 系统，其放映机成本是 IMAX 的 1/10。放映技术有普遍应用性，只要是数字拷贝就能在 DMAX 厅放映，从而能更好地利用起那些没法在 IMAX 厅播放的 3D 大片，不仅省去国外巨幕品牌的技术垄断专利费用，还取消了与国外巨幕品牌进行高额的票房分成，并且在设备维护的过程中，我们可以很熟悉地操作自己的系统，为之进行维护与保养。

3. 工程实例

合肥中影巨幕系统：使用了 3 只 JBL 5742 用于主声道扬声器，18 只 JBL AC2212及 12 只 JBL 8350 用于环绕声扬声器，3 台 CROWN CNI－6000 作为主声道低音及中低音功率放大器，3 台 CROWN CNI－2000 作为主声道中高音功率放大器。2 台 CROWN CNI－4000 用于次低音功率放大器。6 台 CROWN CNI－2000 用于左环、右环、左后环、右后环、左右后角、左右顶效果声道功率放大器。"中国巨幕"采用 20m×12m 的大银幕进行 2D 和 3D 的影片放映。亮度约为 36000lm，分辨率约为 220。

第六节　3D 立体电影系统

一、3D 立体电影的特点

3D 立体电影系统是指既有 3D 立体影像（画面）同时又有 3D 立体声伴音效果的电影系统，即是同时具备"视觉 3D"和"听觉 3D"两个不同技术领域的电影技术。

目前观看电影基本上就是：最古老的 2D 影像＋2D（5.1、7.1）环绕声、目前较为流行的 2D 影像＋3D 立体环绕声以及近期发展的 3D 影像＋3D 立体环绕声等三种组合模式。

二、3D 立体声电影系统

多年来流行的各种电影声音制式基本上都局限于二维空间（2D）的层面上，近年随着数字电影的图像技术发展迅速，3D 立体影像技术日趋成熟，人们开始发现声音和画面脱节的问题逐渐凸显。例如当画面到了观众眼前时，声音还在比较远的地方，类似这种对声音更加严苛的需求，推动了电影 3D 立体声技术的发展。

3D 立体声也称为 3D 环绕声（three－dimensional surround sound），该系统是在 2D的基础上发展了垂直高度的、第三个层面的音响系统，采用基于 3 个轴（x = 宽度，y = 深度，z = 高度）的三维声场设计，配合 3D 影像效果，使观影者更能感受到声音来自四周和上方，从而获得最接近真实情境。近年在 3D 环绕声领域先后出现了多种不同的技术和制式，其中的主流技术是 Dolby Atmos、Auro－3D 和 IOSONO 等系统，在我国的大、中城市先后建立了放映 3D 环绕声影片（兼容 2D）的电影院。此外还有 DTS：X和 MPEG－H Audio 等 3D 环绕声制式。

1. Auro – 3D 环绕声系统

Auro – 3D 环绕声系统是 2006 年由比利时银河录音室（galaxy studios group）Wilfried Van Baelen 最先提出，随后德国森海塞尔（Sennheiser）公司于 2009 年参与研发和推广应用。Auro – 3D 在原有的 5.1 或 6.1 2D 环绕声音箱组合中加入 4 个高度扬声器（height speaker）或称为顶置扬声器，从而获得三维空间的声音表现方式，可提供 9.1 或 10.1 声道的输出（见图 8 – 14）。Auro – 3D 技术使音响性能提高的不仅仅是声音中包含了"高度"的信息，而且在声音音质的基础细节方面有了质的飞跃，乐器和人声等音色的质感更为生动与传神；而且由于加入了高度扬声器，使构成的声音环境不存在最佳聆听位置（皇帝位）的局限，无论听众处在哪个方位都仿佛置身声场中央，能感受到最佳的听音效果。Auro – 3D 应用于商业影院的标准配置为 11.1 声道和 13.1 声道（见图 8 – 15）。

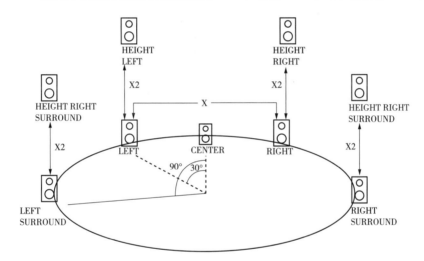

图 8 – 14 Auro – 3D 9.1 声道音箱布局图

LEFT—左；CENTER—中；RIGHT—右；HEIGHT LEFT—高左；HEIGHT RIGHT—高右；
HEIGHT LEFT SURROUND—高左环绕；HEIGHT RIGHT SURROUND—高右环绕

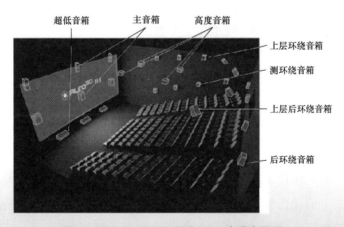

图 8 – 15 Auro – 3D 影院 13.1 声道布局图

2. IOSONO–3D 系统

德国弗劳恩霍夫（Fraunhofer）研究所和 IOSONO 公司于 2008 年推出 IOSONO 3D 环绕声方案。其理论基础是基于惠更斯原理演变而来的空间声音合成技术［或称为波场合成（wave field synthesis，WFS）］，用于创造虚拟声学环境。从理论上可以更好地解决声音定位问题，并且改善最佳听音点问题。

图 8–16 和图 8–17 分别显示 IOSONO 电影厅扬声器剖面和平面布局图。

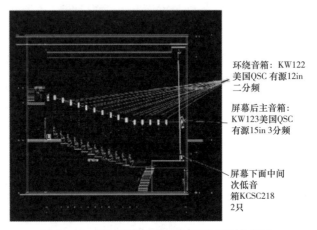

环绕音箱：KW122
美国QSC 有源12in
二分频

屏幕后主音箱：
KW123美国QSC
有源15in 3分频

屏幕下面中间
次低音
箱KCSC218
2只

图 8–16　IOSONO 电影厅扬声器剖面布局图

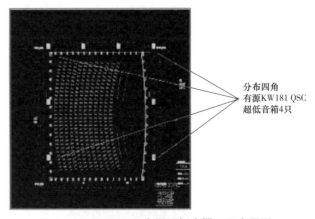

分布四角
有源KW181 QSC
超低音箱4只

图 8–17　IOSONO 电影厅扬声器平面布局图

IOSONO 系统的一个重要特点是不仅应用于 3D 电影院，而且被应用于剧场、歌剧院、主题公园和各类直播现场中营造 3D 环绕声效果，参见本书第九章第一节。

3. Dolby Atmos 系统

（1）结构特点。2012 年 4 月 24 日 Dolby 公司宣布推出杜比全景声（dolby atmos）系统。由于技术上的优势加上好莱坞制片公司的支持，提供充足的片源，dolby atmos 系统在较短时间内就占据了 3D 环绕声影院大部分的市场份额。

杜比全景声系统和其他 3D 环绕声相同之处，都是增加了顶置扬声器（顶部声道），为观众创造沉浸式体验。该系统设置 128 个分立声轨，能同时传输 128 个无损音频输入（声道或对象），并支持从 5.1 到 64 路独立的扬声器输出。这里要强调一点，杜比全景声系统并不是简单地增加扬声器数量，而是能使声场的定位更加准确。Atoms 是一种算法，不是简单的 n.n 声道的音轨信息，它最重要的特点是其工作原理包含声床（bed audio）、声音对象（object audio）和全景声源数据（metadata）三个技术内容。图 8-18 是杜比全景声工作原理示意图。下面作简要说明。

（a）音床（Bed Audio）　（b）对象（Object Audio）　（c）全景声源数据（Metadata）　（d）杜比全景声（Dolby Atmos）

图 8-18　杜比全景声工作原理示意图

1）声床："声床"（bed audio）是整个电影声音的基础，可以把声床理解为传统的 5.1 或 7.1 声道。

2）声音对象："声音对象"是指人们在电影场景中所听到的任何声音，是存在于三维立体空间里的一组音效，静止或移动的声音元素。在三维声场内，每一个"对象"（object）都具有与之对应的位置坐标。杜比全景声是把过去基于声道（channel - based）的混音技术上升为基于声音对象（object - based）的音频处理技术，也就是说声音不再是按照声道预设好的，而是根据具体环境，通过解码器计算后，按照算法来确定具体的某一路或多路功率放大器和扬声器输出。电影制作者运用杜比全景声，可以准确地确定这些声音的发声位置，并随情节发展精确地控制声音的位移。

如本章第一节的图 8-2 所示，在杜比 SR-D 5.1 声道中，假设想要实现一架直升机的声音从观众厅右侧移动到左侧的效果，直升机声先出现在右侧环绕区域，此时右侧所有环绕音箱（Rs）发出相同的声音，然后一下子跳到左侧环绕区域（Ls），这种跳跃达不到逼真的环绕声移动效果。在 7.1 声道（见本章第一节图 8-4）中情况有所改善，直升机声是从右环绕（Rs）移动到右后环绕（BRs），再到左后环绕（BLs），最后到左环绕（Ls）（即声音依次从一系列扬声器发出），实现了声音较为流畅的移动效果，但是还不够精确。发展到杜比全景声，直升机的声音是被当作一个声音对象进行处理，它的声音会依次经过观众席两侧和后面的每个扬声器，实现了极为精确、流畅的声音移动。加上观众席上空安装的顶置扬声器，逼真地模拟画面中从上方来的声音，例如直升机在头顶盘旋、打雷声、下雨声等等。不仅能给观众更好的头顶环绕感和沉浸感，还能精确定位头顶声音的位置,实现一些非常复杂精细的效果。

3)全景声源数据:"源数据"(metadata)是指记录录制现场每一个对象的坐标位置、音像大小及移动时间等重要信息。

以上三个技术内容结合组成的杜比全景声系统能自动计算,并通过扬声器呈现出完整的全景声音效。无论扬声器的数量与位置是什么状况,都能被灵活应用,从而兼备了"声道"和"对象"两者的优点。

(2)Dolby Atmos 相关标准。以下摘录《杜比全景声规格 第 3 期》(Dolby Atmos Specification Issue 3)的部分技术指标,仅供参考。

1)屏幕扬声器:至少需要 3 个屏幕扬声器,对于宽 12m 的屏幕,推荐添加左中和右中扬声器。声压级在参考聆听位置(RLP 座位区中间 2/3 距离)不小于 105dB (SPL),频率响应:80Hz ~ 16 kHz,±3dB。

2)屏幕超低音扬声器:31.5 ~ 120Hz,±3dB,声压级 +10dB(与中心扬声器相比)。

3)环绕扬声器:声压级 99dB。环绕阵列扬声器:声压级 105dB,频率响应:40 ~ 16Hz,±3/ ±6dB。

4)环绕超低音扬声器:40 ~ 120Hz,+3/ −6dB 0dB(与中心扬声器相比)。

5)顶部环绕扬声器(略)。

有关《杜比全景声规格 第 3 期》的详细内容请参阅相关参考文献 [31],此处从略。

(3)Dolby Atmos 影院典型案例。以下简介 2019 世界 5G 大会的一间 5G +8K 全景声剧院,配置 15.1.10(第一数字表示平面声道数,第二数字是重低音声道数,第三数字是顶置声道数)Dolby Atmos 系统的布局(见图 8 − 19 和图 8 − 20)和主要设备(见表 8 − 8)。

图 8 − 19　15.1.10 环绕声影院实景

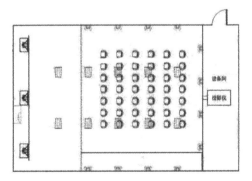

图 8 − 20　15.1.10 环绕声影院平面布局图

表 8 − 8　　　　　　　　　　15.1.10 环绕声影院系统设备清单

主要设备	型号	数量
银幕声道	JBL 9722N	3

续表

主要设备	型号	数量
低频效果声道	JBL 4181	2
侧环	JBL 9400	8
后环	JBL 9400	4
顶环	JBL 9400	10
信号处理器	Bss BLU806	1
功放	DCi 8 ｜ 300N	1
功放	DCi 4 ｜ 600N	1
功放	DCi 8 ｜ 600DA	1
功放	DCi 8 ｜ 300DA	1
功放	DCi4｜600DA	1

（4）飞达 FCQA—9631 数字影院音频处理器简介。

主要功能如下：

1）16 个独立通道，适用于对正解码的数字信号进一步优化处理。每个通道有 31 段图示均衡器和独立的增益控制、延时调节、限幅控制可选，分频频点可选功能。

2）自带标准测试信号粉红噪声、白噪声、正弦波信号及正弦扫频（20Hz～20kHz）测试信号。

3）100M ETHERNET（以太网）、USB 端口，连接电脑软件控制端口。

4）16×16 矩阵信号输入输出信号选择。

5）背板说明。设备背板如图 8 – 21 所示。

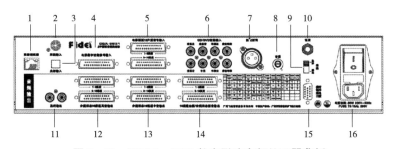

图 8 – 21　FCQA – 9631 数字影院音频处理器背板

1—网线调试端；2—同轴输入，16 路 AES/EBU 数字信号；3—光纤输入，一路 Optical 数字信号；4—电影数字音频输入；5—电影模拟音频输入，16 通道，D25 接口；6—CD/DVD 音频输入，8 路模拟信号莲花接口；7—测试话筒：连接测试话筒卡侬接口；8—话筒音量；9—转换开关；10—会议话筒，连接单只话筒讲话，6.3 接口；11—监听输出，连接监听功率放大器和监听音箱输出莲花接口；12、13、14—通道三个 D25 接口输出，共 16 个通道；15—时序电源控制端口；16—带熔丝市电输入座

（5）全景声影院处理器。

1）上混的概念。现代多轨录音技术，通常是多路输入信号（例如中型乐队 20～30

支话筒信号）输入，经过调音台、音频工作站处理后，分别录入多轨录音机，然后信号分别做处理后混合成双声道或 5.1/7.1 声道的节目，刻成 CD 或录入硬盘输出。这个多声道信号变换成声道较少的信号加工合成处理技术称为混缩（mix down）。

而在现代多声道（特别是全景声）系统的运行流程中其中一步是要将通道较少的信号处理成通道较多的信号，最常见是将 5.1/7.1 通道音频信号扩展为三维立体空间的 20 通道——全景声信号，这个信号处理技术称为上混（up mix）。

2）Able32 处理器的上混功能。Delta Able32 Home Theater Series 是一台 15.5 通道全景声家庭影院用的优质上混处理器。其设计是专用于高端定制家庭影院系统的产品，包括前级处理器、功率放大器、扬声器和电源管理器等。作为 Delta 全景声影院的处理核心，Able32 可以同时处理 20 个输出母线通道。它具有 8 路 AES/EBU 数字输入接口、8 路模拟输入接口、32 路模拟输出接口以及网络音频输入/输出接口。

Able32 并非简单的将环绕信号分给其他扬声器，它内部具有强大的 DSP 处理能力，通过高级运算法则，采用基于 $1 \sim n$ 多通道采取相关技术，使用 FIR 滤波器库和自定义系数表格组，提供互补的"n"个不相关通道，将环绕信号剥离出来，实现精确的上混效果。

同时，根据环绕扬声器和天花扬声器的相对位置，自动计算信号剥离的组成成分，再根据不同片源播放的内容，自动进行调整和控制。

Able32 的 20 个扬声器通道：L/C/R 表示左中右全频扬声器。Ltf/Rtf 表示天花左/右前环绕扬声器。SubL/C/R 表示左中右超低扬声器。Ltb/Rtb 表示天花左/右后环绕扬声器。Lsf/Rsf 表示侧墙左/右前环绕扬声器。Lc/Rc 表示角环左/右扬声器。Lsb/Rsb 表示侧墙左/右后环绕扬声器。Sub Lc/Rc 表示角环左/右超低扬声器。Lsr/Rsr 表示后墙左/右环绕扬声器。

本书第十一章第六节有应用 Able32 的工程案例。

三、3D 立体影像电影系统

1839 年英国科学家查理 - 惠斯顿爵士根据"人类两只眼睛的成像不同"发明了一种立体眼镜，让人们的左眼和右眼在看到两幅存在差异的图像以产生立体效果。直至今天，所有的 3D 显示设备基本都采用这种原理。图 8 - 22 显示立体电影的发展历程。以下对 3D 影像电影（习惯就叫 3D 电影）的原理、分类和特点作一简述。

1. 双眼视差原理与 3D 技术分类

人眼在观察外界物体时，物体在左右两眼视网膜上的成像是略有差异的，称为双眼视差（Parallax），它是立体视觉的重要线索。另外，当物体成像不在左右两眼视网膜

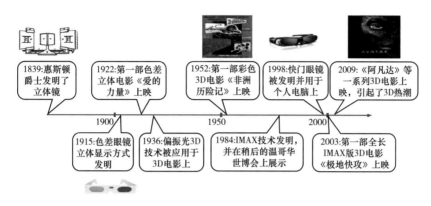

图 8 – 22   立体电影的发展历程

的相应点上时，所看到的便是两重像（复像），需通过眼球的旋转运动（称为辐辏）并经眼外肌的张力调节而使两重像重合（称为融合），这个过程也为立体视觉提供重要信息。一般说来，人们在观看立体图像时，如果辐辏与调节超出平衡范围，就会引起视觉疲劳。

目前的 3D 立体影像电影基本上都是基于双眼的视差来形成立体效果的。由于两只眼睛有 4 ~6cm 的距离，因此有轻微的视角差。不同视角的图像被传送到大脑，其中的轻微不同之处（视差）被解析为深度。立体投影基于同样的原理：两路视角不同的图像被投影到幕上；成像系统必须保证左眼仅看到左眼图像，右眼仅看到右眼图像；通过使用所谓的选择器（Selective Device，例如基于各种原理的眼镜）可以达到此效果。目前基于双眼视差原理构成的影像 3D 放映系统可以划分为基于眼镜的 3D 系统（glasses – based 3D，GB3D）与非基于眼镜的 3D 系统（non – glasses – based 3D，NG3D），俗称"裸眼 3D"两大类。而 GB3D 与 NG3D 均可有多种技术实现，具体见表 8 – 9。

表 8 – 9   影像 3D 技术分类

一级分类	二级分类	三级分类
GB3D	主动式	LCD 快门（LCD shutter）
	被动式	偏振（polarized）
		立体照片（anaglyph）
NG3D	单点多像素	透镜（lenticular）
		视差屏障（parallax barrier）
		各种多投影技术（multiple projection）
	单点单像素	旋转镜技术（spinning mirror）等等

NG3D 技术包括透镜技术与视差屏障技术，这两种技术当前主要用于小范围观看的

3D 电视（3DTV），至今尚未成熟推广。其原理如图 8 - 23 所示，其中图 8 - 23（a）对应的是透镜技术，液晶屏前面的小透镜使得部分像素进入左眼，部分像素进入右眼；图 8 - 23（b）对应的是视差屏障技术，液晶屏后面的屏障控制光源的输出，使部分像素被照射进入左眼，部分像素被照射进入右眼。

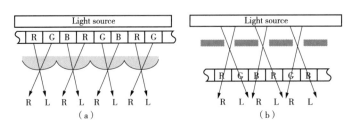

图 8 - 23   NG3D 技术

2. 立体影像电影放映技术基本原理

下面分别简介目前在 3D 电影放映中应用较广泛的 3 种 3D 放映技术——分时法、分光法和分色法的基本原理，这三种方式都是需要佩戴眼镜来观看立体电影，其中分时法属于主动 3D 放映技术，而分光法和分色法则属于被动 3D 放映技术的范畴。

（1）主动 3D 放映技术——分时法。把立体画面的左右眼图像进行快速交替切换，同时观众佩戴的眼镜也进行相应的同步切换，这种按时间轴交替传递左右眼图像信息的方法，称为分时法。胶片立体电影时期是采用机械方式完成上述功能，而在数字 3D 电影上则是应用液晶开关眼镜达到同样目的。目前主流的技术是基于 LCD 的光学快门（液晶开关）技术。其系统结构图如图 8 - 24 所示。

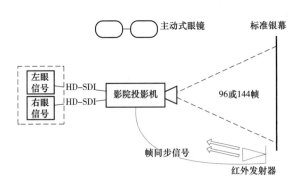

图 8 - 24   主动 3D 放映系统

图 8 - 24 中显示观看者佩戴包含两个红外信号（IR）控制的 LCD 光学快门（与投影机保持同步）组成的主动式眼镜。当投影机显示左眼图像时，主动立体眼镜的右眼快门关闭；反之亦然。投影机必须有足够的刷新率交替显示图像，以使得观看者不能觉察到交替图像之间的闪动（flicker）。

基于此种技术的 3D 系统不需要对左右眼的图像进行任何特殊处理，图像的保真度最高，同时也不会受 DCI/SMPTE 统一数字 3D 电影的发行母版的影响。其主要设备包括单台符合 DCI 技术规范的 2K 数字放映机，支持主动立体放映的数字电影服务器，普通高增益银幕，液晶眼镜和液晶眼镜同步信号发生器等。

主要优点如下：

1）设备一次性投入低；

2）采用普通高增益银幕，不影响 2D 电影放映；

3）利用率相对比其他立体放映技术高（约 16%）。

主要缺点如下：

1）液晶眼镜的价格较高，运营成本较高；

2）画面闪烁的问题，3D 眼镜左右两侧开闭的频率均为 50/60Hz，也就是说两个镜片每秒各要开合 50/60 次，即使是如此快速，使用者的眼睛仍然是可以感觉得到，如果长时间观看，眼球的负担将会增加；

3）亮度大打折扣，带上这种加入黑膜的 3D 眼镜以后，每只眼睛实际上只能得到一半的光，因此主动式快门看出去，就好像戴了墨镜看电视一样，并且眼睛很容易疲劳。

（2）偏振 3D 放映技术——分光法，被动 3D 放映技术之一。利用光学介质将任意方向的光矢量按一定的规律分成两部分，分别传递左右眼图像信息的方法，称为分光法。线性偏振眼镜和圆偏振眼镜利用的就是分光法。

基于光的偏振原理组成的数字 3D 电影放映系统如图 8 – 25 所示。

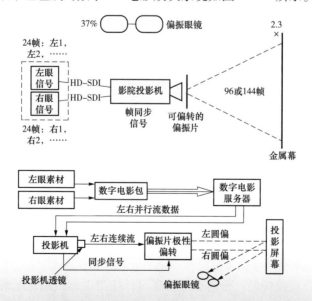

图 8 – 25　基于光的偏振原理组成的数字 3D 电影放映系统

光波是横波,即光波矢量的振动方向垂直于光的传播方向。通常,光源发出的光波,其光波矢量的振动在垂直于光的传播方向上做无规则取向,统计平均来说,光矢量具有轴对称性、均匀分布、各方向振动的振幅相同,这种光就称为自然光。偏振光是指光矢量的振动方向不变或具有某种规则的变化的光波。

由于各种光源产生的均为自然光,需要使用称为偏振器的装置产生偏振光或者检测偏振光。应用中,负责产生偏振光的设备称为起偏器,负责检测偏振光的设备称为检偏器,以线偏振光的产生与检测为例,如图 8 - 26 所示。

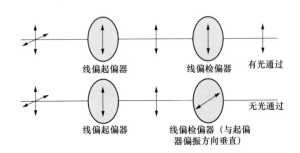

图 8 - 26　线偏振光起偏与检偏器原理

使投影机投射的非偏振光通过偏振器,以使得通过左右眼的图像光输出做方向相反的偏振,同时观看者佩戴分别与图像偏振特性相同的检偏器(眼镜镜片),可为左右眼提供不同的信息,从而产生深度的概念。由于人的眼睛对于偏振非常不敏感,改变偏振光的方向不会改变所看到的事物。

主要设备包括符合 DCI 技术规范的 2K 数字放映机两台,支持主动立体放映的数字电影服务器两台,偏振镜两套,即高增益金属银幕和普通偏振眼镜。

技术原理:采用两台放映机和播放器分别播放左右眼画面,通过偏振镜和金属银幕为左右眼提供不同方向偏振的光线,观众戴上偏振眼镜,左右眼看到不同的画面,产生立体效果。

优点如下:

1)偏振眼镜的价格便宜,运营成本低。

2)光效利用率相对比其他立体放映技术高(约38%)。

3)没有闪烁,能体现让眼睛非常舒适的 3D 影像。

4)可视角度广,观看不闪式 3D 电视时只要是在推荐距离内,在任何角度观看,它的画面效果、色彩表现力都不打折扣。

5)被动式 3D 眼镜轻便、价格合理,还可以使用夹套眼镜让配戴眼镜的人也能舒服使用。

6）不会发生画面重叠现象。

7）没有画面拖拉现象的高清晰 3D 影像。

缺点如下：

1）设备一次性投入高（两套放映设备）。

2）采用高增益金属银幕，影响 2D 电影放映效果。

（3）光谱滤波 3D 放映技术——分色法，被动 3D 放映技术之二。利用光学介质把一束光按不同的光谱区分开，分别传递左右眼图像信息的方法，称为分色法。以前使用的红蓝（绿）眼镜和现在应用的杜比眼镜利用的就是分色法。

光谱滤波 3D 放映技术包含窄带滤波与宽带滤波。传统的双色眼镜方法和色码（color code）方法等均属于宽带滤波的范畴。

传统的双色眼镜方法（红蓝、红绿以及红青眼镜）一般又称为 Anaglygh 技术；以红青 Anaglyph 为例，其原理为被红色眼镜覆盖的眼睛将视图像中的红色部分视为"白"，图像中的青色部分视为"黑"；被青色眼镜覆盖的眼睛有相反的效果。经过预先处理并叠加在一起的两幅图像或者交替显示的两幅图像的差异部分分别被左右眼看到，从而在大脑形成立体效果。该类技术的优点是制作方便，材料便宜；缺点是损失一定的色调（红青技术相对红蓝与红绿技术对于色调的损失有一定降低）。

最新的光谱滤波技术是 Infitec 技术，该技术属于分色法的应用，类似红蓝眼镜，但它的技术水平比红蓝眼镜提高了很多。新的滤光技术不但提高了光效，更重要的是它可以看到艳丽的彩色画面。滤光技术就是利用多层镀膜的滤光方式（即滤光轮）将氙灯光源光谱中的部分 RGB 滤出，以右 R、右 G、右 B 构成右路光，滤出另一部分 RGB 构成左路光（见图 8 - 27）。左路、右路光均含有 RGB 基础色，其合成色彩也接近白色，但由于它们取自色谱中不同的区域，也就形成了互不相关的两束光，右路光放映右眼画面，左路光放映左眼画面。与滤光轮原理类似，观众佩戴的眼镜也是多层镀膜镜，它的滤光特性与滤光轮的滤光特性相吻合，也就是说右眼镜片只能透过右路光带来的画面，而阻挡左路光画面，反之亦然。这就保证了观众的左右眼分别看到各自的影像，从而形成立体感。

由于需要为左右眼图像提供不同的三基色，因此需要在光路对分解前的白光或者光路调制之后的图像使用色轮进行滤光处理，如图 8 - 28 所示。高速旋转的色轮需要马达的驱动，从而给可靠性、稳定性方面造成一定程度的影响。

3. 目前常用的立体影像电影设备

目前在国际市场上，利用单放映机放映 3D 电影的辅助设备主要有：Real - D 系统、XPAND 系统、杜比 3D 系统和 Masterimage 系统四种，分别简介如下：

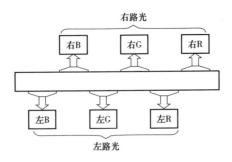

图 8 – 27　Infitec 技术

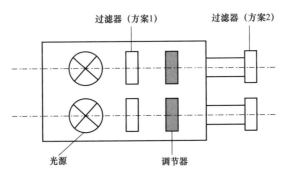

图 8 – 28　色轮滤光处理

（1）Real – D 系统。Real – D 系统采用圆偏振技术（分光法），主要由 3D 同步控制器、Z 屏（是由可交替切换的液晶偏振片等组件构成）和圆偏振眼镜组成。观众戴上圆偏振眼镜，就可以看到 3D 影像了。

特点：放映银幕宽度可以达到 18m。需使用金属银幕，并要在放映机镜头前加装 Z 屏，对数字 3D 电影节目要进行"消鬼影"处理，制作专用母版。3D 眼镜可一次性使用，也可经过消毒、清洁后重复使用。

（2）XPAND 系统。XPAND 系统是目前国内应用得最多的系统，主要由同步转换器、信号发射器和液晶开关眼镜组成，安装最简单。

特点：该系统推荐使用高增益的数字白幕，光效比较高。目前配置的信号发射器可用于 400 座以内的影院。一代眼镜内置电池供电，电池使用寿命为 600h。新款眼镜可更换电池，电池寿命为 300h。眼镜比较贵，可进行消毒、清洁处理和重复使用。

（3）杜比 3D 系统。杜比 3D 系统包括滤光轮装置、同步控制器和滤光眼镜。

特点：该系统推荐使用高增益的数字白幕。需要在放映机内安装滤色轮装置。目前只能使用杜比服务器播放 3D 节目，如果使用其他厂家的服务器，需要向杜比公司购置色彩管理软件。眼镜较贵，但可重复使用，可进行清洗和消毒处理。

（4）Masterimage 系统。Masterimage 是韩国 KDC 的产品，也是利用圆偏振原理，要求使用金属幕。系统是由圆偏振转盘控制装置和圆偏振眼镜组成。

特点：该系统需使用金属银幕。装置体积较大、较重，运行时有一定的噪声。3D 眼镜可一次性使用，也可经过消毒、清洁后重复使用。

（5）3D 技术的新进展。

1）德州仪器专为放映数字 3D 电影而研制的 1.2 吋 DMD 芯片，替代原来的 0.98 吋 DMD 芯片，其亮度最高可提升34%。放映像素由 1628×880 提高到 1998×1080。

2）SONY 推出了 4K 单机放映 3D 电影设备。

3）GDC 公司推出的 SA – 2100AQ 备有 4 个 HD – SDI 输出，两路 12Bit4：4：4 同时支持两台数字放映机放映双机 3D 电影。

4. 4D 动感影院

4D 影院是在 3D 立体影院基础上，加上观众周边环境的各种特效，称为 4D。环境特效一般是指闪电模拟/下雨模拟/降雪模拟/烟雾模拟/泡泡模拟/降热水滴/振动/喷雾模拟/喷气/喷雾/扫腿/耳风/耳音/刮风等其中的多项。而且还根据影片的情节精心设计出烟雾、雨、光电、气泡、气味、布景、人物表演和特效座椅颠簸震动等效果，形成了一种独特的表演形式，能够获得视觉、听觉、触觉、嗅觉等全方位感受。但从 3D 音视频技术的角度，4D 动感影院并无新的技术发展。

第九章 现场沉浸式 3D 音频系统技术

回顾人类文艺演出的发展历史，能经历数十年甚至数百年而历演不衰、震撼心灵的经典演艺节目基本上都是突出"人"的表演。

话剧的魅力在于演员现场深情的台词念白，歌剧的魅力在于演员现场的激情唱功，音乐剧则要求又讲、又唱、又跳！

如何从技术角度提升文旅演艺节目的艺术水平，其中一个主要手段应当是要演员（起码是主要演员）戴上无线话筒，真讲、真唱、真笑、真哭，无论是室内舞台还是旅游实景演出，都能塑造出一个个有血有肉的动人角色，再加上现场 3D 音视频等技术手段，使观众感受到逼真而震撼的听觉和视觉效果。总结一句话，就是要把观众在电影院观看 3D 大片中感受到的逼真而震撼的 3D 听觉效果氛围移植到戏剧、音乐、综艺等演出现场，再加上虚拟成像和互动投影的虚拟 3D 视觉效果，从而极大地提高观众的沉浸感、临场感以及演员与观众互动带来的亲切感和参与感。国外已有许多成熟的现场沉浸式 3D 音视频控制技术和成功的剧目。国内部分文旅演出实践中也逐步做了一些探索，效果不错。

本书安排本章讲述现场沉浸式 3D 音频系统技术，第十章讲述现场沉浸式虚拟 3D 视频系统技术。

第一节 现场 3D 音频技术基础

一、影视 3D 和演出现场 3D

在本书第八章"影视 3D 音视频系统技术"中，对电影系统的 5.1 和 7.1 等 2D （平面）环绕声以及 Auro、Iosono、Dolby Atmos 等 3D （立体）环绕声技术均有较详尽的讲述，其共同特点是先"预录"后"重放"。有关的技术及其特点和局限性等在本书第八章已有详述，不再重复。

近年随着数字音频技术的发展，人们逐步把影视环绕声的理念和技术推广应用到剧场、音乐厅，特别是在主题剧场和大型实景演出等现场。要求在演出现场营造出如同在电影院观看 3D 全景声电影那种沉浸式的听觉感受。而要达到这一目标，关键要解决两个问题：一是要解决声音的包围感，观众要感受到舞台上表演所发出人声、乐器声和效果声等是从左右上下前后四面八方传来包围自己，从而获得沉浸感。要做到这一点技术难度并不很大，人们可以借鉴影视 3D 全景环绕声的多声道扬声器系统的技术来达到。第二个要解决的问题是声像实时同步，所谓"所听即所见"，这个难度要大得多。要知道，观众看电影时听到电影中的人和物发出的声音，是录音师在录音棚看着视频监视屏已拍摄好的视频影像，从容不迫地操作整套的数字调音台、音频工作站和各种先进的处理器、效果器等，精雕细刻地把每一个声音效果加工调整修饰到最佳状态。一次做得不满意还可以推倒重来。这里用不上"高保真"这个词，因为经过调音师加工创作出来的声音效果与人（演员）和物在摄影棚现场发出的声音是提升到一个新的高度。再按照剧情的需要，或美化使之更动听、更逼真，或夸张使之更恐怖、更震撼等，这就是电影电视的"先预录后重放"的运作模式（视频图像同样有许多软件手段进行后期的加工，从略）。现在人们追求的目标，是在演出现场既不能停顿更不能"推倒重来"的紧迫条件下，创作出如同电影、电视那样逼真的沉浸式声像实时同步的完美效果。多年来全球研发出若干新的理论、新的算法和新的硬件、软件，诞生了许多新的品牌和成功的案例，其共同特点是"现场 Live"和"实时 Realtime"。本章以有限的篇幅，对这个领域做一些初步的探讨。

二、声像定位和实时跟踪的概念

（1）声像：演出现场中，在听音者听感中所展现的各个声源（人声、乐器声、效果声）的空间位置，并由此而形成的声画面，称为"声像"（sound image）。

（2）声像定位：为使听音者感受到声音是来自于演员或乐手的真实位置，调音师操作调音台进行"声像定位"（sound image localization）的调控。

（3）实时跟踪：如果演员或乐手在表演时要移动位置，要求声像能同步跟踪移动，称为声像"实时跟踪"（real time tracking）或同步跟踪技术。

当演员在舞台上移动，甚至走进观众席互动，以及吊"威亚"（钢丝绳）腾空飞越观众席上空等复杂动作时，演员唱歌或念白的声像定位能达到精确同步自动跟踪移动的效果，使观众感受到他们在座位上听到的声音，是"真实"地从演员的嘴里发出来的，而不是从剧场分散布置的扬声器中发出的。

声像实时同步跟踪技术，按其控制技术水平可分为"手动跟踪""半自动跟踪""全自动跟踪"三种类型。

以最简单的手动跟踪技术为例，手动声像跟踪主要用于平面（2D）的范畴，是由调音师调控调音台的 PAN POT 旋钮，按照舞台上演员或乐手实际所处的位置，将其话筒信号（或 line in 信号）输入通道的 PAN POT 调节到相对应的位置。例如，吉他手站在舞台左侧，其对应的 PAN POT 就适当往左边（L）旋动。而歌手站在舞台中央，则其 PAN POT 就放 L - R 的中点，如此类推（见图 9 - 1）。当歌手或乐手在舞台上移动时，熟练的调音师可以随时调节 PAN POT 使声像与歌手的位置跟踪同步。

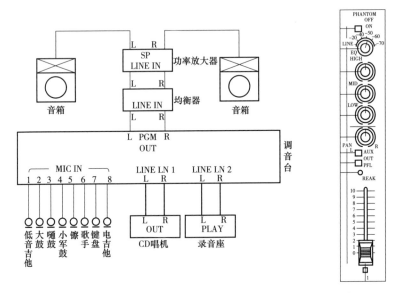

图 9 - 1　PAN POT 平面手动声像定位

这种简单的手动声像实时跟踪，用在演员人数较少的电声乐队、独唱、小合唱和一些小品类语言节目以及较简单的实景演出（如本书第十一章的工程案例"大漠传奇"），能给观众营造出相当逼真的临场感，增加演出的感染力。但对于演员较多、内容复杂的剧场或实景演出等节目，就难以跟上众多的移动对象，达到"实时同步"的效果，这种情况下需采用"半自动"或"全自动"的模式。

三、3D 声像半自动实时控制模式

3D 声像半自动实时控制是近年比较广泛应用于国内各种主题剧场和旅游实景演出等场所的模式。

（一）主题剧场控制系统的结构和特点

传统剧场其设计是要适应歌剧、话剧、音乐剧、综艺演出及音乐会等多种不同类

型、不同剧种和不同剧目的演出，是一种"通用"型的剧场设计模式。

近年国内外被称为"主题剧场（theme theatre）"的另一剧场模式发展很快，引人注目。此类剧场是专门为某一台主题剧目的演出而量身定制舞台及其配套设施，整个剧场包括造型结构以及音响、灯光和舞台机械系统的设计完全服从于"主题"的剧本内容，通常是连续数月甚至常年演出同一个剧目。其典型的模式包括美国拉斯维加斯的 *O Show* 和 *Le Rêve* 等"室内主题剧场（indoor theme theatre）"表演剧目，以及常见于旅游景点及主题公园，以当地的青山绿水自然风光加上人造景物作为大舞台的"实景主题剧场（real theme theatre）"（或称为旅游主题剧场，travel‐themed theatre）的表演模式。典型代表如迪士尼、深圳东部华侨城《大侠谷》和《印象·刘三姐》等演出模式。

由于实景主题剧场整个音响、视频、灯光、机械系统的运行完全服从于"主题"的剧本内容，因此其设计流程通常是首先由业主方组成文艺创作和影音制作的团队编写剧本，作为整个"实景演出"的人造建筑物（舞美）以及灯光、视频（LED 大屏、激光或水幕投影）和舞台机械等系统设计的依据。在此基础上将整个演出过程的声音信号，包括人物对白、音乐和各种效果声分别录入一台多轨硬盘录放机和一台即时重放（instant replay）多轨录放机的不同声轨，以此作为音响系统的信号源。某些剧目还会配备适量的无线话筒供主持人和演员使用。

图 9 - 2 显示一个典型的"实景主题剧场"的设计流程。

图 9 - 2　一个典型的"实景主题剧场"的设计流程

（二）工程实例——深圳"大侠谷"露天剧场

1. 概况

深圳东部华侨城"大侠谷"露天剧场的剧目是现场表演式类型的节目。将音响、灯光、视觉效果和机械特技（飞车、滑水、"吊威亚"）配合演员夸张的动感表演，加上格斗、枪战、烟火、爆破等音效和光影特效，讲述奇幻神秘的好莱坞式故事，带给观众以震撼的视觉和听觉享受。通常是半自动控制和手动控制相结合。

"大侠谷"露天剧场是以一个大型人工湖和一座小山头作为表演的实景大舞台（见图9－3）。大侠谷的"咆哮－山洪"表演是由美国娱乐表演公司设计的剧本情节，内容包括2000m³的洪水倾泻而下，配合大侠、船长与海盗等角色的格斗、枪战、飞车、快艇、滑水与烟火、爆破等音效和光影特效。由一台 ALESIS HD24 24 轨硬盘录音机将整个表演的声音信号（包括语言对白、人声呼喊、格斗、枪炮声、爆炸声、音乐及其他效果声）按照现场由剧情确定的扬声器位置分别录入不同的声轨。整个表演严格按照声音的引导同步进行，即以声音作为主线。但由于某些情节（如快艇滑水和摩托车飞越等）有一定的随机性，难以做到和录音精确同步。这部分段落的"效果"则通过360 SYSTEMS DR－600 硬盘录音机分段录入。DR－600 的面板设有 50 个放音控制热键（hot key），随时可以编排播放清单，声音一按即现（instant replay）。表演时由操作人员观察现场动态，随时插入人工手动操作。

图9－3　"大侠谷"扬声器布局图

2. "实景主题剧场"的多通道扩声系统

"实景主题剧场"是将整个景点作为大舞台，因而不存在选用传统剧场扩声系统的"立体声"或"SIS"等制式，也不存在电影院的杜比5.1 或 7.1 声道解码和环绕声的概念，而是完全按照主题剧本的要求，设计独立的多通道扩声系统。扬声器的布局是严挌按照剧本的情节，即按照多轨录放机预录的不同声轨信号的安排。如某演员在右侧山洞出场的呼喊或歌唱声，多人在山顶争吵、格斗和枪声，左侧拱桥发生爆炸声，摩托快艇从湖面一侧飞驰到另一侧呼啸而过等情景的声音效果。为此需设置多路独立的扬声器和功放通道，少者五六路，多则十几路，以实现准确逼真的声像定位效果。本工程设置了四组功放和扬声器通道。

3. 扬声器的安装

为了避免影响现场景观的视觉效果，保持实景的原貌，尽量利用各种天然或人造景物，如岩石、山洞、桥墩、树干等隐蔽安装扬声器，力求做到只闻其声，不见其影。

同时还达到保护设备、延长使用寿命的目的。

4. 信号源

由于每场演出内容重复，语言对白较少，主要是用多轨机预先录入人声对白、歌唱和乐器声，而演员在现场表演则是靠对口型和同步配合动作，很少使用话筒。如果某些剧情演员必须使用话筒，应注意不宜选用手持无线话筒，因其占用演员一只手且影响现场真实的视觉效果。推荐选用夹式或头戴式无线话筒，头戴式话筒必要时可通过面部化妆加以掩蔽，夹式话筒可藏于衣领或胸部衣物内，但较易引起啸叫；另一办法是夹于额顶用头髻或头饰掩蔽，利用头骨的固体传声加上头腔的共鸣，效果相当好（近年一些音乐剧和话剧演出也用此法）。某些演出场合（如泼水表演）主持人和演员的话筒防水性能要经受严酷的考验，过去曾采用塑料袋套住手持话筒或夹式话筒的办法，但对音质有不良影响，瑞士 Voice Tech 公司近年推出一款 VT500 WATER 微型夹式防水话筒，号称短时潜入一米水深仍正常工作，前不久用于北京话剧院演出《青蛇》一剧，水漫金山场景中演员全身被水湿透状态下该型号话筒仍工作正常。

5. 系统组合　（参见图 9 – 4）

（1）整个表演控制核心是一台 24 轨硬盘机，其中的 12 轨音频通道可以满足该剧目的多轨扩声要求，剩余的通道用来存放录制好的 LTC、FSK 同步时间码，用以触发控制灯光、视频、机械（如断桥）和烟火、爆破等设备的同步表演动作。

（2）按设计方要求，本扩声系统的最大声压级指标定为 100dB。整个系统包括SOUNFCRAFT LX9 16 路调音台、ALESIS HD24 录音机、360 SYSTEMS DR – 600 录音机和 PioneerDVD/SACD 播放机各 1 台，SHURE 无线话筒 2 套，BSS Soundweb London BLU – 160 网络处理器 2 台，CROWN 功放（内含网络监控）9 台和无线监督系统 Clear – Com WBS680 一套。

（3）本系统共设立 4 个声道扬声器组。

1）主扬声器组：湖面一侧水泵房暗装 8 台 JBL VT4888DP – AN 有源线阵扬声器（139 dB）和 3 台 JBL VT4880 超低频线阵扬声器（138 dB）。同时在左观众席设补声扬声器。

2）左观众席对开的吊车内暗装 TWAUDIOT24 全频扬声器（140 dB）和 TWAU-DIOB30 低频扬声器（132dB）各 1 台，对左观众席补声。主表演区右侧船头吊装 PD5212 扬声器（141 dB）1 台作补声。

3）右侧瞭望塔吊装 PD5212/64 扬声器（141 dB）1 台，提供效果声。

4）左侧神坛吊装 – T24 全频扬声器和 B30 低频扬声器各 4 台，负责神坛附近演出的人声及效果声。

12轨的音频通道可以满足该剧目的多轨扩声要求：其余的通道用来存放录制好的同步时间码。如LTC码：用于多轨音频录放机、灯光控制台、舞台机械控制和电影、视频等设备

FSK码：用于烟花燃放设备

数字音频处理器的主要任务，是完成音频信号的分配、调整和处理，另外是把多轨机送来的同步时间码信号，以及自己的音频信号转换成CobraNet网络音频，通过交换机及光纤，以不失真的数字网络传输方式传送到功放室及设备间，最后还原出音频和时间码信号。

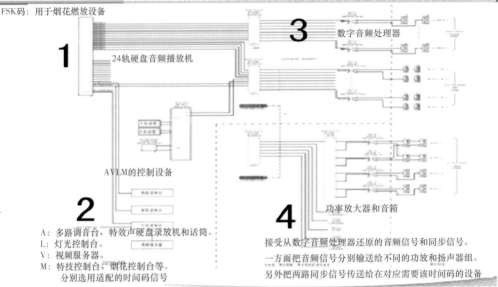

1　24轨硬盘音频播放机

3　数字音频处理器

AVLM的控制设备

2
A：多路调音台、特效声硬盘录放机和话筒。
L：灯光控制台。
V：视频服务器。
M：特技控制台、烟花控制台等。
　　分别选用适配的时间码信号

4　功率放大器和音箱
接受从数字音频处理器还原的音频信号和同步信号。
一方面把音频信号分别输送给不同的功放和扬声器组。
另外把两路同步信号传送给对应需要该时间码的设备

图 9 - 4　大侠谷系统控制图

5）控制室上方吊装 T24 全频扬声器 2 台，负责控制室附近演出的人声及效果声。和本案例类似并在技术上有所提高的工程案例"大漠传奇"，在本书第十一章讲述。

第二节　现场 3D 声像实时同步跟踪技术

现场沉浸式 3D 声像定位与跟踪技术的广告词是"所听即所见（What you hear is what you see）"。现场设置数十至数百个声道的功放和扬声器，按 X、Y、Z 三维布局。主要演员除佩戴无线话筒外，同时佩戴由电池供电的小型电子监控器，在 6～8 GHz 频段内发送超宽带（UWB）脉冲，这些脉冲被置于舞台演出区域周围的 TT 传感器接收和检测信号的方位角和仰角，由连接传感器网络的计时线缆获得到达信息的时间差，从而计算出电子监控器的位置。此类系统目前可做到同时对二三十个直到六十个对象分别进行实时声像同步跟踪，使现场演出达到全景声电影院观看大片的逼真沉浸和震撼的视听效果。

此类设备在欧美一些音乐厅和剧场（特别是主题剧场和大型实景演出）已获得相当广泛的应用。但由于技术复杂、成本较高，我国目前仍较少应用。随着文旅演艺的升级、技术的提高和成本下降（国产化），应会成为旅游演艺发展升级的方向。

表 9 - 1 列出沉浸式声像定位与跟踪系统部分品牌名称、公司名称、网址和典型案例。

表 9 - 1　　　　　　　　　　沉浸式声像定位与跟踪系统部分品牌名称及案例

品牌名称	L - ISA 沉浸式声音艺术 Immersive Sound Art	TiMax 空间声像定位与跟踪系统 Soundhub/ Tracker	WFS - 声学全息系统技术 Wave Field Sythesls	D - Mitri 数字音频平台 Digital Audio Platform	BOA 布雷根茨开放式声学系统	BlackTrax 实时动态追踪系统 Real - time Tracking System	IOSONO - 3D 3D 环绕声系统	d&b soundscape 声音景观系统
公司	法国 L - Acoustics	英国 Out Board 公司	瑞士、法国巴黎音乐声学研究院	美国 Meyer sound 公司		加拿大 BlackTrax	德国 Iosono 公司	德国 d&b audiotechnik
网址	www. L - acoustics. com	www. outboard. co. uk	www. wfs - sound. com	www. meyersound. com		https：// blacktrax. cast - soft. com/dealers	www. iosonochina. cn	www. dbaudio. com
案例	上海广播艺术中心上海马戏城中国好声音	江苏大剧院中国香港太空馆	北京远去的恐龙西安 12. 12.	武汉汉秀剧场	奥地利布雷根茨艺术节	上海广播艺术中心上海马戏城三亚奥迪 A8L 发布会	上海交响乐团音乐厅	北京天桥剧场"新华报童"

一、L - ISA 沉浸式超真实扩声技术

1. 传统双声道立体声的缺陷

传统的演出现场普遍使用立体声方式进行扩声。扬声器放置于舞台两侧，会出现两个问题。首先，观众听到的声音来自"左边和右边"的某个地方，而不是声音所处真实的位置。视觉和听觉的这种"分离"也会产生情感上的距离。其次，只有在观众席最中间的"皇帝位"才能享受到左右均匀的立体声效果。就算是最靠近舞台的 VIP 座位也并不是场地的中心，仍然不能完美地享受到立体声效果。传统立体声系统覆盖的示例如图 9 - 5 所示。

2. L - ISA live 声音设计原理

L - ISA 的"L"取自扬声器的品牌 L - Acoustics，"ISA"为"Immersive Sound Art"的缩写，意为"沉浸式声音艺术"。与图 9 - 5 显示的传统立体声解决方案不同，L -

图9-5 传统立体声系统覆盖的示例

ISA Live 使用分布在舞台整个宽度上的线性扬声器阵列拓扑结构，以便尽可能多的听众听到所有的正面阵列，并进一步增强声源声像的精确定位，参见图9-6~图9-8。

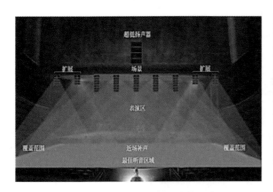

图9-6 L-ISA 系统覆盖的示例

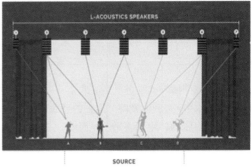

图9-7 L-ISA 多声道声源的声像定位

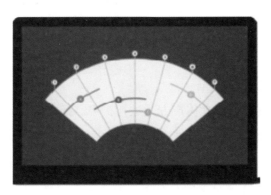

图9-8 L-ISA 软件中对应的声像定位

L-ISA 可通过以下两种模式呈现：

（1）回放模式（PLAYBACK）。先预录，后回放，见本书第八章，称为沉浸式声音艺术。

（2）现场演出模式（L-ISA LIVE）。其称为沉浸式超真实扩声技术。在本节讲述。

现场演出模式还可以进一步分为两种技术：一种称为超真实扩声技术（hyperread sound reinforcement），又可分为宽型设计和窄型设计；另一种称为沉浸式超真实扩声技术（immersive hyperread sound reinforcement）。

这两类扩声技术的结构、特点和适用的场所介绍如下：

（1）超真实扩声技术。超真实扩声技术是通过高解析度的正面系统（frontal system，前部系统）创造出强烈的临场感，拉近了观众与表演者的距离，音乐中的细节能更清晰地表现出来。"所听正如所见"。重放的声音比真实生活中的声音更细腻、更真实，因而称为"超真实"，让观众完全沉浸在难以忘怀的音乐氛围中。正面系统是 L-ISA Live 解决方案的首选配置，它提升了观众席中大部分人的体验，并将"融合"作为最主要目标。其结构包括场景系统（scene system）、扩展系统（extension system）和超低音系统（subwoofer system）。

L-ISA 超真实扩声系统的宽型设计（WIDE）如图 9-9 所示：所有扬声器以阵列形式相同数量等距排列在舞台上空。这个设计适应了多数音乐内容包括爵士乐、古典音乐、现代流行音乐和语言。

L-ISA 超真实扩声系统的窄型设计（FOCUS）如图 9-10 所示，这种系统能提高低频响度，适合摇滚（Rock）和电子音乐（电音大动态）。

（a）示意图

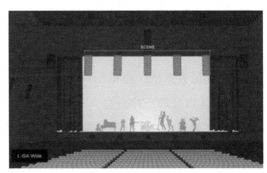
（b）现场实景

图 9-9　宽型设计

（a）示意图

（b）现场实景

图 9-10　窄型设计

（2）沉浸式超真实扩声技术。沉浸式超真实扩声技术是在超真实扩声技术的基础上增加附加系统，包括360°环绕扬声器（surround）和顶部扬声器（overhead），让观众进一步融入整个音乐表演中，其功能包括补声、延迟和环绕等，可以进一步完成覆盖并增加包围感和沉浸感。这些可由单声道提供，LR 或 LCR 信号由 L – ISA 处理器提供。正面系统和附加系统分别如图 9 – 11、图 9 – 12 所示。

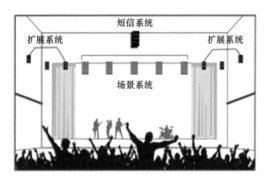

图 9 – 11　正面系统

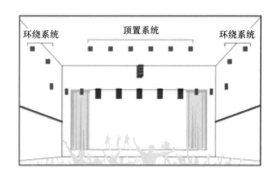

图 9 – 12　附加系统

以下进一步说明。

1）场景系统：由高解析度的扬声器阵列组成的场景系统作为 L – ISA 的主系统，水平宽度可覆盖整个表演区域。场景系统可以让观众精确地定位声像，轻松地分辨出不同的声音以及清晰地捕捉到表演者声像的移动。每个场景系统会根据节目形式和所需声压级而有所不同。场景系统应能提供不小于传统"左右"立体声系统的声压级。

2）超低音系统：超低扬声器吊挂于中间，能最大限度地提升低频和超低频的效率、平滑度以及动态冲击力。

3）扩展系统：扩展系统最宽可以将声音扩展到观众席的侧壁，并扩大表演区域的声像宽度以增加包围感。

4）顶部和侧面环绕系统：更极致的沉浸式超真实扩声体验，让观众完全沉浸在演出中。

3. 基于对象的混音技术

本书第八章第六节曾讲述了在杜比全景声（Dolby Atmos）系统中把"基于声音对象"的技术应用于电影系统的原理和特点。L – ISA 则是把"基于声音对象"的技术应用到现场扩声系统。

传统的混音艺术是将多个声音信号进行增强和混合，并发送到左右扬声器中。基于对象的混音艺术则为混音增添了维度。它可以让音源精准定位、缩放或移动到某个实际位置，或者将音源放置到想象力所及的其他任何位置。在多台阵列扬声器配置而成的系统中，音源的不同位置和分离度可以被自然地表现出来，听者可以感知到声音的细节，调音师则不需要做过多的频率补偿和电平控制。L‐ISA 控制器的图形界面（见图9‐8）可以提供整个空间平衡的实时反馈。考虑到声音对象是被混合到空间中的不同位置，而不是某组扬声器或某条母线，每个声音对象的属性相对扬声器布局来说都是独立的，这使得现有声源的空间定位可以被轻松复制到另一个演出场地的音响系统中而不受场地尺寸限制。

4. 多声道系统处理器

（1）功能：L‐ISA 多声道系统处理器是一个专门用于空间音频处理的硬件解决方案，为沉浸式音频产品提供"基于对象"的最佳混合状态。L‐ISA 多声道处理器由 L‐ISA控制器软件远程控制。它专注于音频三维空间的处理，最多可创建32路输出，并提供96路输入信号的声像、声场宽度、距离、高度等定位信息和混音参数。L‐ISA 音频系统接口无缝地与数字音频工作站对接。

（2）前后面板：图9‐13显示多声道系统处理器的前后面板，主要包括前电源开关、状态灯、散热风扇、后电源开关、电源插口、RJ45 以太网连接插口（用于 L‐ISA 控制器的远程控制和监控）、MADI 1 i/o（光学传输端口）、MADI 2 i/o（光学传输端口）、立体声耳机（6.3 mm TRS）、立体声 AES/EBU 输出（breakout XLR）、MADI 3 i/o（BNC）、字钟输入输出（BNC）。

图9‐13　多声道系统处理器的前后面板

（3）L‐ISA 多声道处理器为调音师对每一个声音目标提供五个参数（参见图9‐14）：①控制水平位置（Pan）；②控制从点源到全景的感知尺寸（Width）；③控制感知的接近度（并应用适当的混响算法）（Distance）；④控制垂直位置（Elevation）；⑤提供远距离辅助总线发送（AUX SEN）。

(a) 声像	(b) 宽度	(c) 距离	(d) 海拔	(e) 辅助发送
控制水平位置	控制感知大小 从点光源到全景	控制感知的接近度 （并应用适当的混响算法）	控制垂直位置	提供一个经典的后端 辅助总线发送

图9‐14　处理器对每一个声音目标提供五个参数

（4）"基于对象"的房间引擎。L‐ISA 房间引擎（room engine），可通过距离混合参数访问，允许用户在同一个场地或表演中自然地重新创建不同的房间音响效果。特别为基于对象的音频和可变空间配置设计。该引擎使用多通道 3D 处理来分散能量，通过许多扬声器，消除了可听见的电子处理。

（5）工作流程。L – ISA 处理器作为整个 L – ISA 系统工作流程的核心，其工作流程如图 9 – 15 所示。其控制功能集成到主要的数字音频工作站或混合控制台。

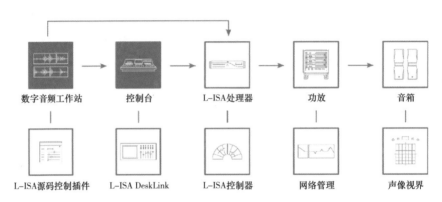

数字音频工作站　　控制台　　L-ISA处理器　　功放　　音箱

L-ISA源码控制插件　　L-ISA DeskLink　　L-ISA控制器　　网络管理　　声像视界

图 9 – 15　工作流程图

5. 应用案例：狂人国 – 旋转剧院（最后的荣耀）

法国狂人国主题乐园演出大型歌舞剧（最后的荣耀，Le dernier Panache），专门设计直径 40m，高度 15m 的 360°旋转剧院，2400 名观众慢慢旋转观看七场不同舞台上的演出。在场地四周上方环绕吊挂共 24 组线声源阵列音箱组，以 15°的角度排列成一圈，组成沉浸式 LiSA 扩声系统。每组包含两个 ARCS Focus 和一个 ARCS Wide 的线声源阵列音箱组，另外搭配 8 组，每组包含两个 SB18 的低音音箱组，用于低频扩展，其中 4 个 SB28 安装在看台下；前方补声采用 13 个 5XT 线阵列吊挂于观众席第一行，使声音得到更好的覆盖。本项目声压级最大平均值大于等于 100 dB。

图 9 – 16 ~ 图 9 – 19 分别显示狂人国演出现场、旋转剧院布局示意图、旋转剧院俯视图和 L – ISA 音频传输示意图，供参考。

图 9 – 16　狂人国演出现场

图 9 – 17　旋转剧院布局示意图

图 9 – 18　旋转剧院俯视图

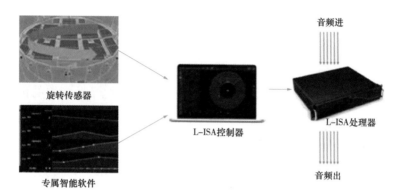

图 9 – 19　L – ISA 音频传输示意图

BlackTrax – L – ISA 联合演示见视频一。

视频一

二、TiMax 空间声像控制与跟踪系统

TiMax 空间声像控制与跟踪系统包含两套系统：①Soundhub，其主要功能是音频演出控制；②Tracker，其主要功能是声像跟踪。

1. Soundhub 音频演出控制系统

（1）内置有强大的混音矩阵音频信号处理（DSP）和硬盘录放系统。

（2）基本插件模块是 16 入/16 出，最多可插 4 块达到 64 个通道。

（3）输入/输出接口为 AES/模拟，加上扩展卡可兼容 Cobranet、Ethersound、Dante

和 MADI 四种网络信号，通过同轴或网线传输。

（4）内置 GPIO、Midi、SMPTE 和 TCP/IP 等演出控制（show control）接口，可实现外部演出远程控制系统（如灯光、机械或视频服务器）的编程和控制。

2. Tracker 声像跟踪系统

（1）人声和效果声像定位的自动跟踪。TiMax 跟踪器（TT）使用超宽频射频技术，可以在三维空间范围内跟踪舞台或演出场地内的演员和演奏员。TT 跟踪器控制着一个 Ti-Max 延时矩阵，以实时方式利用来自演员的射频话筒的音频声像，连续不断地跟踪演员在舞台上的位置；还能使音响效果跟随电子动画或舞台布景的移动，创造出三维空间内的音频全景；其实时演出控制输出还可以控制灯光、舞台机械或视频服务器等其他媒体。

系统共由以下三个部分组成：①佩戴在演员身上由电池供电的小型 TT 电子监控器；②安装在演出区域周围的 TT 传感器，被用来接收 TT 电子监控器的信号；③软件平台，用于分析来自传感器的数据，产生一种演员围绕舞台活动时的动画影像，之后把控制数据发送给 TiMax 音频矩阵（或其他媒体）。

TT 电子监控器在 6~8GHz 频段内发送 UWB 超宽带脉冲，这些脉冲被置于舞台周围的 TT 传感器接收。

（2）TT 传感器。TT 传感器内含一组内部天线及超宽带（UWB）射频接收机。传感器根据电子监控器发射的 UWB 超宽带信号加以接收和检测而计算出 TT 电子监控器的位置。每一个传感器还有一种具有双向的 2.4GHz 控制和遥测技术线路，用于指令和检测电子监控器。每一个传感器可以确定到达的超宽带 UWB 信号的方位角和仰角（AOA），用来提供每一个电子监控器的方位。到达信息的时间差（TDOA）是由连接有计时线缆传感器的网络之间来决定的。这种由 AOA 和 TDOA 联合的测量技术提供了健全的定位系统，在仅有两个传感器接收到信号时，也能精确地决定其三维位置。精确度在三维空间内可达到 15cm 左右。

（3）电子监控器。TT 电子监控器使用双射频结构：①发射 UWB 超宽带雷达脉冲，为传感器作为定位数据使用；②具有双向 2.4GHz 的线路，作为控制和遥测信道使用。

（4）TiMax 跟踪器软件和 TiMax2 Soundhub 延迟矩阵。TiMax 跟踪器（TT）软件显示跨于多个舞台上的 TT 电子监控器的位置和跟踪区域，并把它们绘制到 TiMax 音频延时矩阵声像定位上，这些通过预编程来获得音频的方位可以匹配舞台上演员的位置。

TT 软件与包含有电子监控器编号（即 TiMax 的输入）和它们的舞台位置（即 Ti-Max 的声像轮廓）等信息用 MIDI 信息方式与 TiMax 音频矩阵演出控制软件相联系。Ti-Max 音频图像延时矩阵为每个声源设置独立的延时关系。这些延时关系会根据演员在舞台上不同的位置而随时改变，即使用了哈斯优先效应延时心理声学现象来确保所有的观众都能够感知到歌剧演唱者的声音信号是直接来自于他们的嘴里，而不是来自于舞台上和观众席四面八方的多声道扩声系统。

（5）智能的定位软件。TiMax 跟踪器带有一种精密的定位引擎配置功能，使之在输入几个简单的定位细节后便能够自行校准其系统。在数秒钟内，这种智能的校准向导将会自动确定每个传感器的到达的角度（AOA）和到达的时间差（TDOA），跟踪声源的方位。

舞台上安装的传感器经过网络接回到一个 POE 路由器，再连接到运行着跟踪器（TT）定位引擎平台和跟踪器绘图软件的 PC 上，图形屏幕上显示舞台的外形轮廓，以及用方形或椭圆图形显示跟踪区域（见图 9 - 20），加上彩色图标显示演员在现场的位置和信号强度、电池量值等信息（见图 9 - 21、图 9 - 22）。

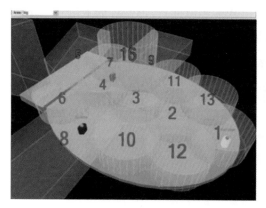

图 9 - 20 Tracker 系统屏幕显示之一

图 9 - 21 Tracker 系统屏幕显示之二

图 9 - 22 演出现场实景

每一台 TiMax 跟踪器可以容纳多达 60 个电子监控器，工作范围达到 160m。

（6）系统规模和冗余。对于大型表演如圆形歌剧院和露天表演场地，一般需要 6 台 TT 传感器安装在演出场所周围。而对于传统的镜框式舞台演出，通常只需要 3 ~ 4 台传感器。较小的镜框式舞台或演播室等只需两台传感器已足够达到满意效果。

对于特别大型的室外演出或主题公园，TT 系统可以无限制地把相邻的传感器组合成为一个大系统，并通过以太网连接到一台中央定位服务器的计算机上。服务器可以拥有多位用户，使音响师、舞台监督以及佩戴射频话筒者在同一时间都能监视到舞台的表演、电子监控器的信号强度以及电池量的多少等信息。

三、WFS 声学全息系统

1. WFS 声学全息系统原理

波场合成（wave field synthesis，WFS）也称为"声学全息系统技术"，是通过计算机算法，对现场/实时（Live/Real time）的声音进行声场重建。此技术是由瑞士科学家团队、法国声学科技实验室和巴黎声学音乐研究院合作开发的。近年成立的"广州大学新媒体艺术与虚拟仿真技术研究所"对此开展了研究和推广应用。其理论基础是应用波场合成程序的原理，并基于惠更斯原理（二次波源原理），即波阵面上的每一个点都是一个进行二次辐射的球面波的波源，用重现的声源在听音区域重现声场。WFS 解决了现场/实时演出的视觉（演员/歌手在舞台上的位置）和听觉（在任何位置听众中的感知定位）的感觉一致；聆听区域内精准的声场重建；"虚拟声源"能被有角度、有距离的放置；舞台基础设置：上和下，能扩展到环绕和顶部；宽大的水平扩散，沿垂直的方向有更强的指向性；可以不规则地设置排列 16 ~ 48 只扬声器的经典安装案例等特点。非常适合于剧场、音乐厅和文旅演艺领域。

WFS 将物理声学、心理声学、空间分析、现代计算机程序和应用软件等领域的技术结合，并整合 PA 系统的硬件，与法国的 HOLOPHONIX 处理器（服务器）无缝对接，并与最流行的音频软件 Lumer、Traktor、Serato 等兼容。在现场扩声中，各种声源在 3 维空间里可完全分离及自由地控制移动轨迹，多维度地呈现出极强的临场感，并能实现"全场皇帝位"的功能，即整个观众厅的座位基本都能达到最佳的沉浸式环绕立体声听音效果。

HOLOPHONIX 多算法处理器的全名为"声音空间化技术处理器（spatial sound processor）"，其功能除具有前述的 WFS 技术外，还有 high - order ambisonics（高阶球谐函数 HOA，是一种用于记录、混音和重放三维 360°音频的方法），distance - based amplitude panning（基于距离幅度平移）等技术，还有更多。在 2D 和（或）3D 空间可实现操作可视化直观布局和"声源"移动。详情可参阅参考文献［20］。

2. 工程案例之一

某中型剧院是一个 950 座的多功能剧院。剧院舞台台口宽约 16m，高约 8.5m；主舞台深约 17.5m，高约 19m；观众厅宽约 30m，深约 22m。为充分满足后期运营的多种表演形式条件，如歌剧、舞剧、演唱会综艺表演会议、讲座等多功能用途，并充分运用现代声、光、影视等多媒体技术与艺术结合。音响系统采用现场沉浸式 3D 立体环绕声方案，选用 WFS 声学全息系统技术。

图 9－23 为该剧院的扩声系统示意图。整个系统以法国的 HOLOPHONIX 处理器及其控制软件和一台数字调音台加上数字音频工作站作为核心。通过 Dante 网口输出信号，经由以太网交换机传输到 8 台多路功放，分别驱动 8 台吊挂主扩音箱，8 台台唇主扩音箱，9 台顶置天花音箱，左右环绕音箱各 7 台，后环绕音箱 9 台和超低频音箱 2 台。

图 9－24、图 9－25 分别为该系统的音箱布局平面图、音箱布局剖面图，表 9－2 显示主要设备清单。

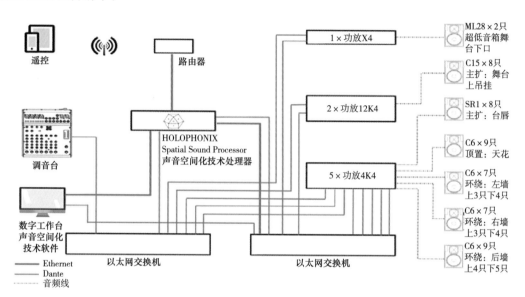

图 9－23　中型多功能剧院扩声系统示意图

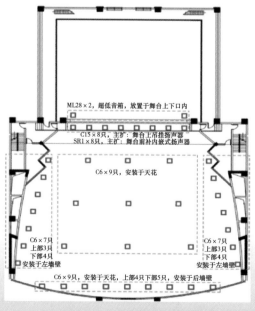

图 9－24　音箱布局平面图

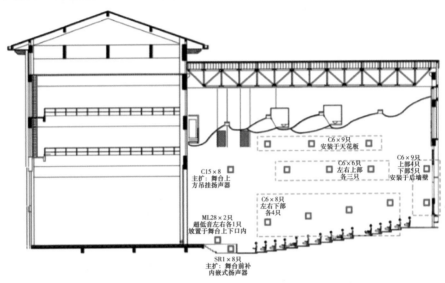

图9－25　音箱布局剖面图

表9－2　　　　　　　　　　　　　主要设备清单

序号	产品名称	品牌	型号	品牌地	产地	数量	单位
1	WFS声学全息系统硬件和软件						
1.1	WFS声学全息系统'HOLO-PHONIX'处理器"	HOLOPHONIX	HOLOPHONIX processor	法国	法国	1	套
1.2	WFS声学全息系统'HOLO-PHONIX'控制软件	HOLOPHONIX	HOLOPHONIX-Controller	法国	法国		
1.3	DAW（数字音频工作站）	Reaper	Version 5.95	美国	美国	1	套
2	控制软件和音频工作站专用主机以及相关硬件						
2.1	27in配备Retina 5K显示屏的iMac一体机	APPLE	iMAC	美国	中国	1	台
2.2	Apple LED Cinema Display27in平板显示器	APPLE	MC007CH	美国	中国	1	台
3	配套设备						
3.1	千兆以太网交换机	CISCO思科	SG300－28（SRW2024）	美国	中国	2	台
3.2	Network I/O：MADI－Bridge	SSL	Network I/O：MADI－Bridge	英国	英国	1	台

3. 工程案例之二：大型实景影画《12·12》

　　大型实景影画《12·12》剧是专门为纪念西安事变80周年创作的。该剧取材于1936年12月12日张学良、杨虎城两位将军在华清池发动"西安事变"、一致抗日的历史故事。运用高科技灯光、音响、投影、机械以及WFS技术达到声像同步的沉浸效果，塑造出张学良、杨虎城和蒋介石等鲜活的历史人物角色，属于弘扬主旋律的成功之作。

本剧表演过程的灯光、视频、机械和各种效果声是预先编好程序，走时间线，与现场剧情发展和人物动作严格同步。

本剧的点睛之笔是有16名主要演员均佩戴了微型无线话筒，深情念白，真笑、真哭，真情刻画和剖析剧中人物的性格特征和内心活动，以及展现剧情深层次的矛盾冲突，这和多年流行的预先录音对口形、对手形（假演奏）的表演，有更深入的感人效果。

而在技术上要保持宏大场面在整个演出过程声音洪亮清晰，特别是达到人物的声像同步跟踪，有着相当高的难度。

图9-26～图9-28分别为演出剧照和音响系统图、音箱布局图，并附主要音响设备清单。

图9-26　三人通电话，声像同步

图9-27　飞机搬上舞台

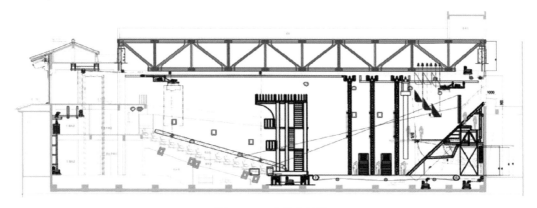

图9-28　音箱布局图

音响系统清单：Amadeus 音箱：UDX8，8台；UDX15，40台；ML 28，6台。
Lab. gruppen 功率放大器：C68：4，12台；FP14000，3台。

Sonic Emotion 软件，WAVE Ⅱ 3D，WFS rendering 处理器 1 台。另有《远去的恐龙》工程案例，在第十一章第三节讲述。

四、D – Mitri 数字音频平台

1. D – Mitri 数字音频平台的功能

数字音频平台（digital audio platform，D – Mitri）具备混音和信号处理功能的音频演出控制系统，72 路输入、72 路输出。网络环境采用 AVB 格式，同时兼容 CobraNet 和 AES/EBU。

2. 工程案例：武汉市汉秀剧场

万达武汉汉秀剧场是一个以单一剧目长期驻场演出形式的主题剧院，糅合了音乐、舞蹈、杂技、高空跳水、特技动作等多种表演形式。观众席共 2000 座，为可移动的扇形结构，演出开始时前半部区域观众席会随演出剧情变化移动到两侧，原观众席区域将浮现出一个用于演员进行表演的水池。

音频扩声系统采用数字 AVB 光纤网络传输系统的整体设计，同时采取环路光纤传输系统和模拟传输系统作为系统的备份。乐队室、舞台、观众席以及控制室等的信号接入点通过各处的接口箱接入备份系统，通过数字调音台进行控制分配。

本剧场演出包含乐队的演奏信号、预先制作好的音频信号和舞台表演区域的无线话筒信号三种信号源。三种信号均由数字 AES 输出，经信号转换设备转换成 MADI 信号汇总至 MADI 路由矩阵，经由矩阵的 AVB 网络连接至主备 AVB 网络系统内。信号处理设备由 BSS BLU – 805 和 Meyer Sound 的 LCS D – Mitri 组成，经过处理后的信号同样通过 AVB 网络送至主扩、返听、制作等各个调音位，由 Meyer Sound 的 LCS 控制台面进行控制和路由分配至各个终端的 Meyer Sound 扬声器系统进行扩声。图 9 – 29 所示为本剧场主网络的系统图。

舞台上安装了由机械臂操作的三个巨大的 LED 屏，不仅作为背景，而且参与到演出当中，而音响的声像也需要同步移动。当 LED 屏伴随着巨大的声响突然冲到观众前面，必然带来极大的震撼！

五、布雷根茨开放声学系统

奥地利布雷根茨艺术节（BregenzerFestspiele）创办自 1946 年，每年七、八月举行，主要演出歌剧或音乐剧，每两年更换一个剧目。多年来先后演过卡门、魔笛、阿依达、化装舞会、西区故事和图兰朵等著名的歌剧和音乐剧。

巨大的露天舞台固定在离岸 25 m 的博登湖中，台口宽达 50m，7000 个观众席位设

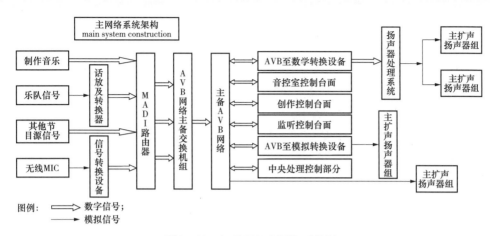

图9-29 汉秀剧场主网络系统图

在岸边。

以2011年演出歌剧《安德烈·谢尼埃》为例,整个场地共配置了400多台功率放大器和812只K&F扬声器,按照场地实景和剧情,设计安排 X、Y、Z 三维空间的布局。由超大型数字音频矩阵系统组成空间效果模拟系统,加上声像定位跟踪系统,组成一个称为"布雷根茨开放式声学系统"(bregenz open acoustics,BOA)。

图9-30所示为歌剧《安德烈·谢尼埃》场景,演员在人像的右眼位置上演唱并移动到左眼位置,强烈的追光灯加上声像跟踪定位,使观众逼真地感受到演员的准确位置及其移动变化。

图9-30 歌剧《安德烈·谢尼埃》场景

2015、2016年的布雷根茨艺术节上演普契尼的歌剧《图兰朵》。本次演出的舞台设计注重了中国元素的运用。距离湖边25m远处的水上舞台,背景是高27m、长72m、重达335t的中国万里长城,还有205个高约2m的兵马俑复制品守卫长城(见图9-31)。

布雷根茨开放式声学系统(BOA)主要由以下四部分组成:

(1)水上舞台演唱歌手每人佩戴2套头戴无线耳麦(传声器加耳机),一主一备。

(2)利用波场合成系统技术(WFS)原理的近900路输出的超大型数字音频矩阵

图 9-31　歌剧《图兰朵》场景

系统，主要对音频信号进行计算和分配。

（3）Lawo 大型数字调音 2 台（主台 + 备份台）。

（4）由超大型数字音频矩阵系统经过计算后，模拟出每个虚拟声源位置及整个观众区的混响声能。水上舞台和观众席共设置 100 余只 K&F 点声源扬声器组成的主扩声系统和一定数量的返听扬声器系统，观众席周边共设置约 900 只同轴扬声器组成的线性阵列式效果扬声器系统。声像定位控制系统可以实现定位某个演员在舞台上移动到不同区域的位置，还可以对多个演员在不同的位置同时进行定位，听众可以准确地感受到各个演员在各场景区的位置，临场感非常强。同时还能产生在室内剧院才有的混响声能，给室外观众营造出室内歌剧院般的美妙听觉体验。

六、IOSONO-3D 系统

1. IOSONO-3D 系统的应用

本书第八章中曾介绍了 IOSONO-3D 环绕声系统的结构、原理和在 3D 电影院中的应用。本节介绍 IOSONO-3D 系统在演出现场的应用。

IOSONO-3D 是应用波场合成（wave field synthesis，WFS）原理重新构建声场的技术。

IOSONO 的核心技术是 IPC 1003D 音频处理器，其任务是对扬声器位置进行设定和编程，将原始声音信号根据使用者的需求重新编解码，合成独立的 3D 波形，再通过系统对合成音频信号进行场景分配，把不同的波形通过不同的扬声器进行播放，组合成 3D 环绕声。

2. 典型案例

以下简介 IOSONO 系统在现场演出的典型实例：2013 年 10 月 28 日在上海举办的"上海交响乐团北外滩景观 3D 全息交响音乐会"，这是国内首次在露天城市景观中运用 3D 环绕声技术演绎的交响音乐会。交响乐团由 90 名成员组成，以歌剧、芭蕾舞剧、独奏、二重奏、独唱等多种形式演绎众多中外经典名曲。观众席长约40m，宽约17m，能容纳约500位观众；观众席四周和头顶上架设了大型钢桁架，分为三层：第一层为观众区环绕扬声器阵列；第二层为观众区头顶扬声器；第三层是舞台龙门架扬声器阵列，合计用了133台扬声器。扬声器的型号、数量及布局说明如下（见图9-32）：

（1）龙门架上方装有7组M'elodie小型扬声器阵列，用于观众区纵深的覆盖；

（2）舞台台口装有13只MINA扬声器，负责近场补声；

（3）台口下摆放8只1100-LFC低频控制单元，提供低频补充；

（4）台上另有4只UPJ-1P和2只UPA-1P扬声器用于舞台返听；

（5）观众区左右各装24只UPA-1P扬声器，具有一定倾角覆盖观众区；

（6）观众区头顶上方分5排装有13只UPA-1P扬声器作为顶置环绕声；

（7）观众席后方吊有8组M'elodie扬声器小型阵列作为后场环绕声。

图9-32 扬声器布局图

音乐会音响系统，使用的是IOSONO 3D波场合成技术。该系统的设计理念，是将现场捕捉到的声音信号，在音频工作站专用软件的界面上按照乐队的摆位进行声场设计，经过3D处理器运算后的信号流通过若干层扬声器阵列重放，最终还原交响乐团演奏的宏大声场，让听众宛如身处真实的音乐厅。

调音台信号输出送往装有IOSONO 3D插件的PC音频工作站，工作站安装有STEINBERG公司的Nuendo音频编辑软件，并加装了IOSONO的3D制作插件。调音台送来的多轨信号先在音频工作站的界面上进行声场设计，再将设计数据送入2台IOSO-NO IPC100数字音频处理器进行处理。这两台处理器包含着3D环绕声的核心技术，即

IOSONO 的 WFS 算法。从 3D 处理器出来的数字信号流被送入 4 台 D/A 转换器，转换后的模拟音频信号被送往 133 只 Meyer Sound 有源扬声器和扬声器阵列重放。扩声系统信号流程如图 9-33 所示。

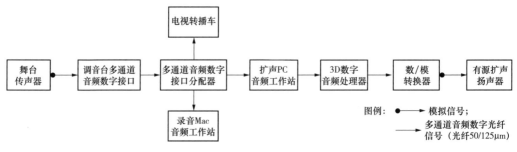

图 9-33   扩声系统信号流程

现场乐队拾音使用了 71 支传声器，采取近距离多点拾音方式。基本上是弦乐两人 1 支，管乐和打击乐一人 1 支，独唱和独奏演员一人 1 支。

七、Black Trax（声、光、影视实时动态追踪定位系统）

1. Black Trax 系统的功能

声、光、影视实时动态追踪定位系统（BlackTrax，BT），能实时追踪定位控制电脑灯、音响、摄像机和媒体服务器等，实现人、声、景的完美融合。

BlackTrax 具有 6 个自由度的实时追踪能力，可以将 3D（X、Y、Z 坐标）和 6D 旋转（3D + 偏移、俯仰、滚转，即 X、Y、Z 各个位置的旋转）定位数据整合且发送到对应的服务器，包括灯光、媒体、3D 音频和机器人摄像机，从而实现实时追踪定位。BlackTrax 能以 100 帧/s 的速度追踪和传递信息。例如在圆形舞台的场景中追踪精度达到 6mm 的目标。

（1）声音：实时追踪物体或是人的音频源的位置、运动和旋转，音频处理系统整合这些位置数据后，把实时 3D 定位的声音还原在真实的三维空间中，让视觉和听觉更好地融合。

（2）灯光：以 3D 或 6D 的形式发送位置信息到调光台，并将其与灯光设计师预先设计的灯光场景结合，包括自动追踪灯光位置、自动控制变焦/光圈大小和新的灯光效果。

（3）视频：能同时检测到多个摄像头或者表演者的运动、速度和旋转等信息。结合自动摄像头追踪，与摄像头位置相应的场景内容实时反应。帮助媒体服务器实时了解表演者和映射对象的位置、移动、速度和旋转，从而实现人、对象和内容之间的行为反应的自动化交互。

BlackTrax 动态追踪系统应用于国内外典型的现场活动，如太阳马戏团 Toruk（潘多拉星球居民故事）、2017 天猫双十一晚会（灯光、AR 互动，营造全场仰望星空的效果）、2018KHL 全明星冰球赛开幕式（同时追踪 30 多名冰球手的冰上舞蹈表演）以及 2017 年阿斯塔纳世博会开幕式（追踪 19 个自动飞行的 AirOrbs，描绘了太阳和行星）等。

2. BlackTrax 的基础系统部件

（1）BT 服务器。BT 服务器是 BlackTrax 的引擎、大脑和通信中心。它附带的 BTwyg 操作软件与 BlackTrax 一起工作可作为监视器。

（2）BT 传感器。固定在桁架、墙壁或其他固定物体上的 BT 传感器，带有一个专门用于捕捉动作的红外线摄像机，环绕设置在追踪空间并捕获 BT 信标器的运动。

（3）BT 信标器。

1）BT 传感器上安装红外线驱动的 LED 信标点，并追踪高速运动的 X、Y、Z 坐标位置信息。当信标处于活动状态时，它会以特定的速率闪烁，从而创建一个唯一的 ID 名，以此 BlackTrax 区分和同时追踪多个信标器。一个信标器管理 3 个 BT 红外线追踪点，一个摄像系统跟踪 85 个信标器，即 $3 \times 85 = 255$ 个跟踪点。在舞台外的或不在内的追踪点，不会跟应用中的追踪点产生冲突。

2）迷你型信标器：321 个独特的迷你型（微型）信标器可以在单个 BlackTrax 系统中同时使用，这使得即兴创作和互动展示变得比较容易。例如在运动场或游戏场上想简单和完美地把任何一位观众或参与者邀请到互动展示区域，只需把微型信标器贴到他们身上即可。

（4）BT 控制器。BT 控制器包含至少一个计时器。同步盒子和 BlackTrax 路由器。负责协调 BT 传感器的输入和时间戳记，并把整理的数据实时发送到 BT 服务器。

（5）BT 校准套件。BT 校准套件是用于校准 BT 传感器和灯具的套装工具，使系统了解它们的实际位置。

（6）BlackTrax 系统硬件的连接。将 BT 服务器、BT 控制套件和所有 BT 传感器连接到带 PoE 供电的千兆交换机，使用六类或以上的网线，如图 9 - 34 所示。

3. BlackTrax 与第三方系统的连接

（1）BlackTrax 通过 RTTrP 协议能直接连接的第三方系统主要有以下三个。

1）音响系统类：L - acoustics L - ISA。

2）灯光系统类：Art - Net、sACN。

3）媒体服务器类：Disguise、GreenHippo（绿河马）、TouchDesigner、PandoraBox

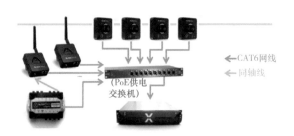

图 9 – 34　BlackTrax 系统硬件连接图

（潘多拉）和 WatchOut 等。

（2）关于 RTTrP 协议：RTTrP 是一种简单高速的协议，用于传输追踪物体的位置和方向。

RTTrP 协议有两种：①RTTrPL 协议，用于 BlackTrax 系统发送和接收控制灯具的数据；②RTTrPM，用于在系统（如媒体服务器）之间传输追踪目标的运动信息。该协议传输用户自定义坐标系原点与跟踪点之间的位置和方向等数据。

（3）连接方法：通过网线从 BT 服务器分别接入第三方系统的网络，第三方系统就能接收 RTTrP 的信息，如图 9 – 35 所示。

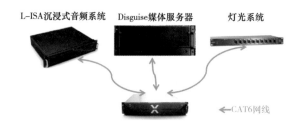

图 9 – 35　BlackTrax 与第三方系统的连接

4. BlackTrax 的典型应用

以下分别介绍 BlackTrax 和灯光系统、媒体服务器、广播系统、3D 立体声音响系统、L – ISA 系统、Notch 软件和 AR 等系统的整合和应用。

（1）灯光系统。BlackTrax 通过 DMX、ART – NET 和 SACN 等协议，以 3D（位置）或 6D（位置和旋转）的形式发送位置信息到调光台，并将该信息与灯光设计师预先设计的场景结合。包括自动追踪位置、自动控制变焦/光圈大小、创新的灯光效果和配置不同轨迹预测文件的多种类型追踪，如图 9 – 36 所示。

1）Auto – Spot 模式［见图 9 – 36（a）］。该模式的目的是模仿人工操作位置追踪。Auto – Spot 模式包括两大参数：灯具防抖和 Z 轴坐标。

2）Z 轴防抖［见图 9 – 36（b）］。该模式能够让 BlackTrax 集中在 Z 坐标上（高度），然后收集物体的大幅度移动的数据。在高度上有起伏变化的情况下，灯光追踪依然可以保持稳定且防抖。

3）灯具防抖［见图9-36（c）］。BlackTrax系统可以在追踪过程中收集极其细微的动作，如呼吸、颤动或因简单的手势所引起的上半身轻微运动，帮助消除灯具的抖动，从而保持稳定和专业水准的灯光追踪。

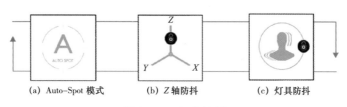

（a）Auto-Spot模式　　（b）Z轴防抖　　（c）灯具防抖

图9-36　灯光控制

4）场景范围（见图9-37）。BlackTrax使用了自优化的wysiwyg（所见即所得）软件，允许用户在三维空间中绘制任意大小的遮挡对象（矩形、圆柱或球体），以遮挡特定区域。物体的空间位置会发送到BlackTrax，当被追踪的人或目标进入该遮挡区域时，会自动触发预设的效果。

上述遮挡区域可以是静止的；当区域被贴上BT信标器时，也可以是运动的。

5）锁定照射比例（见图9-38）。用户可以编程设置BlackTrax，使得灯具的焦距和光圈能够自动变化，并保持一致的光束直径，而不受灯具与表演者位置的影响。

由于有了BTwyg软件的灯光库，BlackTrax能预先获取每种灯具的焦距和光圈数值。

6）偏移量追踪功能（见图9-39）。用户可以偏移BlackTrax在X、Y、Z坐标指定的空间位置。例如：追踪信标位于演员的脚上，但用户想追踪演员的上半身，只需将追踪位置向上偏移5in，光束的中心就会落在演员的胸膛上。

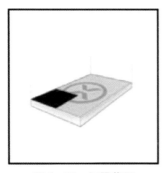

图9-37　场景范围　　　　图9-38　锁定照射比例　　　　图9-39　偏移量追踪功能

7）灯具校准（见图9-40）。使用BlackTrax快捷的灯具校准功能，用户可以选择任何数量的灯光。校准的操作非常简单，只需来回移动信标点，收集多个位置信息，剩下的任务都能交给 BlackTrax 完成。

8）轨迹预测（见图 9 - 41）。老旧或大型灯具的移动速度比较慢，BlackTrax 通过提供多个预置选项来提高这些灯具的追踪速度，从而解决这个方面的难题。这里有一个选项可以编程 BlackTrax 在未来预测灯光移动的远近范围、速度和平滑度。

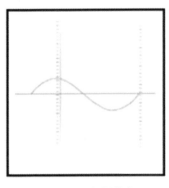

图 9 - 40　灯具校准

图 9 - 41　轨迹预测

9）实时可视化和灯光控制台操作。BlackTrax 解决方案也有自己的 wysiwyg（所见即所得）版本。在实时节目制作中，用户可以把它用作可视化工具，观察被追踪物体在虚拟空间中的移动，就像在现实世界一样。每个 BlackTrax 都是从建立 wysiwyg 文件开始的，这能告诉系统所需要知道的一切。

通过 Art - Net 或 sACN 协助输出，任何的调光台都可以触发控制 BlackTrax。对某一个特定的时间，灯光师可以在 BlackTrax 中触发对应的灯光 cue。通过调光台与时间码同步，用户也可以把 BlackTrax 同步到时间码。

（2）媒体（实现内容互动）（见图 9 - 42）。BlackTrax 帮助媒体服务器实时地了解表演者和映射对象的位置、移动、速度和旋转。掌握这些信息，就可以编写互动性规则和行为，从而实现人、对象和内容之间的行为与反应的自动化交互。图 9 - 42 所示为实现移动投影映射。

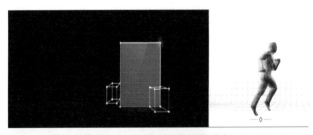

图 9 - 42　实现移动投影映射

（3）广播应用。BlackTrax 能准确地同时检测到多个摄像头或者表演者的位置。可以同时检测运动、速度和旋转等信息，从而达到表演者、场景内容和摄像机同步展示一个高水平的舞台制作。

1）结合广播产品使用，如自动摄像机跟踪和根据摄像头指向的位置进行实时内容互动；AR 技术可以在任意定位处加上现场特效，同时跟踪信息可以让数字设置的内容与真实世界内容进行融合。以上功能是传统布景或静态虚拟布景所不能做到的。

2）无缝追踪：无论使用的是机械臂还是 PTZ 摄像机，自动摄像机追踪可以在任何工作室里使用。BlackTrax 在广播系统应用的亮点是当配合 PTZ 或机器人摄像机使用时，它不仅能自动化制作，还允许它追踪表演者和捕捉摄像机的角度，而这些是靠人手操作是做不到的。它不仅创造可重复性，还具有可靠性，使每次制作都具有独特性，并节省成本。

3）AR 技术 – 真实与虚拟的结合（见图 9 – 43）：在追踪摄像头和表演者的同时，还可以再加入 AR 技术。在 BlackTrax 的帮助下，现场特效在 3D 场景中生成，不仅速度快，而且自然流畅。可以确保预期效果能够完美地直播出来。

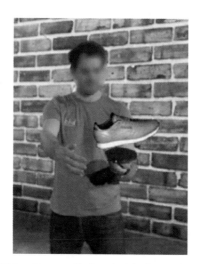

图 9 – 43　AR 技术 – 真实与虚拟的结合

在追踪的帮助下，真实和虚拟实现无缝交互。追踪可以触发 AR 内容的预编程行为。例如一架虚拟无人机可以在场景布景周围飞行，或在支撑物上方飞行。这一切都是由表演者的手势触发的。

（4）3D 立体声。

1）实时的 3D 定位。BlackTrax 实时准确地追踪音频源（物体或是人）的位置、运动以及旋转信息。将这些位置数据发送给音频处理系统，音频处理系统处理这些数据后，把定位的声音还原在现场真实的三维空间中，使视觉和听觉得到更好地融合。

实时追踪还可以实现自动化制作，仅根据音源位置和旋转信息，就可以触发相应的声音效果。

2）与 L‒ISA 系统合作。BlackTrax 能将舞台上追踪目标的运动信息通过 RTTrP 协议传输到 L‒ISA 系统，实现声像的准确定位。《BlackTrax‒L‒ISA 联合演示》见视频一。

（5）与 Notch 合作。Notch 是一个实时特效制作软件，能够在实时环境中创建交互式视频内容的工具。可以在场景中创建、更改、合成、编辑和播放内容，不再是播放固定的视频效果，让演员来操控整个演出（Notch 需要在媒体服务器上回放）。

BlackTrax 与 Notch 合作的成功案例如"冰雪奇缘""KHL 全明星曲棍球赛"和"2017 北京天猫双十一开场秀"等。

（6）定制集成。任何能接受开源实时追踪协议（RTTrP）的系统都可以与 Black-Trax 相集成。

BlackTrax 已经与多个行业的系统相集成：如健康和康复、安全援助和碰撞检测以及竞赛和运动的统计和性能分析等不同行业的各种应用。

在本书第十章第五节专题介绍 BlackTrax 应用于上海马戏城＜时空之旅＞同步跟踪系统的工程案例。

动态追踪 BlackTrax 应用展示见视频二。

视频二

八、灯光遥控追踪系统

长期以来，各类演出经常采用追光灯来突出某个人物、某个物体或某个情节，通常追光的过程主要依靠人工操作。随着各种大型演出的需求，近年开发了多种不同的灯光追踪技术。除了上节讲述 BlackTrax 系统的自动追光控制技术外，还有一些灯光遥控追踪技术也受到关注。为便于与 BlackTrax 系统对比，特放在本章讲述。以下对几种灯光追踪技术作一对比简介。

（1）人工控制传统追光：由专门的操作员操作追光灯，按照剧本的安排或通过剧场专门配备的内通系统（或简单的对讲机）听从舞台监督（或现场导演）的指挥，追踪台上的目标（人或物）。这种方式技术简单且稳妥，其投入资金最省，可以满足一般演出的需求。但对于大型演出特别是要求对多个对象分别同时追光的复杂情况，人工追光就很难达到满意效果。

（2）全自动追光控制追踪：如前述的 BlackTrax 系统（见图 9 - 44），表演者佩戴信标器，进行全方位定位追踪。技术最先进，但成本较高、操作复杂、调试时间长且信号易受干扰。

（3）单人遥控单灯类型追踪：追光操作员坐于后台，透过摄像机、显示屏、键盘与鼠标等设备，实现远程遥控追光，如图 9 - 45 所示。这类系统每一名追光操作员只可控制一个灯，且只可控制特定灯具。但精确度高，安装时间快。

（4）单人遥控多灯类型追踪：一名追光操作员可以控制多台追光系统，任何控台和任何摇头灯都可兼容，且不受地域限制，节省人力与灯具成本。其系统设备成本和复杂程度介于全自动和单人单灯类型之间，如图 9 - 46 所示。

图 9 - 44　全自动追光控制追踪

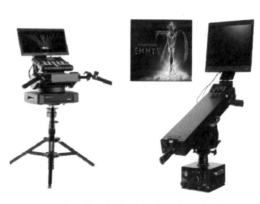

图 9 - 45　单人遥控单灯类型追踪

图 9 - 46　单人遥控多灯类型追踪

第十章　现场沉浸式虚拟 3D 视频系统技术

第一节　虚拟 3D 视频技术的概念

　　3D 音视频技术是沉浸式演艺活动的重要技术基础。从单声道的黑白电影发展到当今以全景声巨幕电影为代表的 3D 沉浸式影视节目，已有百多年历史。其技术十分成熟，确能带给观众强烈的震撼、惊悚、愉悦和沉浸的感受。但由于其临场感、亲切感和参与感方面的缺失，加上必须带上总令人有点不舒服的光学眼镜才能有 3D 视觉效果等烦恼，促进了现场的沉浸式 3D 音视频技术近年的蓬勃发展。

　　本书第九章讲述现场沉浸式 3D 音频系统，其发展过程在许多方面是借鉴，甚至是延续了影视 3D 音频系统的技术，如左、中、右加上顶置的环绕声道以及"基于声音对象"的音频处理技术等，故其发展和推广应用比较迅速。而现场 3D 视频技术就比较特殊。首先"真人实景"的现场演出本身就是立体的、3D 的视觉感受。人们追求的所谓现场视觉 3D 是希望在"真人实景"的演出中通过视频技术更加丰富现场的视觉效果，增加沉浸感、神秘感和震撼力。例如央视晚会上的四个李宇春，印象西湖中的一群小天鹅，把真人实景与逼真的虚拟影像同台表演，都是成功的范例，还有很多极具创意的带有互动功能的中小型现场视觉 3D 节目也很受欢迎。另一方面，无论是在室内欣赏话剧、音乐剧，还是在室外观看声光影视大型演出，都绝不可能想到安排观众佩戴光学眼镜的荒唐做法。但很可惜，人们多年来努力开发，希望能达到观看无不适感的真正的裸眼 3D 技术至今尚未过关。

　　因此，目前种种所谓的现场 3D 视频技术都仅仅是能达到"近似"的、"虚拟"的视觉 3D 水平，即现场沉浸式虚拟 3D 视频系统技术。

　　目前虚拟 3D 视频技术正处在百花齐放的初级阶段，一大堆号称"全息成像""裸眼 3D""数字幻影"等令人眼花缭乱的名词，特别像"全息"这个词更有很多争议，至今尚未有权威或明确的定义、分类和相关的标准规范。本章收集一些现成的案例和初步理解的题材，来探讨三个题目，即虚拟成像（幻影成像）技术、异形投影（mapping）技术和互动投影技术。

第二节　全息 3D 和虚拟 3D 显示技术

"全息"来自希腊字"holo"，含义是"完全的信息"。全息技术由英国物理学家丹尼斯·盖伯于 1947 年发明。中文维基百科定义：全息术（holography），又称全息显示，是一种记录被摄物体反射（或透射）光波中全部信息（振幅、相位）的照相技术，而物体反射或者透射的光线可以通过记录胶片完全重建，仿佛物体就在那里一样。

通过不同的方位和角度观察照片，可以看到被拍摄物体的不同角度，因此记录得到的像可以使人产生立体视觉。全息显示目前主要有空气投影和交互技术、激光束投射实体的 3D 影像和 360°全息显示屏三种已公开的技术。

一、空气投影和交互技术

美国麻省 ChadDyne 发明，将图像投射在水蒸气液化形成的小水珠上，由于分子震动不均衡，可以形成层次和立体感很强的图像，如图 10-1 所示。

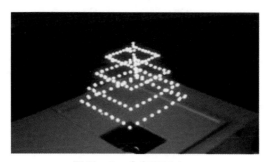

图 10-1　全息显示之一

二、激光束投射实体的 3D 影像

日本发明，利用氮气和氧气混合成的气体变成灼热的浆状物质，并在空气中形成一个短暂的 3D 图像，如图 10-2 所示。

图 10-2　全息显示之二

三、360°全息显示屏

美国南加州大学研制，是将图像投影在一高速旋转的镜子上从而实现三维图像。

上述三种全息显示技术，至今尚未在我国文旅演艺领域应用，本书不做进一步讨论。

但由于全息实现的效果和佩珀尔幻象达到视觉效果类似，致使许多人将两者概念混淆，实际上它们是不同的技术，这一点需要分辨清楚。

目前，我们看到的舞台表演或科技馆等场所中运用的所谓全息技术，大多数都是佩珀尔幻象或称为幻影成像（虚拟成像）投影技术。

本章主要讨论以 GDV 服务器为核心，加上电脑灯控台以及音响、灯光、视频设备相结合，实现以下三种沉浸式虚拟 3D 视频技术的基本原理和工程应用：

（1）虚拟成像（幻影成像）投影技术。

（2）3D mapping 异形投影技术。

（3）互动投影技术。

第三节　虚拟成像（幻影成像）投影技术

从 2015 年春晚的"四个李宇春"表演（见图 10 – 3）到 2016 年 9 月 4 日 G20 峰会《最忆是杭州》在西湖水面上的白天鹅群舞（见图 10 – 4），在这些全国性重大活动中，都采用了虚拟成像技术，取得极佳的视觉（也包含听觉——音乐）效果。但很多人包括一些媒体都曾称之为全息投影技术。

其实该技术应称为"pepper's ghost"（佩珀尔幻象），于 19 世纪（ 200 年前）英国人 John Pepper 就已经用于舞台表演（见图 10 – 5）。

图 10 – 3　2015 年春晚"四个李宇春"

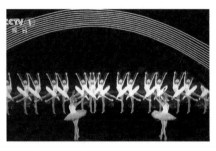

图 10 - 4　2016 年 9 月 4 月 G20 峰会《最忆是杭州》

图 10 - 5　佩珀尔幻象

一、虚拟成像投影技术原理

虚拟成像（virtual imaging）也称幻影成像（phantom imaging），是基于"实景造型"和"幻影"的光学成像结合。可以将三维画面悬浮在实景的半空中（如舞台）成像，也可以把影像（人、物）投射到小型布景箱的主体模型景观中。

虚拟成像投影技术是采用全息膜（或纱幕）配合投影机和媒体服务器，为舞台和实景演出营造一种虚实结合的梦幻效果。当采用较小尺寸制作时，也常见于卡拉 OK 等娱乐场所，或博物馆、科技馆、商店橱窗等广泛的用途。

全息膜也称为虚拟成像膜，膜的表面通过真空磁控溅射镀膜工艺镀制纳米级的感光涂层，使膜保持较高的透过率 99.99% 的同时也具有高的反射率（镜面外观）。用投影机在全息膜上投影虚拟的人像，而观众透过全息膜同时看到背面的人物和物体，从而产生虚拟幻觉的场景。膜层主要成分是 SOB（美国航天局的一种航天感光材料），具有成像细腻、高清晰度成像功能，能使影像产生极大立体纵深感。

虚拟成像的优点在于它成像逼真，立体特效很炫，无需戴 3D 眼镜就能够达到以假乱真的效果。近年已在国内的主题剧场、文旅实景演出以及各类博物馆、名人故居、特色小镇、历史名街、主题公园、城市规划展示馆等获得广泛应用。

目前常见的虚拟成像投影技术主要有以下两种：

（1）反射式，也称为 45° 虚拟成像投影技术。将头顶上的投影机或平放地面的 LED 显示屏的图像反射到呈 45° 放置的全息膜上。

（2）透射式，也称为屏幕式虚拟成像投影技术。投影机直接将影像投射到纱幕或全息膜上。

二、虚拟成像技术在舞台演出的应用

虚拟成像技术应用在舞台演出，是以宽银幕的环境、场景模型和灯光的变换为背景，再把拍摄的活动人像叠加进场景之中，构成了动静结合的影视画面，这种被称为虚拟成像的技术，是利用光学错觉原理，将电影中用马斯克摄像技术所拍摄的影像（人、物）与舞台中的主体模型景观再加上演员的表演。

1. 反射式虚拟成像技术

反射式虚拟成像技术在早期舞台演出用的较多。可以采用舞台顶部的投影机（见图 10 - 6），或采用平放在地面的 LED 显示屏（见图 10 - 7），将图像反射到呈 45°放置的全息膜上。

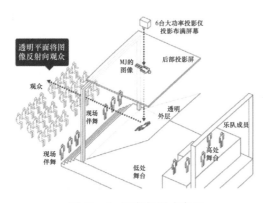

图 10 - 6　顶部投影式布局

图 10 - 7　地面式 LED 反射式布局

国外早期用虚拟成像的成功案例——《迈克尔杰克逊的复活音乐会》（见图 10 - 8），采用图 10 - 6 的舞台结构。

图 10 - 8　国外早期用虚拟成像的成功案例——《迈克尔杰克逊的复活音乐会》

2. 透射式（屏幕式）虚拟成像技术

近年随着全息纱幕虚拟成像的逼真度大幅提高，价格下降，加上结构简单，管理方便，已日渐占领虚拟成像舞台的主要市场。

　　全息纱幕最大的优点是在高透光的同时能确保画面依然亮丽，观众可以通过纱幕看到背面的物体，包括演员的表演、舞台的道具和景物，甚至是大型水缸中的"美人鱼"或"蛙人"。通常在全息纱幕背后再加一块 LED 电视屏，能实现双重视觉效果，接近虚拟 3D 的立体感。

　　图 10-9 为两台投影机分别投向第一层和第二层全息纱幕，同时第二层全息纱幕背后开启 LED 显示屏，实现双重视觉效果。

图 10-9　双层纱幕投影加 LED 效果

　　图 10-10 为河源桃花水母大剧院常驻剧团演出（桃花水母）神话剧成功应用 LED 显示屏 + 灯光 + 纱幕 + 激光 + 投影配合营造的梦幻效果。

图 10-10　LED 显示屏 + 灯光 + 纱幕 + 激光 + 投影配合的梦幻效果

　　图 10-11 为某剧院演出魔幻剧的成功案例：灯光下真人表演，加上纱幕投影和 LED 幻影成像。

　　图 10-12 为沉浸式钢琴独奏音乐会加纱幕投影的效果。

灯光下真人表演，加上纱幕投影幻影成像

图 10 – 11　魔幻剧实景

图 10 – 12　沉浸式钢琴独奏音乐会实景

图 10 – 13 为某剧院大型音乐会的成功案例：现场管弦乐队 + 歌手 + 纱幕投影幻影成像 + LED 显示屏 + 灯光。

现场管弦乐队+歌手+纱幕投影幻影成像+LED显示屏+灯光

图 10 – 13　现场管弦乐队 + 歌手 + 纱幕投影幻影成像 + LED 显示屏 + 灯光

三、虚拟成像技术中小规模的项目应用

上述各种幻影成像技术当把规模适当缩小，在较小范围的场地中应用起来，再适当加上互动功能，很受欢迎。

在国内的各类博物馆、科技馆、儿童活动中心以及名人故居、特色小镇、主题公园和城市规划展示馆等文旅项目中大有用武之地。

图10－14、图10－15为小型的幻影成像是由透明材料制成的四面椎体，与投影机及主机（通常用媒体服务器或电脑）共同营造出将三维画面悬浮在半空中的奇特效果，具有强烈的立体感和纵深感，真假难辨。形成空中幻象中间可结合实物，实现影像与实物的结合，也可配加触摸屏或传感器实现与观众的互动。甚至可做到真人和虚幻人同台表演的梦幻场景。

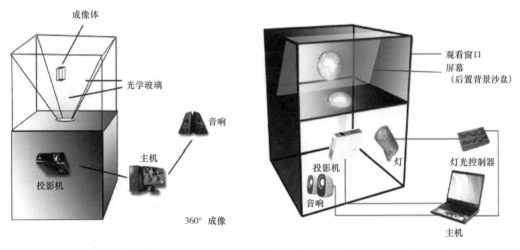

图10－14　45°反射式幻影成像

图10－15　小型的幻影成像

四、大型沉浸式魔幻剧场案例

以下简介用幻影成像技术实现"沉浸式魔幻剧场"。该项目综合设置大型反射式舞台、全息纱幕、大量的 LED 显示屏（包括透明 LED 屏，参见本书第二章第二节）以及观众席顶部的投影效果，有条件时再加上用 3D mapping 投影技术（见下一节）在舞台天幕、台框、穹顶以及有较独特外形的人造景物、雕塑甚至某些形体较大而独特的乐器（如竖琴、编钟）上精准投影出极有特色的映像和色彩。再加上沉浸式的 3D 环绕声音响系统和声光像自动追踪系统等先进设备。例如某魔幻剧场节目中有一个具有灵性的篝火（纱幕投影），当老人回忆自己的一生时，纱幕上投影的篝火就会伴随他的叙述变化各种影像，如变成灵巧的小鸟，变成舞蹈的人群，当火苗变成活泼的少女和可爱的儿童时，观众无不为之惊叹。图 10 - 16 所示为该剧场部分视频和机械结构，如反射式虚拟成像和投射式全息纱幕、透明 LED 屏和升降舞台等。

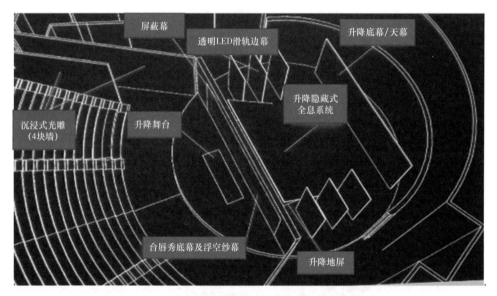

图 10 - 16　幻影成像技术实现"沉浸式魔幻剧场"

第四节　3D mapping 异形投影

一、3D mapping 的概念

一提到 3D mapping，人们马上想到的就是大型建筑外墙投影（见图 10 - 17），这是对的，但不全面。

图 10 - 17　建筑外墙投影

1. 3D mapping 的含义

mapping 英文的原意是绘图、描图、映象。3D mapping（又称 facade mapping 三维墙体投影）是通过将动态视频画面投射到不规则的形状物体（户外建筑，汽车车身、物品甚至人体）表面，形成虚实结合的画面，产生逼真、动态的视觉效果。它可以让任意一个表面成为投影的载体，使投影画面与载体完美融合，仿佛画面就是载体本身的一部分，产生逼真、动态的近似裸眼 3D 的视觉效果（商业宣传常号称为"裸眼 3D"），但和戴眼镜观看 3D 影片的立体感仍有较大的差距。用"异形投影"这个名称是否会比较合适？

2. 3D mapping 的效果

（1）让美的更美。图 10 - 18 是演员詹妮弗在"美国偶像"节目中的形象，请注意：演员脸部和上身的光线和色彩都没有变化，只有原来白色的裙子的色彩和花样配合音乐不停地变幻。这就是应用 mapping 技术精准投影创作的效果，一般灯光和 LED 屏难以实现这种效果。更高的技术，当演员在舞台走动、旋转甚至奔跑时，视频与灯光、声音还可以做到精准地实时同步追踪。

图 10 - 18　让美的更美——精准投影的效果（一）

图 10 - 18 让美的更美——精准投影的效果

（2）让丑的更丑（见图 10 - 19）。

图 10 - 19 让丑的更丑

（3）"杭州西湖"和"归来三峡"的成功案例，钢骨架加纱网，用投影 mapping 打出可开合的彩色扇子（见图 10 - 20）。

图 10 - 20 mapping 打出开合的彩色扇子

二、3D mapping 营造沉浸式体验

小型 3D mapping 表演精准投影各种模型，打汽车，打演员的服装。大型表演打建筑物外墙或大型物体，打剧场、音乐厅和大型球幕的内穹顶和外表面。只需增加服务器数量以及投影机数量和技术指标，即能营造大型逼真的近似裸眼 3D 的视觉效果。以

下简介几种模式：

（1）人体投影。如前述詹妮弗的例子，可见 mapping 与人体结合是创造了一种全新的艺术形式，借助实时追踪，在赋予投影技术动态真实感外，同时也增加了人与人之间的亲近感。大大增强了舞台美术的呈现和表演者的魅力体现，是一种全新的虚拟与现实结合的舞台表演形式。

（2）地面投影。昌平"北京 8mim"的表演（见图 10-21），把冰屏、人工智能、地面投影等科技元素相结合。其中 24 位演员通过地面投影勾勒出的龙、凤、麻花和中国结等多种具有中国传统特色的图案，给观众留下深刻的印象。目前更流行的是地面互动投影，将在下一节讲述。

（3）景观投影。利用投影技术，为山水景观以及植物和动物绘出形形色色的轮廓和颜色，突出动植物等生物的生命力和大自然环境难以言说的美。

（4）雾幕投影。利用海市蜃楼的成像原理借助空气中存在的微粒将光影图像呈现，使用一层很薄的水雾墙代替传统的投影幕，观众能在该屏幕影像中随意穿梭，达到真人可进入视频画面的虚幻效果（参见本书第三章第二节）。

（5）小型物体投影。把 3D mapping 规模适当缩小，在较小范围的场合中使用，并适当加上互动功能，成本不高，很受欢迎。在各类灯光节、光影节以及主题公园、博物馆、名人故居、特色小镇和夜游景区等大有用武之地，也广泛用于商业宣传、产品发布、旅游项目和各类晚会等。图 10-22 显示汽车投影。

图 10-21　北京 8min　　　　　　　图 10-22　汽车投影

广州国际灯光节吉祥物，明星展品——太空人"响仔"。在高约 6m 的"响仔"造型的四个立面，配置 8 台 6000lm 的工程投影机，投映出眩丽多变的效果，成了当年灯光节的明星展品（见图 10-23）。多年后仍给人们留下深刻的美好记忆！

三、建筑楼体投影技术及应用

1. 楼体 mapping 技术简介

建筑楼体投影又叫建筑外墙投影或楼体秀等。不是简单地堆砌多台高亮度投影机

图 10－23 "响仔"造型

投射到建筑物就成了 mapping。在凹凸不平或不规则的物体上投影的图像必然会严重变形和扭曲。mapping 技术是通过专门的硬件（特别是媒体服务器）和软件解决这个复杂问题。

以建筑外墙为例：首先结合墙面特有外形结构进行整体规划，根据实际设计制作 3D 动画短片，再到现场通过大屏幕融合和异形校正系统，加上播放器、控制器、传输器、媒体服务器和播放管理软件等，最后通过高流明高解像度的工程投影机播放，参见图 10－24、图 10－25。

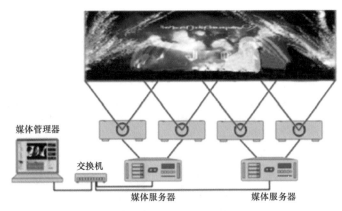

图 10－24 mapping 系统结构示意图

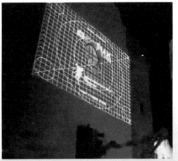

图 10－25 异形校正效果图

　　简单的墙体融合投影可以使用如 WATCH OUT 这类视频融合软件。如建筑轮廓较为复杂，则需要专业的媒体服务器，如 Pandora box 多媒体系统（德国 Coolux）、Ai 服务器系统（英国 Avolites）和 GDV 多媒体服务器等（见本书第七章第四节）。

　　常用的投影效果图设计软件还有 Madmapper、Millumin、Resolume Arena、Touch Designer、Mapio 2 Pro 等，详情从略。

　　归纳起来，实现 3D mapping 需要以下三个基本条件：

　　（1）必须有一台能控制投影机对墙面进行边缘融合、异形校正的设备——媒体服务器。具有 X、Y、Z 轴异形校正功能，能对建筑物上的每一个点进行网格调整，使在凹凸不平的建筑物上投影出一整幅画面，且不会出现断层。

　　（2）必须有高流明的工程投影机，投影的流明度决定整个投影画面的亮度和清晰度。

　　（3）专业的影像视频制作。影像内容中常出现对建筑轮廓的描绘，须根据建筑物上的每一点来拍摄、制作。

　　2. mapping 投影制作步骤简介

　　以下以马田视频服务器（Martin Maxedia 4）为例，简介制作楼体 3D mapping 投影的步骤。

　　第一步：实地考察，根据现场建筑物的形体结构特点和尺寸等，进行初步设计，需根据对象建筑拟定以下内容：服务器、投影仪数量，策划（剧本），制作周期。实地考察现场建筑物如图 10－26 所示。

图 10－26　实地考察现场建筑物

　　第二步：与客户商定所需制作的效果，制作二维测试片段，建立三维模型，如图 10－27 所示。

　　第三步：制作测试视频，进行现场安装调试，如图 10－28 所示。

　　第四步：分批完成视频成品并结合宣传进行投放，如图 10－29 所示。

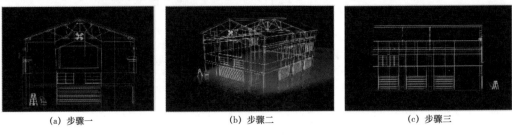

(a) 步骤一　　　　　　　(b) 步骤二　　　　　　　(c) 步骤三

图 10 - 27　建立三维模型

(a) 步骤一　　　　　　　　　　(b) 步骤二

图 10 - 28　制作测试视频

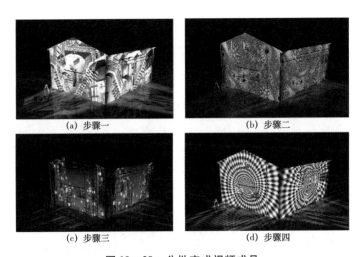

(a) 步骤一　　　　　　　　　　(b) 步骤二

(c) 步骤三　　　　　　　　　　(d) 步骤四

图 10 - 29　分批完成视频成品

四、天幕投影（穹顶投影）

天幕投影是把球形帐篷的天幕（穹顶）作为投影载体和观赏空间，以媒体服务器为核心，配合多台专业投影设备和无缝拼接技术进行广视角投影，配以音响、灯光，形成一种气势恢宏、震撼逼真的投影画面。利用 3D 听觉和视觉结合，营造出包围沉浸的效果。

1. 3D 球幕影院

3D 球幕影院已有二三十年历史，立体感和沉浸效果极佳。但必须戴偏光眼镜观看，加上各城市都有大量电影院，因此对旅游景区的观光客没有多少吸引力。

2. 穹顶投影

换一个思路，专门为中小型的穹顶投影制作一些特效短片，观众不戴眼镜观看，营造一个近似的虚拟 3D 效果，而追求的主要目标是要观众充分获得沉浸感和震撼感。我们在文旅演艺应用《苍穹视觉设计》方面做了一些探索：

在旅游景区、主题乐园或特色小镇临时搭建（租赁）穹形帐篷，防风防雨，空调通风。直径从 8m（内可站立约 50 人）到 20m（站立约 300 人）左右，外表面可涂鸦，夜间打灯光，为夜游经济增添亮点和打卡点。

（1）穹顶投影短片。篷内穹顶播放"量身订造"的投影短片（5 ~ 10min），如风光文物、历史名胜、本地特产以及科幻特技等多种题材。仿照上海世博会观众分批流动站立观演方式，成本不高，却可以增加光影节、动漫节的新鲜感，也适合建设旅游演艺小镇的需求。球幕内、外投影如图 10 – 30、图 10 – 31 所示。

图 10 – 30　球幕内投影

图 10 – 31　球幕外投影

（2）苍穹投影演唱会。投影机影像分区调试如图 10 – 32 所示。

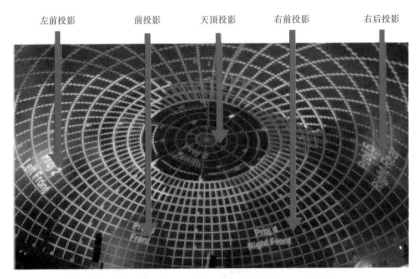

图 10 – 32　投影机影像分区调试

大型苍穹音乐会的舞台搭建和系统调试现场如图 10 – 33 所示。

图 10 – 33　大型苍穹音乐会的舞台搭建和系统调试现场

（3）小型穹顶音乐会或卡拉 OK。穹顶摇滚音乐会如图 10 – 34 所示。苍穹投影结合灯光、烟雾、激光，为每首歌设计不同的视觉世界。

（4）某水上动物表演场地穹顶投影（水陆空）设计方案，如图 10 – 35 所示。

（5）国外大剧院、音乐厅穹顶视觉设计案例。音乐剧《最后审判——米开朗基罗和西斯廷教堂的秘密》，如图 10 – 36 所示。

图 10 – 34　穹顶摇滚音乐会

图 10 – 35　某水上动物表演场地穹顶投影

演出地点在罗马协和音乐厅，拱顶高 12m，横截 27m，采用 270°三屏系统的苍穹全息投影。

左侧、右侧、穹顶组成"三屏投影系统"，将观众"包裹"在中间。演员的演唱和述说通过声像同步跟踪系统和环绕声音效，产生极其逼真和震撼的沉浸效果。

图 10 – 36 音乐剧《最后审判——米开朗基罗和西斯廷教堂的秘密》

第五节 互动投影系统——视觉创意互动技术

一、互动投影的概念

经验证明，在各类文艺演出中，"互动"是一种很受欢迎的表演模式。演唱会上歌手向观众喊话应答是最常见的人与人的"互动"形式。

英国小提琴家陈美在伦敦阿尔伯特音乐厅的独奏音乐会上拉着带无线发射的电子小提琴跑进观众席互动，全场欢腾轰动！

深圳马战实景剧场（见本书第十一章第一节），佩戴微型无线话筒的演员下马走进观众席与观众互动，是我们的成功体验。

本章讲述的"互动投影"（interaction projector）则是属于人与机器的互动，或是人与虚拟影像之间的互动。2019 年 3 月 28 日文旅部把"交互体验、观演互动"写进《关于促进旅游演艺发展的指导意见》文件中，列为旅游演艺转型升级、提质增效、模式创新的内容之一，可见其重要性。

互动投影是一门以大屏幕投影画面显示技术为主，并应用了现代遥感科学与多媒体处理技术的应用科学。互动投影的目的在于将人的实体形象影响于投影机的显示画面中，使其画面就如同真正被人的实体动作"指点、踩踏"所影响了一样而发生的改变。

传统的人机交互，主要是人给机器下达命令，机器采取动作。互动投影系统内，人不需要下达刻意的命令，只要人进入了互动系统的空间环境，系统自然就会对人的动作作出反馈。由此可看，传统人机交互，人是主动的一方，而机器是被动一方。而在互动投影中，人是被动的一方，机器承担主动感知人的存在，并作出反馈的角色。

是否可以用一句话概括：互动投影系统是虚拟系统与现实系统的结合，强调在已知规律下，虚拟系统对人这个未知的信息集合反馈。互动投影是一项融合了现实与虚拟两个世界的系统技术。

二、互动投影系统的组成

（1）硬件组成：互动投影系统的运作首先是通过捕捉设备（感应器）对目标影像（如参与者）进行捕捉拍摄，然后由影像分析系统，从而产生被捕捉物体的动作数据，结合实时影像互动系统，通过媒体服务器的处理，使参与者与屏幕之间产生紧密结合的互动效果。

互动投影系统硬件主要由信号采集、信号处理、成像部分以及辅助设备四大部分组成。

1）信号采集部分，根据互动需求进行捕捉拍摄，捕捉设备有红外感应器、视频摄录机、热力拍摄器等。

2）信号处理部分，这是核心技术，主要由媒体服务器（如GDV、潘多拉等，见本书第七章第四节）完成，该部分把实时采集的数据进行分析处理，所产生的数据与虚拟场景系统对接。

3）成像部分，利用投影机或其他显像设备把影像呈现在特定的位置，显像设备常用投影机、液晶显示器、LED屏幕以及虚拟成像采用的全息纱幕、全息贴膜玻璃等。

4）辅助设备，如传输线路、安装构件和音响装置等。

（2）软件组成如下：

1）图像识别软件；

2）多点互动交互内容；

3）投影融合软件。

详情请参阅相关参考文献，本书从略。

三、传感器

传感器（senser）是一种能感受到被测量的信息并按一定规律变换成电信号（或其他信息）输出的检测装置。互动投影系统常用的传感器如下：

（1）红外传感器（infraredsenser）。人进入传感器的捕捉范围，人体热量通过传感器给视频服务器传输触发信号，服务器收到信号将预设的视频内容传输至成像系统，形成互动效果。红外传感器如图 10 – 37 所示。

（2）体感传感器（bodyinductionsenser）。图 10 – 38 采用体感传感器（kinect），捕捉人体轮廓，传输到视频服务器，服务器采集人体素材后再结合原视频内容进行更改和融合，最后传输到成像系统中，形成互动效果。

（3）颜色传感器（colour senser）。它可以检测识别人的衣服上的图案和颜色，从而触发不同信号，视频服务器匹配相关信号后，再传输出各种不同的视频内容，从而形成投影对象（例如汽车）变化颜色的效果（参见图 10 –39）。

图 10 –37　红外传感器

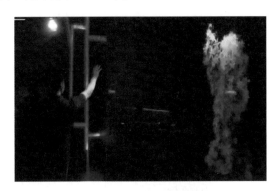
图 10 –38　体感传感器

图 10 –39　颜色传感器

（4）感应触摸贴膜（inductivetouchsenser）：贴膜贴在玻璃屏幕面上。无影像时，该系统全部透明，能和玻璃装饰融为一体。有影像时，可用手指、手掌或其他物品对投影屏幕触摸，选择打开界面、转换画面、信息查询或拖动等控制功能。

图 10 –40 ~ 图 10 –43 分别为 2019 年 2 月广州灯光音响展现场，以媒体服务器

GDV 为控制核心，控制 6 台投影机在感应贴膜镜面屏上实施背投，加上红外和体感传感器等组成的多媒体镜面互动投影的现场实景照片和系统集成示意图。

图 10 – 40　感应触摸贴膜镜面互动投影（一）

图 10 – 41　感应触摸贴膜镜面互动投影（二）

图 10－42　六台投影机背投无缝拼接

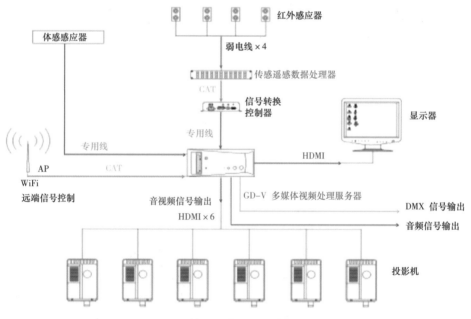

图 10－43　镜面互动投影系统连接示意图

四、互动投影系统常见类型及功能

1. 地面互动投影系统

地面互动投影系统是开发较早且至今仍很受欢迎的互动方式。其结构是通过悬挂在顶部的投影机把影像内容投射到地面，当观众进入互动投影传感器覆盖区域时，通过互动软件系统识别，观众可以直接使用双脚或其他动作与地面上投影的虚拟场景进行交互，互动效果就会随着观众脚步产生相应变化。地面互动投影系统是集虚拟仿真技术和图像识别技术于一身的互动投影项目，包括有水波纹、翻转、碰撞、擦除、避让或跟随等多种多样的表现形式。

系统由以下四个部分组成。

第一部分：影像动作采集。根据系统设计的需求，通过监控摄像机进行图像与动作的捕捉采集拍摄，捕捉设备由红外感应器和摄像机等组成。

第二部分：信号数据处理。把实时采集的图像数据送入服务器，通过地面互动软件进行分析处理，所产生的图像数据与场景内容对接，也就是地面互动软件与内容的结合识别。

第三部分：影像显示。利用投影机投射影像内容到地面或地幕上，构成互动鱼、互动足球或互动战场等，把人的动作和内容结合，即可实现互动内容的完美演示。

第四部分：辅助设备，例如音响设备，配合动作情节发出水流声、脚踢足球声或炮弹地雷爆炸声等。

以下几种互动投影系统的原理与地面互动投影系统大同小异，只作简略介绍。

2. 墙面互动投影系统

观众可以用身体动作操控画面，根据自己的喜欢调阅感兴趣的内容，与画面里的虚拟人物或动物互动交流（见图10-44，即孔雀开屏，配以鸟鸣声），观众甚至可以在互动墙上用手任意涂鸦。

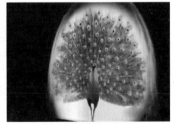

图 10-44　触摸互动——孔雀开屏

3. 多媒体触摸查询

多媒体触摸查询技术是结合文字、图形、影像、声音、动画等多媒体方式进行展示查询。观众可随意地进行欣赏和查询各种信息。

4. 电子沙盘

电子沙盘是博物馆、纪念馆、科技馆、陈列馆等展馆广泛应用的重要展示手段，它是实物沙盘模型结合声光电系统、多媒体系统、电脑智能触摸控制系统、多媒体演示软件和大屏幕投影演示等立体化动态高科技沙盘系统，展示方式生动、形象、直观，还能让观者参与互动。

5. 电子翻书系统

电子翻书系统是利用动作感应技术以及计算机多媒体技术实现的一种虚拟翻书的视觉效果，展现在参观者面前的是一本以大屏幕投影机投影方式展现的电子书，参观者只需要站在展台前方，伸出手臂，在空中做出左右挥动手臂的动作，电子书就会进行前后的翻页，在图书馆、博物馆有广泛应用。

6. 空中悬浮成像系统

空中悬浮成像系统将本节前述的虚拟成像技术与互动投影系统结合，例如展示文物古迹、珍品宝物或新产品等的"空中虚拟成像"，配以触摸屏或配各种传感器，观众即可通过各种手势和动作，操纵3D模型进行旋转或拆解。

7. "全息"互动投影系统

"全息"互动投影系统技术与上述空中的悬浮成像技术相似，即把本节前述的45°全息膜或背投全息纱幕的技术与互动技术结合。"全息"互动投影设备包括投影机、全息投影幕、全息投影膜和全息投影内容制作等。

五、典型案例

（1）桌面互动、地面互动、镜面互动、电子翻书和电子沙盘如图 10 – 45 ~ 图 10 – 49 所示，各系统分别采用红外和体感两种技术。各图中的文字标注均较详尽，不再赘述。

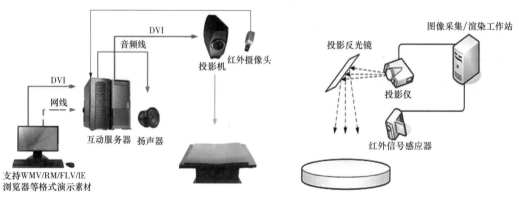

图 10 – 45　桌面互动示意图　　　　　图 10 – 46　地面互动示意图

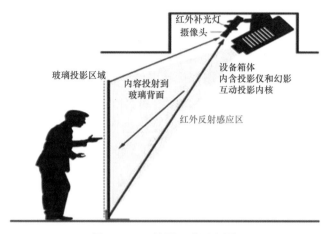

图 10 – 47　镜面互动示意图

图 10 – 48　桌面互动　　　　图 10 – 49　电子翻书、电子沙盘、地面互动

（2）隔空操控：在投影屏幕旁边安装感应器，设置好感应范围，即可根据操作者手势对屏幕内的物体进行移动、变换、放大或缩小。隔空操控如图 10 – 50 所示。

图 10 – 50　隔空操控

（3）移动屏幕：在可移动的屏幕上（如装有轮子的 LED 屏）装感应器，在投影机覆盖范围内，通过服务器的控制，即能控制投影机通过感应器跟踪移动幕，播放影像。

（4）旋转屏幕：在旋转屏幕上安装感应器，在投影机覆盖范围内，通过服务器的控制，即能控制投影机通过感应器跟踪旋转屏幕，播放影像。

（5）钢琴互动：钢琴装上感应器，投影到衣服上一排小点对应钢琴的每一个键，当按向其中一个钢琴键时，与之相对应的小点就会向上跳跃（参见图 10 - 51），另一种称为地面钢琴的互动模式，如图 10 - 52 所示。人在上面走动时发出琴声。这种模式有两种方案，简单的方案是和"互动鱼"同一方式，人走动时发出的琴声只是一种背景音乐，并非和琴键的音阶一一对应。比较复杂的方案是在地面的每个琴键位置安装传感器，即可做到每个琴键有人走动时发出对应的音阶乐音。

图 10 - 51　钢琴互动

图 10 - 52　地面钢琴

六、互动投影系统的适用场所

互动投影系统适用的场所很多，例如：

（1）消费终端：中心商城、连锁大卖场、品牌旗舰店互动。

（2）消费人群聚集地：动漫城、娱乐城、电影院、夜总会、酒吧、KTV。

（3）城市枢纽：机场、地铁、火车站。

（4）活动现场：大型庆典、交易会、展览会、产品推介会。

（5）教育中心：图书馆、博物馆、展览馆、学校等。

（6）文旅项目：灯光节、光影节、特色小镇、"奇幻世界"等。

小结：为便于读者全面梳理本书从第七章到本章为止，讲述过的有关沉浸式 3D 音视频技术的分类和名称，列出表 10 - 1，供参考。

表 10 – 1　　　　　　　　　**3D 沉浸式音视频主流技术**

沉浸式 3D 音视频技术	好听 听觉效果（aural） 3D 音频技术（3D audio）	影视 3D 技术 （先预录后重放）	Auro – 3D Iosono – 3D Dolby Atmos（杜比全景声） DTS：X MPEG – H Audio	
		现场 3D 技术 （现场/实时）	L – ISA TiMax WFS D – Mitri BOA IOSONO – 3D Black Traxd & b	
	好看 视觉效果（visual） 3D 视频技术（3D video）	影视 3D 技术 （先预录后重放）	基于眼镜的 3D（GB3D）	分色法
				分时法
				分光法
			非基于眼镜的 3D——裸眼 3D（NG3D）	技术尚不成熟
		现场虚拟 3D 技术 （现场/实时）	虚拟成像技术	反射式（45°）
				透射式（纱幕）
			3D mapping 异形投影技术	
			互动投影技术	
	灯光技术（lighting） 舞台机械（mechine） 演出特效（effect）			

第十一章　沉浸式表演系统工程案例

第一节　深圳锦绣中华马战实景剧场扩声系统

一、锦绣中华实景剧场的特点

真人实景马战一类的表演在我国许多影视城和主题公园中已有二三十年历史，其音响系统虽配置多组音箱和功放，但都是单声道系统，仅起到营造气氛的效果，没有声像定位，缺乏逼真的临场感。

2017年笔者所在单位在深圳锦绣中华主题公园做了一个沉浸式多声道表演系统的探索——马战实景剧场表演，即《大漠传奇》。实景剧场共有2500个观众座席，配置9＋2声道沉浸式全景声和声像半自动同步跟踪系统。在技术上主要有两个亮点：一是扬声器布局参照全景声电影3D环绕声系统，9＋2声道；二是半自动的声像同步跟踪系统。

二、设计说明

1. 实景主题剧场的特点

实景主题剧场是将整个景点作为大舞台，整个剧场包括造型结构以及音响、灯光和舞台机械系统的设计完全服从于"主题"的剧本内容。

"实景主题剧场"的设计流程：通常先由业主方组成文艺创作和影音制作的团队编写剧本，作为整个"实景演出"的人造建筑物（舞美）以及音响、灯光、视频（LED大屏、激光或水幕投影）和舞台机械等系统设计的依据。很多情况下都是先有剧本，再设计剧场。

2. 马战实景剧场音响系统的主要技术指标

WH/T 18—2003《演出场所扩声系统的声学特性指标》中歌舞剧室外演出的标准："最大声压级"一级109dB，二级103dB。

由美国娱乐表演公司总包设计的广州长隆水上乐园和深圳《大侠谷》两个项目，设计方要求最大声压级为100dB，实践证明效果良好。本项目也参照这个指标进行设计。

3. 沉浸式 9 + 2 声道扩声系统结构

"实景主题剧场"是将整个景点的青山绿水自然风光或加上人造景物作为大舞台，因而不存在采用传统剧场扩声系统的"立体声"或"SIS"等制式，也不存在电影院的杜比 5.1 或 7.1 声道环绕声解码的概念，而是完全按照主题剧本的需求，设计独立的多通道扩声系统，即是本书第九章已讲述的"现场演出环绕声"。

（1）72m × 36m 露天实景剧场的正面，依托人造景物暗装 4 组 BOSE 线阵作为主扬声器 ShowMatch，如图 11 - 1 所示。

（2）BOSE 802 顶置扬声器 6 台，围栏安装 BOSE 802 近距效果扬声器 6 台，如图 11 - 2 所示。

图 11 - 1　主扬声器布局图

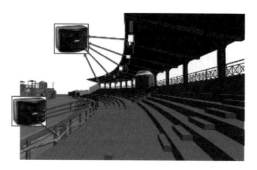

图 11 - 2　顶置和效果扬声器布局图

（3）主扬声器 BOSE ShowMatch 是可变指向阵列扬声器，可精确控制辐射范围，达到覆盖观众区的同时跨越带话筒的人群马匹，抑制啸叫，如图 11 - 3 所示。

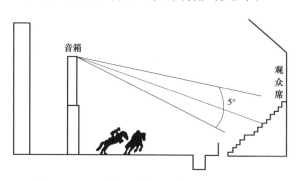

图 11 - 3　可变指向阵列扬声器控制辐射范围

（4）部分主要演员带上夹式无线话筒，通过 3D 环绕声扩声系统，观众能直接听到演出现场斗士们的呼喊声、叫骂声和喘息声，以及演员与观众互动的对话声。人声、马声随着人马奔跑格斗的位置移动，而马的嘶鸣声、马蹄声则是用多轨录音设备预先录制加上现场必要的人工操作 PANPOT，达到比较精确的声像定位同步跟踪，使观众感受到逼真的现场 3D 环绕声效果。

（5）某些情节（如马匹奔驰、人员打斗等）有一定的随机性，难以做到动作情节和录音绝对同步。这部分段落由操作人员现场观察动态，随时加入人工手动操作 system360［带即时播放的热键（hot key）］硬盘录音机，确保声音和动作同步。

（6）顶置补声音箱增强包围感、沉浸感以及炮声爆炸效果。顶置超低音音箱更能增强现场震撼感。近距效果音箱则能确保演员走近观众互动时声像定位的要求。主要演员佩戴无线话筒，能在现场直接与观众语言交流、喊话互动。大大增强观众的沉浸感和亲切感。其中还安排在现场把一名男观众"抓"出来当俘房，笑料百出，全场气氛活跃。

三、扩声系统

扩声系统的连接示意图如图 11 - 4 所示，设备清单见表 11 - 1。

表 11 - 1　　　　　　　　扩声系统设备清单

模块	产品名称	数量	单位
控制系统	主调音台	1	台
还原系统	左声道主扩扬声器	1	只
	右声道主扩扬声器	1	只
	中央声道主扩扬声器	2	只
	线性阵列安装吊挂件	2	套
	围栏效果扬声器	6	只
	顶棚效果扬声器	6	只
	全天候全频音柱	2	只
	主扩声扬声器（原有）	2	只
监听系统	有源监听扬声器	2	只
音源重放系统	CD 机	1	台
	MD 机	2	台
	硬盘录音/播放机（瞬时重放效果器）	2	台
话筒部分	手持无线传声器	4	套
	领夹传声器	10	个
	天线分配放大器	3	台
	有源指向性天线	1	对

四、小结

大侠谷和马战项目都是采用多轨录音（硬盘录音机或音频工作站）加 360 即时放

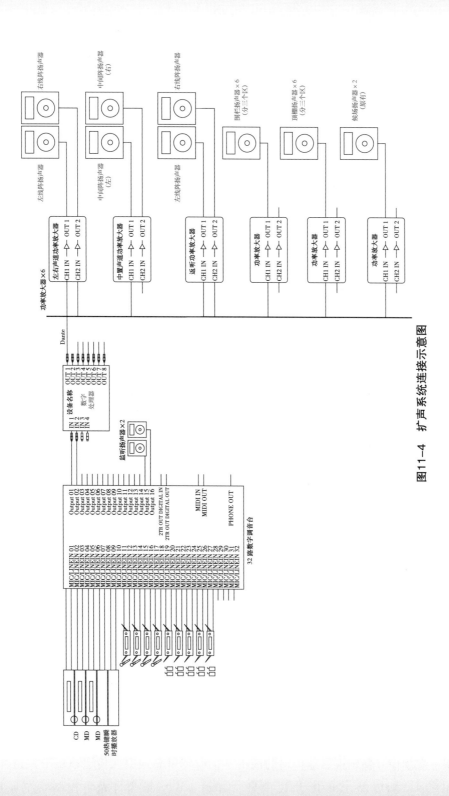

图11-4 扩声系统连接示意图

音的模式，适合有演员参演、有简单故事情节的表演项目。成本不高，管理方便。其缺点一是制作多轨录音节目对技术与艺术结合的要求较高（大侠谷的剧目内容是美国公司制作完成的）；二是每逢调整或更改节目内容时都要重新制作。

第二节　大型诗词文化实景演艺《归来三峡》AVL 同步控制系统

一、《归来三峡》实景演艺的特点

由张艺谋主持创作的大型诗词文化实景演艺《归来三峡》，2018 年 12 月首演，地点在重庆市奉节县三峡的入口"夔门"。演出浮台 160m，宽 54m，高 18m。观众席 1800 座。演出全景如图 11 – 5 所示。节目选取了李白、杜甫等 6 位诗人的十首诗词，使用声、光、电等技术呈现方式，再现诗词的创作意境。

图 11 – 5　演出全景图

二、设计说明

整个系统以音响为主线，演员的表演与音响（音乐、朗诵）同步，听从音响指挥。由 Midas 调音台发出 MIDI 时间码信号，控制灯光、视频和机械同步表演。

1. 灯光系统

以德国 MA2 灯控台为核心，采用双向以太网与 DMX 网络相结合的控制，以光纤作主干道进行远距离网络传输，无线和 DMX 作辅助网络传输控制。在本系统所选配的主要灯光设备（如调光台、调光器）中同时具有 DMX 和 Art – Net 标准网络接口，DMX – 512 协议主要保证灯光设备之间的控制信号稳定可靠地传递，而 Art – Net 协议是在保证控制信号稳定可靠地传递的前提下，稳定可靠地双向传递系统中大量其他监测、相互通信和反馈 TCP/IP 协议信号。图 11 – 6 所示为灯光主控制系统原理图，图 11 – 7 为 1328 套灯具布置侧视图。

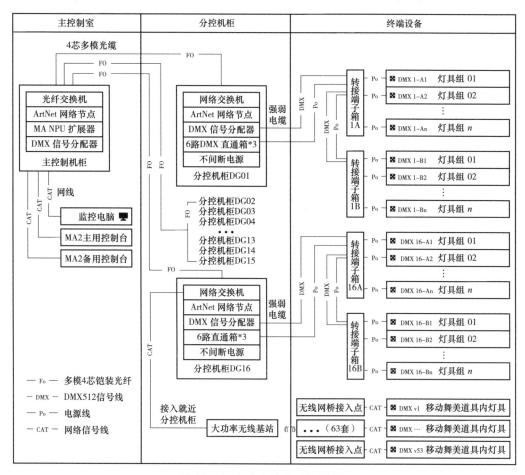

图 11－6　灯光主控制系统原理图

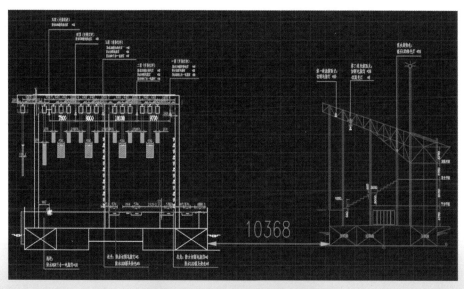

图 11－7　1328 套灯具布置侧视图

2. 视频系统

(1) 两台 MA2 灯控台和 16 台视频服务器提供视频素材、mapping 特效和控制功能，与音响及灯光系统同步运行，如图 11 - 8 所示。

(2) 16 台服务器连接 32 台投影机。由于两者距离较远，安装在控制机房的服务器输出的 DVI 信号先经由 DVI/光纤转换器转换为光信号，传输到较远处的投影机房，再经光纤/DVI 转换器转换为 DVI 信号送达投影机的 DVI 输入口，如图 11 - 8 所示。

(3) 32 台投影机应用 mapping 技术，投向演出浮台上由铁丝焊接成型的景片，营造出五彩斑斓的宫殿、山峰、树木和折扇等景观，按剧情的发展通过电动吊杆升降平移，如图 11 - 9 和图 11 - 10 所示。

3. 音响系统

(1) 由 A&H C2500 数字调音台 2 台、Symetrix 数字音频处理器 10 台、AVID 数字音频工作站 1 套组成音响系统的中心。

(2) 观众区广播系统：EAW - Anya 有源自适应全频阵列音箱 2 × 6 台，分别吊挂于观众区左右两侧。EAW QX596i 梯形音箱 8 台作补声。EAW MK2326i 音箱 8 台作效果声。EAW SB528zP 超低频音箱 11 台。

(3) 舞台区广播系统：C 牌 R.5COAX 返听音箱 22 台，均配置相应的功放。

(4) 催场广播系统：C6 扬声器 95 台，配置相应功放。

(5) 信号源：鹅颈话筒、手持话筒、头戴话筒、蓝光 DVD 机等。

图 11 -11 显示音响设备布置图。

第三节　大型全景科幻大戏《远去的恐龙》扩声系统

一、《远去的恐龙》科幻大戏的特点

大型全景科幻大戏《远去的恐龙》用最新科技，讲述最古老的故事。以恐龙从兴盛到灭绝的经历为主线，打造一场极具沉浸感和震撼感的恐龙生态全景科幻演出。其技术含量高，且有科普宣传教育意义。

前半部分以大小五个腕龙及三角龙、霸王龙、翼龙的生活故事为基础，表现恐龙兴盛时代的优美环境、和谐生态。后半部分以极具震撼的手法演绎陨石撞击地球引发地震、火山喷发、海啸、沙尘暴等地球环境大灾难，再现恐龙灭绝于环境灾难的科学推断。演出全景如图 11 -12 所示。

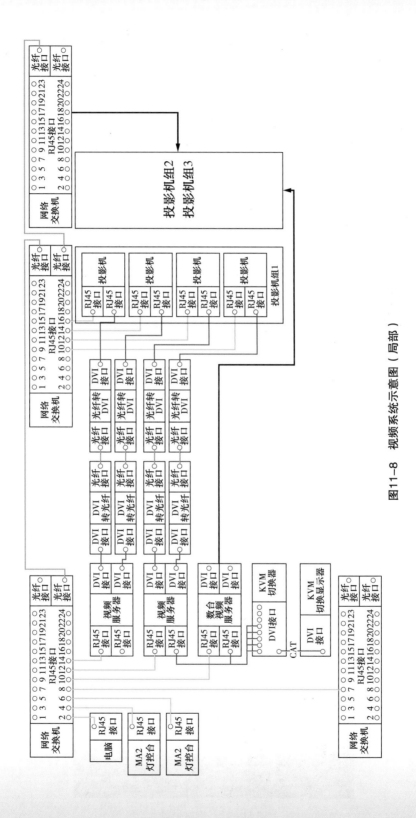

图11-8　视频系统示意图（局部）

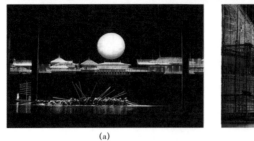 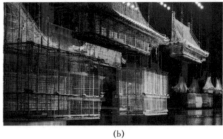

(a) (b)

图 11 – 9　舞美景片结构和 mapping 投映效果图

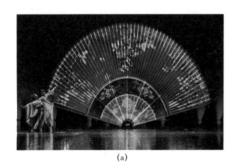 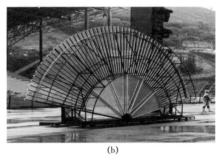

(a) (b)

图 11 – 10　彩色扇子结构和 mapping 投映效果图

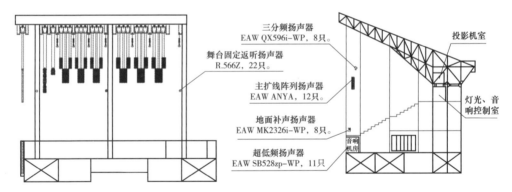

三分频扬声器
EAW QX596i–WP，8只。

舞台固定返听扬声器
R.566Z，22只。

主扩线阵列扬声器
EAW ANYA，12只。

地面补声扬声器
EAW MK2326i–WP，8只。

超低频扬声器
EAW SB528zp–WP，11只

投影机室

灯光、音
响控制室

音响
机房

图 11 – 11　音响设备布置图

图 11 – 12　演出全景

二、设计说明

（1）仿生智能机械恐龙最高的恐龙身高达 14m，体重达 11t。恐龙体内五十多个传感器，全部通过计算机程序控制，控制走路、摇头、张嘴、眨眼、摇尾等逼真动作，其形态高度仿真，表情生动，且能与观众互动。3 只小恐龙由人扮演，模仿恐龙动作。

（2）山、树、舞台实景，会倒下和复位。

（3）视频部分主要是 P3 规格的 LED 曲面屏，全穹顶 6000m³。

（4）3D 音响系统共用了 128 个功放和扬声器通道，56 组扬声器。图 11 – 13 为扬声器布局图。

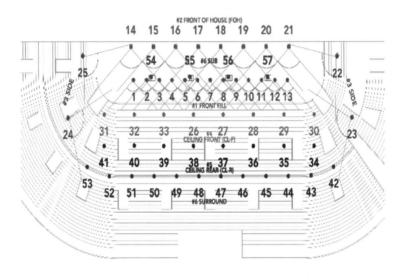

图 11 – 13　扬声器布局图（每一组有多个扬声器）

1）音箱布局。

正前方：上：12 组线阵列；下：13 组线阵列。

超低音：4 组，每组 3 只线阵列。

观众席头顶：32 只 15″全频点声源"（图 11 – 14 为音响系统图）。

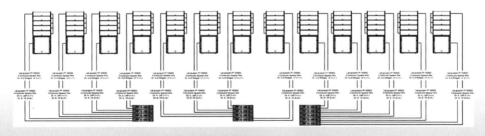

图 11 – 14　顶部线阵列、超低音和功放系统图

2）预录的声音效果，通过 WFS 系统控制达到声像同步，恐龙就在观众头顶咆哮，如图 11 – 15 所示。

图 11 – 15　恐龙在观众头顶咆哮

（5）表演控制系统。图 11 – 16 显示以 WFS 服务器为核心的全场表演控制系统示意图。WFS 服务器采用 64 进/128 出。装有数字音频工作站（DAW）的 PC 通过 USB 连接声卡，声卡通过 MADI 输出到服务器，再通过 MADI 与 DA 连接，DA 之间连接采用以太网走 AES67（Revenna）协议。共设有 4 个机柜，分点布置，相隔 4km，用光纤连接，再转网线。（备注：声卡接入 4 支话筒，供主持人与广播用）。

音视频播控系统还包括专门开发的动态音响软件 Max7（dynamic sounds software）。由中、法双方技术人员组成的声音设计团队，完成了声音"现场声音空间化和身临其境的体验系统设计"、声音设计、制作编辑和混音合成等工作。

整个表演过程是采用 Ovation 系统控制灯光以及舞美、降雨、山体倒塌等系统与音响同步运行。表演控制系统示意图如图 11 – 16 所示。

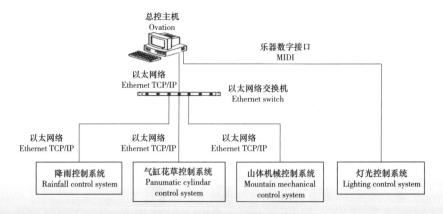

图 11 – 16　表演控制系统示意图

第四节 沉浸式中小型厅堂扩声系统

本节介绍选用 LA 公司 L–ISA 系统和 Syva 系列、X 系列扬声器组成的沉浸式扩声系统的 4 个典型组合方案,适合面积从 7m×7m～14m×14m 的中小型礼堂、培训室和 L–ISA 演示厅等场所。要求该场所的混响时间不长于 0.8s。

(1)方案一:由 Syva 系列扬声器组成沉浸式超真实—环绕声系统(immersive hyperreal–surround)。适合面积 10m×10m～14m×14m 的厅堂,扬声器布局如图 11–17 所示。图中的正面扬声器系统提供了优化声源定位的解决方案。环绕声扬声器系统则提供沉浸式效果和有效演示混响效果所需的宽度。

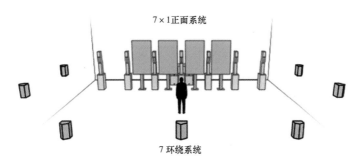

图 11–17 Syva 沉浸式超真实—环绕声扬声器布局图

(2)方案二:由 X 系列扬声器组成沉浸式超真实—环绕声系统。适合面积 7m×7m～10m×10m 的厅堂,扬声器布局如图 11–18 所示。

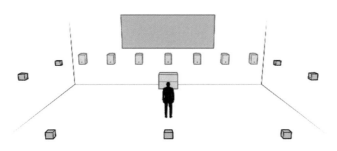

图 11–18 X 系列沉浸式超真实—环绕声扬声器布局

(3)方案三:由 Syva 系列扬声器组成沉浸式超真实—环绕声—高程(顶置 Elevation)系统。适合 10m×10m～14m×14m 的厅堂,扬声器布局如图 11–19 所示。图中新增的顶置扬声器系统,能增强沉浸式的体验,并演示 3D 系统对直接声和房间反射声明显影响的功能。

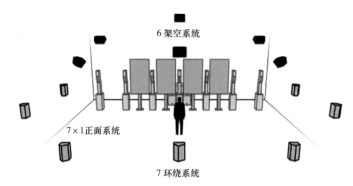

图 11 - 19　Syva 系列沉浸式超真实—环绕声—高程（顶置）扬声器布局图

（4）方案四：由 X 系列扬声器组成沉浸式超真实—环绕声—高程（顶置）系统。适合 7m×7m～10m×10m 的厅堂，扬声器布局如图 11-20 所示。

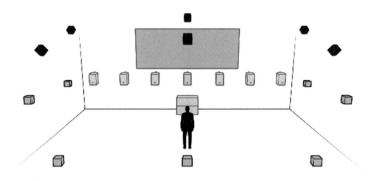

图 11 - 20　X 系列扬声器组成沉浸式超真实—环绕声—高程（顶置）扬声器布局图

表 11 - 2～表 11 - 6 分别显示 Syva、X 系列各系统的基本设备清单、可选设备清单和第三方设备清单。

系统图如图 11 - 21 所示。

表 11 - 2　　　　　　　　　　　Syva 系列基本设备清单

项目	描述	数量
L - ISA 处理器	L - ISA 多声道音频处理器	1
L - ISA 处理器 B	L - ISA 多声道音频处理器备份	1
SYVA	2 路无源 6×5in LF + 3×1.75in HF	7
SYVALOW	大功率低频超低音扬声器：2×12in 低频	7
SYVA BASE	Syva 系统底板	7
KS28	低音炮 2×18in	2
LA12X	带功率因数校正 4×2000 W/8Ω 的放大控制器。以太网。AES/EBU	1

续表

项目	描述	数量
LA4X	带功率因数校正 4×1000 W/8Ω 的放大控制器。以太网。AES/EBU	4
X8	2 路无源同轴外壳：8'LF + 1.5'HF 光闸	7
X – US8	X8 可调 U 形支架	7
LA4X	AES/EBU	2

表 11 – 3　　　　　　　　　　可选设备

X8	双向无源同轴：8in 低频 + 1.5in 高频	6
LA4X	带功率因数校正 4×1000 W/8Ω 的放大控制器。以太网。AES/EBU	1
X – US8 A	X8 可调 U 形支架	6

表 11 – 4　　　　　　　　　　X 系列基本设备清单

项目	描述	数量
L – ISA 处理器	L – ISA 多路音频处理器	1
L – ISA 处理器 B	L – ISA 多路音频处理器备份	1
X8	2 路无源同轴：8'LF + 1.5'HF	7
X – USB	X8 可调 U 形支架	7
SYVA SUB	低频超低音扬声器：1×12in	4
LA4X	带功率因数校正 4×1000 W/8Ω 的放大控制器。以太网。AES/EBU 系统	3
5XT	2 路无源同轴：5'LF + 1'HF	7
ETR5	可调 U 形支架：5XT	7
LA4X	带功率因数校正 4×1000 W/8Ω 的放大控制器。以太网。AES/EBU 系统	2

表 11 – 5　　　　　　　　　　可选设备

5XT	2 路无源同轴：5" LF + 1" 高频	6
LA4X A	带功率因数校正 4×1000 W/8Ω 的放大控制器。以太网。AES/EBU	1
ETR5	可调 U 形支架：5XT	6

表 11 – 6　　　　　　　　　　第三方设备

项目	培训	实践示范	营销示范（有视觉效果）
DAW		收割者	
DAW 计算机		任意	

续表

项目	培训	实践示范	营销示范（有视觉效果）
Daw 传输控制器	图标平台 M		
Madi 到 AVB 设备	RME M32 DA 专业版		
Madi 分离器	2 个直接输出分体式转换器		
插件	Waves bundle Gold		
L–ISA 控制器计算机	Windows 电脑，触摸屏，带 1GB 以太网端口（例如 HP Elitebook x360）		
演示用计算机			Windows 计算机电源点，支持 4K 输出带 1GB 以太网
屏幕	27 英寸触摸屏 + 屈臂架		选项（1）单屏 16/9 选项；（2）4 屏和视频墙处理器 2.35：1 比例
网络	AVNU 认证的 8 端口千兆字节交换机 无线路由器		
远程控制	1 × 苹果 iPad		

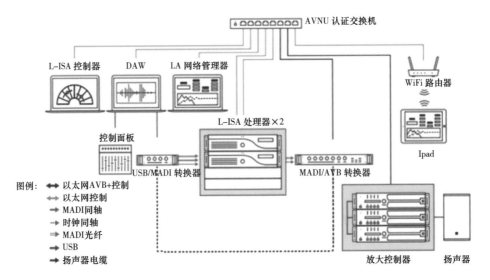

图 11–21　系统图

第五节　上海马戏城《时空之旅》声光影视实时动态跟踪定位系统

一、马戏城《时空之旅》的特点

上海马戏城始建于 1998 年，其最主要的部分是包含 1683 个座席、270°环绕的功能齐全的杂技表演场，能够同时在高空、半空和地面做立体化的杂技、马戏和综合性音乐、歌舞演出，如图 11-22 所示。在新版的《时空之旅》演出中，一方面 L-Acousitcs 音响系统提供给观众 L-ISA 的沉浸式听觉感受，同时 BlackTrax 系统将声、光、影视和演员的实时动作位置更精准地结合起来。

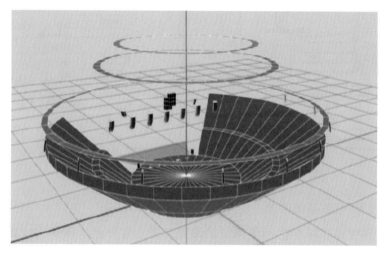

图 11-22　上海马戏城示意图

二、设计说明

BlackTrax 实时动态跟踪定位系统是一个兼容于视频、音频、灯光及媒体等多个演出专业系统，它具备一套强大的可进行二次开发的应用软件，基于开源的 RTTrP 实时跟踪协议，协议又分为 RTTrPL 和 RTTrPM 两类，分别应用于灯光和媒体两大方向。客户可利用这套开源系统进行二次开发，以匹配自己的其他设备做个性化功能定制。

下面简介上海马戏城实时动态跟踪定位的系统组合：马戏城项目中的 BlackTrax 系统包含了系统服务器、传感器、定位信标以及同步系统和校正套件。在这个项目中 BlackTrax 和音频系统无缝连接，为 L-ISA 系统提供音频定位信息。这样一来演员表演位置与声音将会在空间中重合，给观众听觉、视觉上更加一致的体验，达到"所见即所听"的目的。此外，BT 还与灯光、媒体及视频系统进行了连接，由原来被动的灯光点位预先编程改为现场实时追踪，这除了给观众带来更好的观演体验外，也降低了演员和操作人员的工作难度，对于演出的把控将更为轻松和精准。图 11 – 23 显示马戏城 BlackTrax 跟踪系统组合示意图。

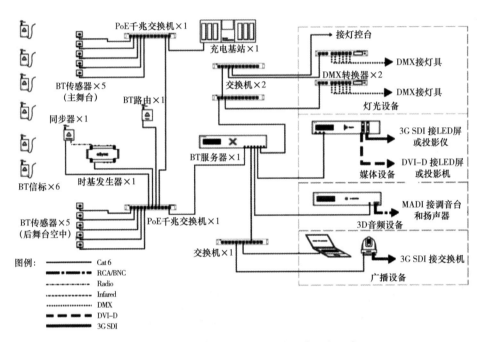

图 11 – 23 马戏城 BlackTrax 跟踪系统组合示意图

以下是对 BT 跟踪系统的进一步说明：

（1）BT 系统传感器布置。BT 系统的跟踪是基于红外光学捕获并计算对应位置的原理来实现的，设计阶段先用灯光设计软件进行覆盖模拟，将舞台结构、表演位置以及节目内容内多维因素综合考虑，确定出一份优良的覆盖方案：

1）主舞台的跟踪区域：5 台 BT 传感器，从一层马道一周的各个位置获取主舞台上的信标信息。

2）后舞台的跟踪区域：3 台传感器由上而下，囊括了后舞台的所有信标信息。

3）舞台上空的跟踪区域：由于主舞台地面已经完成了良好的追踪覆盖，在处理舞台空域追踪覆盖时，只需要借助地面区域额外的两台传感器进行辅助覆盖，便解决了杂技剧目空中表演的需求。

至此完成了整个杂技剧场的传感器定位。

（2）BlackTrax 跟踪系统的设备连接。BlackTrax 除了自身一套完整的系统外，还需要跟视频、音频、灯光及媒体等多个演出专业系统进行应用对接，如图 11 – 23 所示。

表 11 –7 列出马戏城 BlackTrax 跟踪系统的主要设备清单。

表 11 – 7　　　　　　　　　　马戏城 **BlackTrax** 跟踪系统主要设备清单

1.3	灯光自动跟踪系统	系统服务器。能实现 3D 的跟踪计算，定位精度不小于+/-6mm；支持 L – isa、Disguise、greenHippo、Touch Designer、Pandora Box 等灯光音视频系统	1	台	BLACKTRAX	BT – SVR – SVR – 01D	加拿大
		定位机构，采用红外或毫米波雷达技术	10	个	BLACKTRAX	BT – CAM – PAK – S13	加拿大
		定位信标器；能实时监控灯具位置、摄像头位置、信标器电量	6	个	BLACKTRAX	BT – BEA – BEA – 01H	加拿大
		信标器充电站	1	台	BLACKTRAX	BT – CHS – CHS – 06	加拿大
		控制套件；负责协调传感器的输入，并负责时间戳记，整理的数据实时发送到 BT 服务	1	套	BLACKTRAX	BT – CTK – CTK – 01	加拿大
		自动跟踪校正套件	1	套	BLACKTRAX	BT – CAL – CAL – 01Q	加拿大

　　BlackTrax – L – ISA 联合演示和动态追踪 BlackTrax 应用展示分别见视频一和视频二。

第六节　大型实景演艺《驼铃传奇》声光机同步表演系统

　　华夏文旅大剧院位于华夏文旅西安度假区，演出的《驼铃传奇》秀是以"一带一路"为主线，深入挖掘大唐传统文化，以正能量传播西安最辉煌历史时期的文化传奇。全天候的室内演艺剧场是一座长约150m、宽约130m、高约40m的大型椭球体建筑物，可容纳3000人同时观看演出。从技术的角度评价，《驼铃传奇》声光机同步表演系统有以下两个突出亮点：

（1）剧场中央设计一座会"跑"的观众席看台。观众随座席慢慢旋转观看4个表演区不同的演出（参见图11-24、图11-25）。而由于观众席旋转，时间有误差，所以预先录制的音频素材不能采用简单走时间码的方式播放，而必须使用舞台角度信息，控制各组扬声器之间的音频信号转换播放，即通过机械动作与音频信号同步，从而确保声音与现场的演出内容和动作一致，达到声像同步，如图11-26所示。

图11-24　会"跑"的观众席看台

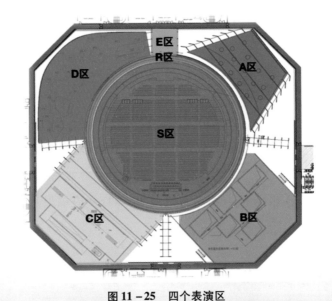

图11-25　四个表演区

A区—水池区；B区—升降台区；C区—两层平台区；D区—高脚屋区；E区—入口区；
R区—环形轨道区；S区—观众席区

（2）沉浸式的多声道环绕声系统。从图 11 – 27、图 11 – 28 可见，以 68 台 ENNE A208 线阵列扬声器为基础，配以 60 多台环绕声扬声器、补声扬声器和超低音扬声器，围绕场地从上方吊挂 12 组线阵列到中层再到底层扬声器，包围着观众，营造出震撼且逼真的立体感和沉浸感。而为了把原始录制的 5.1 声道的节目素材（包括语言对白、音乐和效果声）扩展到二十多路功率放大器和扬声器通道作三维全景声播放，这并非对信号做简单的分配，而是采用称为"上混"（up mix）的信号处理技术。图 11 – 26 中显示的上混处理器 Able 32，具有强大的 DSP 处理能力，通过高级运算法则，使用 FIR 滤波器库和自定义系数表格组，将环绕信号剥离出来，实现精确的上混效果。同时根据各通道扬声器的相对位置，自动计算信号剥离的组成成分，再根据不同节目源播放的内容，自动进行调整和控制。详见本书第八章第六节。

本扩声系统的主要设备清单如下：

（1）双 8 寸线阵列扬声器：ENNE A208 ×68。

（2）15 寸全频扬声器：ENNE Aries5 ×12。

（3）双 18 寸超低音扬声器：ENNE A28S ×12。

（4）双 18 寸超低音扬声器：ENNE KX728S ×4。

（5）环绕声扬声器：ENNE CS28 ×10。

（6）环绕声扬声器：ENNE MS15 ×4。

（7）返听扬声器：ENNE Aries2 ×24。

（8）返听扬声器：ENNE Vertica100 ×2。

（9）数字调音台：Soundcraft Vi2000 ×2。

（10）数字音频处理器：BSS London。

（11）多声道环绕声混音系统（上混处理器）：ACETECAble 32。

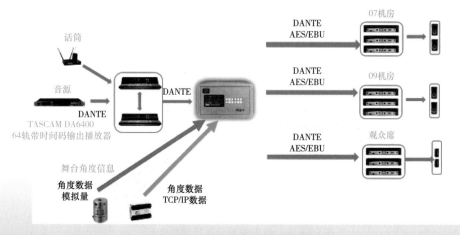

图 11 – 26　扩声系统方框图

注　项目不能走时间码，因为观众席旋转，时间有误差。使用舞台角度信息，控制扬声器间音频信号转换。

音源：无线传声器；TASCAM DA6400 64 轨带时间码输出播放器。

灯光系统主要设备清单（参见图 11 - 29）如下：

（1）灯光控制台：grandMA2 light ×2、MA VPU ×9。

（2）视频服务器：Arkaos ×10。

图 11 - 27   扬声器布局图（一）

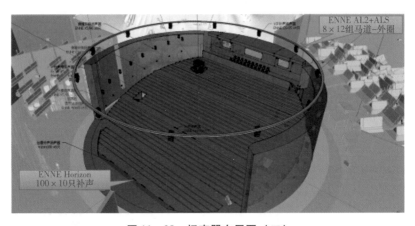

图 11 - 28   扬声器布局图（二）

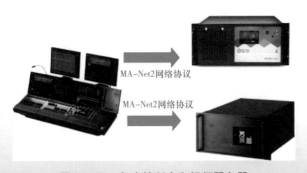

图 11 - 29   灯光控制台和视频服务器

《驼铃传奇》见视频三。

视频三

第七节　沉浸式 3D11.1 通道声像同步剧场扩声系统

一、沉浸式 3D 扩声系统的特点

改革开放以来，我国剧场、音乐厅、多功能厅等场所的专业音响设备的技术更新发展很快，但在声场系统技术方面发展较为缓慢。从 20 世纪 90 年代引入左、中、右 + 拉声像 + 台唇音箱 + 单声道补声（环绕声）音箱的布局模式，至今将近 30 年几乎没有多少变化。反观电影扩声系统从单声道、双声道、环绕声道到沉浸式 3D 多声道系统不断发展。

国外从 21 世纪初逐步开发出把电影领域的沉浸式 3D 多声道技术移植应用于现场演出领域，已有许多成熟的技术和成功的剧目（如音乐剧"歌剧魅影"和"西贡小姐"）。国内部分文旅演艺项目也做了一些成功的探索。但由于引进国外技术价格高昂，一时不易推广。

面对此种情况，笔者所在单位探讨对新建或改建剧场的音响确定采用具有前瞻性的设计理念，具备可持续发展、便于升级改造的设计方案，即是根据剧场投资额可承受的范围，在传统技术（左中右三通道 + 拉声像 + 台唇音箱）的基础上，参考国际电影和电视工程师协会（SMPTE）2018 年颁布的《D – Cinema 沉浸式音频通道和声场组》国际标准，按照沉浸式数字电影的 11.1 通道的标准（见表 11 – 8），适当简化移植到该剧场作为"基础设计方案"。未来当剧院有新的资金投入时，仅需在"基础设计方案"的系统中接入新的控制设备（例如"HOLOPHONIX 空间声音处理器"及其控制软件）和少量外围设备，无需对已有的音频系统进行大的改动，即可对剧场进行升级。

二、基础设计方案

表 11 – 8 所示为 SMPTE 规定的沉浸式声场组的标准配置，本基础设计参考其中的 11.1HT 通道（作适当简化），可在现场演出中营造出沉浸式 3D 环绕声的包围感。表中

L，C，R，LS，RS，LFE，Lh，Ch，Rh，Lsh，Rsh，Ts 分别为左、中、右、左环绕、右环绕、超低音、左高、中心高、右高、左高环绕、右高环绕、顶部环绕。

表 11-8   SMPTE 规定的沉浸式声场组标准配置

声场组	音频通道
9，10H	L，C，R，Lss，Rss，Lrs，RrS，LFE，Lts，Rts
9，1HT	L，C，R，LS，RS，LFE，Lh，Rh，Lsh，Rsh
11，1HT	L，C，R，LS，RS，LFE，Lh，Ch，Rh，Lsh，Rsh，Ts
13，1HT	L，C，R，Lss，Rss，Lrs，Rrs，LFE，Lh，Ch，Rh，Lsh，Rsh，Ts
15，1HT	L，C，R，Lss，Rss，Lrs，Rrs，LFE，Lh，Ch，Rh，Lssh，Rssh，Lrsh，Rrsh，Ts

图 11-30～图 11-32 分别为基础设计方案的音响系统图以及扬声器安装平面图和扬声器安装剖面图，简要说明如下：

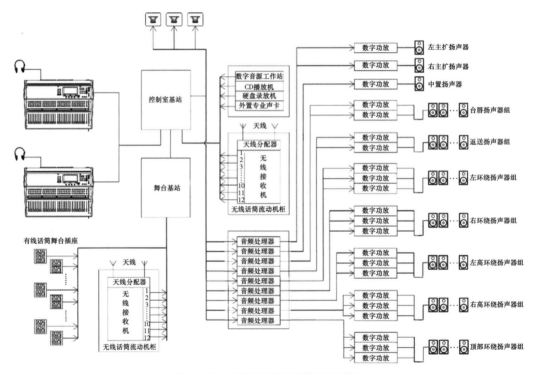

图 11-30   基础设计方案音响系统图

（1）顶部环绕扬声器，吊装于观众席正上方，覆盖全部观众席，是营造沉浸式声场的主要组成。

（2）台唇扬声器，舞台台唇底部安装，覆盖池座前部观众席，是补声设备。

（3）左环绕扬声器和左高环绕扬声器，右环绕扬声器和右高环绕扬声器等，分别安装于观众席两侧，覆盖整个观众席，是营造沉浸式声场的主要组成。

（4）返听扬声器，覆盖舞台表演区，为演员提供返听信号。

（5）左、中、右线阵列主扩扬声器。主扩声设备，其中左、右线阵列扬声器主要覆盖两侧观众席，中置线阵列扬声器覆盖全部观众席。

（6）超低频扬声器。舞台台唇底部落地摆放，主扩声设备，覆盖全部观众席，是超低频声源。

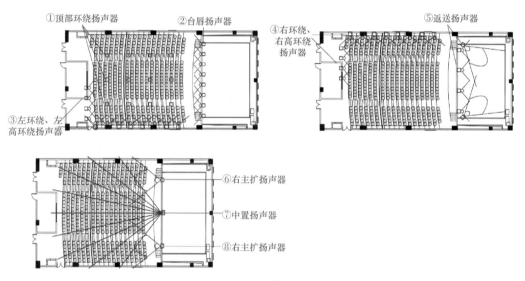

图 11－31　扬声器安装平面图

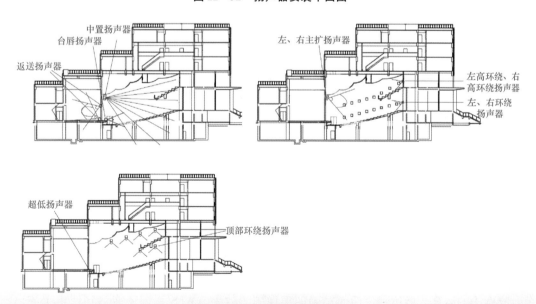

图 11－32　扬声器安装剖面图

三、调控操作

该系统运用调音台的多通道输出，不同的通道分别编组为主声道以及左环绕、右环绕、左高环绕、右高环绕、顶部环绕等。当演员或道具（例如汽车跑动或直升机盘旋降落）位置移动时，熟练的调音师可通过调音台进行手动操作，即可实现对声像的定位和跟踪。这种属于全人工手动控制的声像跟踪系统技术已有不少成熟的实践案例，如著名调音师伍余忠于2019年5月在中国第十二届艺术节将话剧《柳青》的管弦乐分为8声道现场调音，获得好评，此剧获文华大奖。但手动方式只能控制较为简单（2至3个对象）的声像同步跟踪。

四、声像半自动同步跟踪升级方案

未来当剧院有新的资金投入时，仅需在上述"基础设计方案"的系统中接入一台"HOLOPHONIX空间声音处理器"及其控制软件加上少量外围设备（见图11-33），即可直接升级为WFS声学全息系统（WFS acoustic holographic system，详见第九章第二节），具备声像半自动同步跟踪的功能。

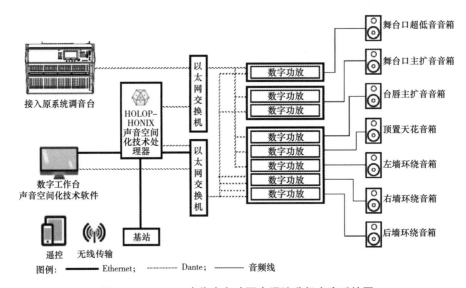

图11-33 WFS声像半自动同步跟踪升级方案系统图

该系统可以通过手机、触摸屏或平板电脑等进行操作控制，当演员或道具位置移动时，调音师通过触摸屏幕或拖动鼠标跟随演员（或道具）的位置进行移动，经波场合成算法的运算，能达到灵活而精确的声像同步效果。WFS系统还能达到使整个演出场馆各个座位基本都能感受到沉浸式3D环绕声比较均匀且逼真、自然、和谐的效果。

并可实现：声像定位直观布局、声像跟踪预编程调用和声像跟踪现场实时控制等功能。

系统图说明：以太网交换机通过 Dante 协议的音频线路和原来的调音台连接，这样无需对原来的音频系统进行大的改动，即可对剧场进行升级。

五、人、声、景全自动实时跟踪升级方案

该方案是在上述 WFS 系统的基础上增加一套 BlackTrax 实时动态追踪系统（参见图 11 – 34）。该系统基础部件包括 BlackTrax 服务器、传感器和信标器等。演员或道具佩戴能发射红外信号的信标器在剧场中移动时，系统能同时对数十个对象进行实时的定位追踪。

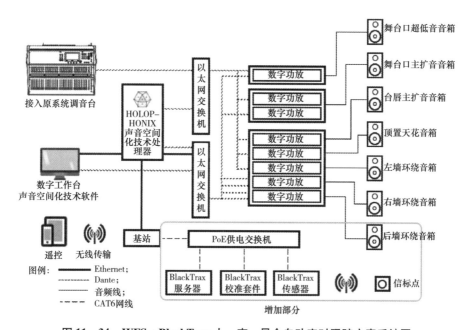

图 11 – 34   WFS + BlackTrax 人、声、景全自动实时跟踪方案系统图

BlackTrax 能实时控制电脑灯、音响、摄像机和媒体服务器等对象。该系统具有 6 个自由度的实时追踪能力，可以将 3D（XYZ 坐标）和 6D 旋转（3D + 偏移、俯仰、滚转，即 XYZ 各个位置的旋转）等定位数据整合后发送到对应的服务器，控制灯光、媒体、3D 音频和机器人摄像机等，从而实现人、声、景的完美融合（详见第九章第二节）。

图 11 – 34 显示 BlackTrax 系统通过基站与 HOLOPHONIX 处理器相连，通过 Black-Trax 实时捕抓目标的位置，然后把相应的参数传到 HOLOPHONIX 进行虚拟声源处理，最后给观众带来沉浸式的体验。

六、设备清单

基础方案设备清单见表 11 – 9，半自动方案增加设备清单见表 11 – 10，人、声、景

全自动方案增加设备清单见表 11 – 11。

表 11 – 9　　　　　　　　　　　基础方案设备清单

序号	产品名称	型号	数量	单位
A1	调音台及音频网络			
A1，1	主数字调音台控制台		1	台
A1，2	舞台基站		1	套
A1，3	控制室基站		1	套
A1，4	备份数字调音台控制台		1	套
A1，5	连接卡		1	套
A1，6	专用连接线缆		1	套
A1，7	UPS 电源		1	套
A2	扬声器/功放系统			
A2，1	中央声道全频扬声器		4	只
A2，2	左右声道线阵列全频扬声器		12	只
A2，3	左右声道下拉声像扬声器		2	只
A2，4	左右声道低频扬声器		2	只
A2，5	乐池补声全频扬声器		5	只
A2，6	环绕效果扬声器		10	只
A2，7	舞台固定返送全频扬声器		4	只
A2，8	舞台流动返送全频扬声器		4	只
A2，9	扬声器安装支架		1	套
A2，18	数字功率放大器和 DSP 音频处理器			台
A2，19	功率放大器远程监控系统		1	套
A2，20	24 口网络交换机		1	台
A2，21	远程监控笔记本电脑		1	台
A3	音源/周边设备			
A3，1	数字音频工作站		1	套
A3，2	工作站电脑		1	套
A3，3	CD 播放机		2	台
A3，4	硬盘录放机		1	台
A3，5	有源全频监听扬声器		3	只
A3，6	监听耳机		2	副
A3，7	手提电脑		1	台
A3，8	外置专业声卡		1	台
A4	话筒（略）			

表 11 – 10　　　　　　　　　半自动方案增加设备清单

序号	产品名称	型号	数量	单位
A9	WFS 声学全息系统硬件和软件			
A9，1	WFS 声学全息系统‘HOLOPHONIX’"SoundSpatializationProcessor""声音空间化技术处理器"	HOLOPHONIXprocessor	1	套
A9，2	WFS 声学全息系统‘HOLOPHONIX’Controller 声音空间化技术控制软件	HOLOPHONIXController		
A9，3	DAW（数字音频工作站）	Version5，95		
A10	控制软件和音频工作站专用主机以及相关硬件			
A10，1	27in 配备 Retina5K 显示屏的 iMac 一体机	APPLE	1	台
A10，2	AppleLEDCinemaDisplay27in 平板显示器	APPLE	1	台
A11	配套设备			
A11，1	千兆以太网交换机	CISCO 思科	2	台
A11，2	NetworkI/O：MADI – Bridge	SSL	1	台

表 11 – 11　　　　　　　　人、声、景全自动方案增加设备清单

序号	产品名称	型号	数量	单位
A12	BlackTrax			
A12，1	BlackTrax 服务器	BlackTraxprocessor		
A12，2	BlackTrax 传感器	BlackTraxsensor	1	套
A12，3	BlackTrax 信标器	BlackTraxbeacon		
A12，4	校准套件	—		
A12，5	PoE 供电交换机	CISCO 思科	1	台

附录 # L-ISA
沉浸式扩声系统概览

声音具备不可思议的力量，人们可以从声音上感知激动、愉悦、沉痛或悲伤。作为观众，在观看演出的同时，如能置身演出当中，沐浴在每一种氛围的声音里，岂不是更妙的体验。

"沉浸声"能让演出升华。

1. 初识 L-ISA

L-ISA 沉浸式超真实扩声技术是一种智能音频技术，通过重新思考现场表演的观众体验和环境因素，为音乐产业提供服务。无论是声乐作品、演讲、乐器或其他音效，L-ISA 都能感知其声音的细腻，将最真实的声音还原出来，让声音成为表演的核心元素。L-ISA 能让人完全忽略扬声器的存在，从而享受演出本身，让观众完全沉浸在难以忘怀的演出中。

美国 Bon Iver 乐队演出使用的 L-ISA 沉浸式扩声系统

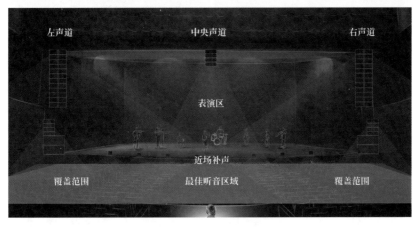

传统立体声系统的覆盖范围

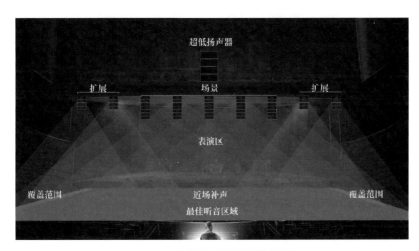

L – ISA 沉浸式系统的覆盖范围

2. 传统立体声的不足

立体声已经广泛存在并为人们所熟知。在演出现场，使用立体声方式进行扩声已经形成一种"习惯"，但并不代表这是一种好"习惯"。当扬声器放置于舞台两侧时，问题就已经出现。首先，观众听到的声音来自"那边"的某个地方，而不是声音所处真实的位置。视觉和听觉的这种"分离"也会产生情感上的距离，这种感觉就像在通电话而不像面对面交谈一样有亲切感。

然而，只有在观众席最中间的"皇帝位"才能享受到左右均匀的立体声效果。就算是最靠近舞台的 VIP 座位也并不是场地的中心，不能完美地享受到立体声效果。但是立体声是行业的标准，一直被评价为"足够好"，这导致了一种现状——主创团队和观众都将声音视为一种商品，为声音付出努力，但声音却无法为演出带来更多的闪光点。

3. L－ISA 沉浸式扩声技术系统的特点与功能

·声像定位的准确性。沉浸式扩声和传统立体声在声像定位方面有很大不同：立体声定位的原理是使用声压差、距离差等手段来实现。在一套立体声系统里，可以说除了观众席中间的观众之外，旁边的绝大部分观众很难通过声音定位表演者的位置。

立体声系统的声像不统一
（主唱位于舞台的右侧，但观众
实际的听到的声音是从左侧扬声器发出来的）

·L－ISA 沉浸式扩声使用更科学的算法（不只是声道时间差），在三维空间中更好地对声源进行定位，并能打造多类型的空间感，观众可以清晰听出这些信息。L－ISA 还具备在不同重放环境之间的可迁移性和可交付性的扩声方式。除了声像定位，沉浸式扩声还在空间感、声干涉与其他系统（追踪定位系统）等方面有绝对优势。

沉浸式扩声的声像统一

·L－Acoustics 的 L－ISA 沉浸式扩声拥有从模拟—建模—计算—回放的一条完整的闭环生态链。

首先，一套完整的沉浸式扩声方案，如果在设计阶段就能评估最终呈现效果，将会为使用方带来很大的便利。L－Acoustics 拥有专属的 3D 模拟仿真建模软件 Soundvision，在软件里建立场地数据与扬声器数据后，可以模拟出声场的效果。

L－Acoustics 扩声系统生态链

这不仅能直观地给用户一个扬声器效果的概念，同时可避免把系统安装在不适合做沉浸声的场地。如水平距离太宽且纵深太窄的场地，像半圆形场地；水平距离太窄且大纵深的场地，像体育场的看台等。

其次，扬声器特性也非常重要。频响特性、辐射角度特性，这些都是影响沉浸效果的重要指标。沉浸式扩声所使用的扬声器必须要有较好的水平方向的指向性，并且在轴线和偏轴的频率响应趋于一致才是最理想的选择。

再次，强大的处理能力和便捷的连接方式也是必要条件。硬件处理器能够保证数据处理的稳定，而且强大的处理能力能够确保足够的输入、输出通道数量；在现场演出中使用便捷的 Desklink 连接调音台，对保证调音师实时艺术创作尤为重要。而大部分沉浸声系统不能集成在扩声系统里核心的控制工具——调音台，这样一来就需要更多的操作人员或更多的操作时间，然而现场扩声是艺术创作的过程，无法实时操作将严重影响调音师、音响师的创作能力（如本该使用某种效果的时候，复杂操作影响了调音师的反应时间，或使调音师失去创作心情）。

最后，Binaural（双耳渲染，L – ISA Studio 上输出声道的其中一种模式）预混方式大幅缩短现场混音时间，允许调音师随时随地使用耳机对"沉浸声"效果进行预混，提前完成 90% 以上的混音工作，可大幅缩短现场混音和排练时间，降低装台与彩排成本。

沉浸式扩声已经出现在大大小小的演出当中，对于已经体验过的观众来说，很大一部分人会被这种新潮流所带动，难以回到以往的立体声模式。毫不夸张地说，扩声的沉浸式时代已经到来。以下是国内多个采用 L – ISA 扩声系统的应用案例。

建党一百周年文艺晚会——《伟大征程》

乌鲁木齐文化艺术中心

中国好声音

香港葵青剧院

香港戏曲中心

香港兆基创意书院

参考文献

［1］彭妙颜，周锡韬，徐海，等．数字网络音频系统原理与工程设计．北京：电子工业出版社，2016.

［2］顾克明，彭妙颜，周锡韬，等．会场系统工程．北京：中国电力出版社，2013.

［3］彭妙颜，周锡韬．数字声频设备与系统工程．北京：国防工业出版社，2006.

［4］彭妙颜，王恒，周锡韬，等．音响工程设计与实例．北京：人民邮电出版社，2000.

［5］彭妙颜．数字立体声电影系统声学设计的特点及其相关标准．电声技术，2005：1–9.

［6］彭妙颜，周锡韬，杨志勇．高保真音响与家庭影院实用技术．北京：电子工业出版社，2000.

［7］彭妙颜．智能照明与艺术照明系统工程．北京：中国电力出版社，2011.

［8］周太明．电气照明设计．上海：复旦大学出版社，2001.

［9］金长烈．舞台灯光．北京：机械工业出版社，2004.

［10］张昕．景观照明工程．北京：中国建筑工业出版社，2009.

［11］詹庆旋．建筑光环境．北京：清华大学出版社，1988.

［12］全国智能建筑技术情报网．智能建筑电气技术精选．北京：中国电力出版社，2005.

［13］周名嘉．体育场馆全彩色 LED 大屏幕显示系统的设计．智能建筑电气技术，2004，3（5）：4.

［14］潘仲伙．数字电影放映机浅谈．家庭影院技术，2001（09）：39–42.

［15］张飞碧，项珏．数字音视频及其网络传输技术．北京：机械工业出版社，2010.

［16］刘妤，魏增来，张桐，等．武汉万达汉秀剧场音频系统的设计及实施．电声技术，2016（2）：9.

［17］高杰，庄元. WFS 3D 声音技术在音乐会扩声工程中的应用——上海北外滩景观3D 交响音乐会解析. 演艺科技，2014（4）：7.

［18］庄元. 余音绕梁 如闻天籁——3D 环绕声技术发展述评. 演艺科技，2015（03）：7.

［19］张雅丽，马士超，张韬. 数字3D 立体电影技术之深度分析. 现代电影技术，2011.

［20］高五峰. 数字3D 立体电影的技术与发展. 当代电影，2009（12）：7.

［21］徐恩惠，张磊. 舞台"全息技术"辨析. 演艺科技. 2015（4）：4.

［22］赖文龙. 互动投影系统的技术及原理.

［23］吴振. 表演用媒体服务器的发展与运用（一）. 演艺科技，2015（11）：5.

［24］郭斌. 影视多媒体. 北京：北京广播学院出版社，2000.

［25］杨英俊. 演艺领域中投影显示系统设计. 演艺科技，2017（4）：4.

［26］Roginska, Agnieszka, Geluso, et al. Immersive Sound – The Art and Science of Binaural and Multi – Channel Audio（AES）. 2017.

后 记

　　本书从稿件交付、三审三校到发排付印，正遭遇新冠肺炎疫情在全球肆虐。依靠中国电力出版社和作者团队的共同努力，克服重重困难使本书得以问世，可喜可贺！也正是在这段时期，我国的文化产业，特别是文旅演艺产业在国家政策的导向下获得快速发展，同时推动沉浸式 3D 音频、灯光、影视演艺工程技术成为一个热门领域，并逐步与国际接轨。以"现场沉浸式 3D 音频技术"为例，回顾广州大剧院在 2015 年 9 月引进的音乐剧《歌剧魅影》和 2016 年 3 月引进的话剧《战马》，两场演出所使用的全套沉浸式音响系统及设备，分别由澳大利亚和英国的制作团队用多个集装箱从国外运来，并全程指导安装、调试和现场操控。仅过了 5 年，在 2021 年庆祝建党 100 周年之时，全国先后公演了歌剧《江姐》《国·家》、音乐剧《新华报童》、户外大型音乐会《港乐·星夜·交响曲》和上海的 5D 沉浸音乐秀，加上 2022 年 6 月公演的舞台剧《星海星海》和《弗兰肯斯坦》，这七场大型戏剧和音乐演出，全部是采用国内近年引进、消化、吸收的多个国际主流品牌的现场沉浸式音频系统设备，加上部分国产设备配套，并由国内的技术团队主导从安装、调试到现场操控的全过程，均取得优异的演出效果。国内首次如此密集推出多场应用现场沉浸式音频系统技术的大型戏剧和音乐演出，并且突出主旋律题材，这是我国演艺行业引人注目的跨越式发展，值得书上浓重的一笔。

　　本书编写过程中得到国内外广大知名的演艺设备生产企业、工程企业、科研设计及文艺演出机构等的支持和帮助，提供大量最新的技术资料和工程案例，使本书能较好地反映当今国内外沉浸式 3D 音频、灯光、影视演艺工程领域的新进展、新技术、新设计理念及工程应用，在此表示深切谢意。

　　特别鸣谢单位（排名不分先后）：广州华汇音响顾问有限公司，广州然音声音科技有限公司，安恒利（国际）有限公司，广州飞达音响股份有限公司，北京星光科技有限公司，博士（BOSE）音响，东莞市纳声电子设备科技有限公司，广州市耀纳舞台科技有限公司，广州励丰文化科技股份有限公司，广州市锐丰音响科技股份有限公司，上海成丰线缆有限公司，电讯盈科有限公司，AES（音频工程师协会），美国 EV 音响，佛山市毅丰电器实业有限公司，广州市雾峰演艺设备有限公司，广州河东科技有限公司，马田灯光（Martin Lighting），深圳市风光秀力文化发展有限公司，广州鸿彩舞台设备有限公司，北京奥特维科技有限公司，广州市浩洋电子股份有限公司，北京天创盛世数码科技有限公司，香港声韵音响科技工程有限公司，d&b 大中华，东莞市三基音响科技有限公司，广州市天艺音响工程顾问有限责任公司，上海中美亚科技有限公司，音王电声股份有限公司，深圳市易科声光科技有限公司，费迪曼逊多媒体科技（上海）有限公司，美国百威（Peavey）音响，威创（Vtron）电子科技有限公司等。